高等学校新工科计算机类专业系列教材

数据挖掘原理、算法及应用

李爱国　厍向阳　编著

U0379023

西安电子科技大学出版社

内 容 简 介

本书以各类数据挖掘算法为核心，以智能数据分析技术的发展为主线，结合作者自身的研究和应用经验，阐述数据挖掘研究领域的主要理论和典型算法。全书共分 8 章：第 1 章为绪论；第 2～5 章分别介绍数据挖掘的主要技术、各类典型算法及其编程实现，包括数据预处理技术、关联规则挖掘技术、分类技术、聚类技术等几大类技术和其中包含的典型算法；第 6～8 章分别简要介绍一些数据挖掘的应用专题，包括时间序列数据挖掘、Web 挖掘、空间数据挖掘等。

本书的编写目标是让不同学术背景的研究生以及相关专业的高年级本科生理解数据挖掘技术的主要原理、各类典型算法以及这些算法的具体应用方法。

本书可作为理工科有关专业研究生和高年级本科生的教学用书，也可作为工程技术人员的参考书。

★ 本书配有部分源代码及电子教案，有需要者可从出版社网站免费下载。

图书在版编目(CIP)数据

数据挖掘原理、算法及应用/李爱国，厍向阳编著.
—西安：西安电子科技大学出版社，2012.1(2021.11 重印)
ISBN 978 - 7 - 5606 - 2731 - 1

Ⅰ. ① 数⋯ Ⅱ. ① 李⋯ ② 厍⋯ Ⅲ. ① 数据采集—高等学校—教材
Ⅳ. ① TP274

中国版本图书馆 CIP 数据核字(2012)第 000631 号

策　　划　陈　婷
责任编辑　陈　婷
出版发行　西安电子科技大学出版社(西安市太白南路 2 号)
电　　话　(029)88202421　88201467　　邮　　编　710071
网　　址　www.xduph.com　　　　　电子邮箱　xdupfxb001@163.com
经　　销　新华书店
印刷单位　陕西精工印务有限公司
版　　次　2012 年 1 月第 1 版　2021 年 11 月第 7 次印刷
开　　本　787 毫米×1092 毫米　1/16　印张 16.5
字　　数　388 千字
印　　数　6201～7200 册
定　　价　39.00 元
ISBN 978 - 7 - 5606 - 2731 - 1/TP
XDUP 3023001 - 7
＊＊＊ 如有印装问题可调换 ＊＊＊

前　言

　　数据挖掘理论和技术是 20 世纪 80 年代兴起的一门新兴交叉学科，它涉及统计学、人工智能、模式识别、机器学习以及数据库理论与技术等多门学科。数据挖掘自概念诞生以来，在学术界和工业界迅速形成了持续至今的研究和应用热潮，其地位日益重要，其应用日益广泛。随着数据库技术在工程、管理以及经济领域中的广泛应用，对数据进行后期处理和分析的需求日益广泛，而数据挖掘能够满足这种需求。因此，数据挖掘已经成为智能数据分析领域的核心技术。

　　本书综合当前数据挖掘领域的最新研究成果和作者本人的科学研究成果，系统地介绍数据挖掘领域的主要原理、典型算法以及应用实例。本书以各类数据挖掘算法为核心，以智能数据分析技术的发展历程为主线，结合作者自身的研究和应用经验，详细阐述数据挖掘研究领域的主要理论和典型算法及其最新进展。本书内容丰富，论述简明，力求理论联系实际，强调数据挖掘算法的分析和应用，从而使读者不仅能明白各类数据挖掘典型算法的基本原理，而且能明白如何编程实现这些算法，如何应用这些算法。

　　本书共分 8 章：第 1 章为绪论；第 2～5 章分别介绍数据挖掘的主要技术、各类典型算法及其编程实现，包括数据预处理技术、关联规则挖掘技术、分类技术、聚类技术等几大类技术和其中包含的典型算法；第 6～8 章分别简要介绍了一些数据挖掘的应用专题，包括时间序列数据挖掘、Web 挖掘、空间数据挖掘等应用专题。

　　本书第 1、2、6、7 章由西安科技大学李爱国编写，第 3、4、5、8 章由西安科技大学库向阳编写，全书由李爱国统稿。

　　本书的编写得到了西安科技大学研究生立项教材项目资金的资助。

作　者

2011.10

目　录

第1章　绪　　论

1.1　数据挖掘的概念和定义

数据挖掘(Date Mining)是近年来随着人工智能和数据库技术的发展而出现的一门新兴技术。它是从大量的数据中筛选出有效的、可信的以及隐含信息的高级处理过程。

数据挖掘包含丰富的内涵，是一个多学科交叉的研究领域。仅从从事研究和开发的人员来说，其涉及范围之广是其他领域所难以企及的，既有大学里的专门研究人员，也有商业公司的专家和技术人员。研究背景的不同会使他们从不同的角度来看待数据挖掘的概念。因此，理解数据挖掘的概念不是简单地下个定义就能解决的问题。

1.1.1　从商业角度看数据挖掘技术

数据挖掘是一种新的商业信息处理技术。数据挖掘技术把人们对数据的应用从低层次的联机查询操作提高到决策支持、分析预测等更高级的应用上。通过对特定数据进行微观、中观乃至宏观的统计、分析、综合和推理，发现数据间的关联性、未来趋势以及一般性的概括知识等，这些知识性的信息可以用来指导高级商务活动，如顾客分析、定向营销、工作流管理、商店分布和欺诈监测等。

原始数据只是未被开采的矿山，需要挖掘和提炼才能获得对商业目的有用的规律性知识。这正是数据挖掘这个名字的由来。因此，从商业角度看，数据挖掘就是按企业的业务目标，对大量的企业数据进行深层次分析，以揭示隐藏的、未知的规律并将其模型化，从而支持商业决策活动的技术。从商业应用角度刻画数据挖掘，可以使人们更全面地了解数据挖掘的真正含义。

1.1.2　数据挖掘的技术含义

谈到数据挖掘，必须提到另外一个名词：数据库中的知识发现(Knowledge Discovery in Databases，KDD)，即将未加工的数据转换为有用信息的整个过程。KDD 这个术语首次出现在 1989 年 8 月在美国底特律召开的第十一届国际人工智能联合会议的专题讨论会上。随后，在近十年的发展过程中，KDD 专题讨论会逐渐发展壮大。1999 年在美国圣地亚哥举行的第五届 KDD 国际学术大会，参加人数近千人，投稿 280 多篇。近年来的国际会议涉及的范围更广，如数据挖掘与知识发现(Data Mining and Knowledge Discovery，DMKD)的基础理论、新的发现算法、数据挖掘与数据仓库及 OLAP 的结合、可视化技术、知识表示方法、Web 中的数据挖掘等。此外，IEEE、ACM、IFIS、VLDB、SIGMOD 等其他学会、学刊也纷纷把 DMKD 列为会议议题或出版专刊，成为当前国际上的一个研究热点。

关于 KDD 和 Data Mining 的关系，有许多不同的看法。我们可以从这些不同的观点中了解数据挖掘的技术含义。

1) 将 KDD 看成数据挖掘的例子之一

这一观点在数据挖掘发展的早期比较流行，并且可以在许多文献中看到这种说法。其主要观点是数据库中的知识发现仅是数据挖掘的一个方面，因为数据挖掘系统可以在关系数据库（Relational Database）、事务数据库（Transactional Database）、数据仓库（Data Warehouses）、空间数据库（Spatial Database）、文本数据（Text Data）以及诸如 Web 等多种数据组织形式中挖掘知识。从这个意义上来说，数据挖掘就是从数据库、数据仓库以及其他数据存储方式中挖掘有用知识的过程。

2) 数据挖掘是 KDD 不可缺少的一部分

为了统一认识，Fayyd、Piatetsky-Shapiro 和 Smyth 在 1996 年出版的权威论文集《知识发现与数据进展》中给出了 KDD 和数据挖掘的最新定义：KDD 是从数据中辨别有效的、新颖的、潜在有用的、最终可理解的模式的过程；数据挖掘是 KDD 中通过特定的算法在可接受的计算效率限制内生成特定模式的一个步骤。

这种观点得到了大多数学者的认同。它将 KDD 看做是一个广义的范畴，包括数据清理、数据集成、数据选择、数据转换、数据挖掘、模式生成及评估等一系列步骤。这样，我们可以把 KDD 看做是由一些基本功能构件组成的系统化协同工作系统，而数据挖掘则是这个系统中的一个关键的部分。源数据经过清理和转换等步骤成为适合挖掘的数据集，数据挖掘在这种具有固定形式的数据集上完成知识的提炼，最后以合适的知识模式用于进一步的分析决策工作。将数据挖掘作为 KDD 的一个重要步骤看待，可以使我们更容易聚焦研究重点，有效解决问题。目前，人们对于数据挖掘算法的研究基本属于这样的范畴。

3) KDD 与 Data Mining 的含义相同

有些人认为，KDD 与 Data Mining 只是对同一个概念的不同叫法。事实上，在现今的许多文献（如技术综述等）中，这两个术语仍然不加区分地使用着。有人说，KDD 在人工智能界更流行，而 Data Mining 在数据库界使用更多。也有人说，一般在研究领域称之为 KDD，在工程领域则称之为数据挖掘。

实际上，数据挖掘的概念有广义和狭义之分。广义的定义是，数据挖掘是从大型数据集（可能是不完全的、有噪声的、不确定性的、各种存储形式的）中，挖掘隐含在其中的、人们事先不知道的、对决策有用的知识的过程。狭义的定义是，数据挖掘是从特定形式的数据集中提炼知识的过程。

综上所述，数据挖掘概念可以从不同的技术层面上来理解，但是其核心仍然是从数据中挖掘知识。所以，有人说叫知识挖掘更合适。本书也在不同的章节使用数据挖掘的广义或狭义概念，读者要注意根据上下文加以区分。当然，在可能混淆的地方，我们将明确说明。

1.2　数据挖掘的历史及发展

数据挖掘可以看做是信息技术自然演化的结果。像其他新技术的发展历程一样，数据挖掘也必须经过概念提出、概念接受、广泛研究和探索、逐步应用和大量应用等阶段。从目前的现状看，大部分学者认为数据挖掘的研究仍然处于广泛研究和探索阶段。一方面，数据挖掘的概念已经被广泛接受；另一方面，数据挖掘的广泛应用还有待时日，需要深入的理论研究和丰富的工程实践做积累。经过十几年的研究和实践，数据挖掘技术已经吸收了许多学科的最新成果而形成独具特色的研究。毋庸置疑，数据挖掘的研究和应用具有很大的挑战性。

随着 KDD 在学术界和商业界的影响越来越大，数据挖掘的研究向着更深入和实用技术两个方向发展。从事数据挖掘研究的人员主要集中在大学、研究机构，也有部分在企业和公司。所涉及的研究领域很多，主要集中在学习算法的研究、数据挖掘的实际应用以及数据挖掘理论等方面。大多数基础研究项目是由政府资助进行的，而公司的研究则更注重和实际商业问题的结合。

数据挖掘的概念从 20 世纪 80 年代被提出后，其经济价值也逐步显现出来，而且被众多商业厂家所推崇，形成初步的市场。另一方面，目前的数据挖掘系统研制也绝不是像一些商家为了宣传自己商品所说的那样神奇，而是仍有许多问题亟待研究和探索。把目前数据挖掘的研究现状描述为鸿沟(Chasm)阶段是比较准确的。所谓 Chasm 阶段，是说数据挖掘技术在广泛被应用之前仍有许多"鸿沟"需要跨越。例如，就目前商家推出的数据挖掘系统而言，它们都是一些通用的辅助开发工具，这些工具只能给那些熟悉数据挖掘技术的专家或高级技术人员使用，仅对应用起到加速作用，或称之为横向解决方案（Horizontal Solution）。但是，数据挖掘来自于商业应用，而商业应用又会由于领域的不同而存在很大差异。大多数学者赞成这样的观点：数据挖掘在商业上的成功不能期望于通用的辅助开发工具，而应该是数据挖掘概念与特定领域的商业逻辑相结合的纵向解决方案（Vertical Solution）。

分析目前的研究和应用现状，数据挖掘需要在如下几个方面重点开展工作。

1. 数据挖掘技术与特定商业逻辑的平滑集成问题

谈到数据挖掘和知识发现技术，人们大多引用"啤酒与尿布"的例子。事实上，目前在数据挖掘领域的确很难再找到其他类似的经典例子。数据挖掘和知识发现技术的广阔应用前景需要有效的应用实例来证明。数据挖掘与知识发现技术研究与应用的重要方向包括领域知识对行业或企业知识挖掘的约束与指导、商业逻辑有机潜入数据挖掘过程等关键课题。

2. 数据挖掘技术与特定数据存储类型的适应问题

数据的存储方式会影响数据挖掘的目标定位、具体实现机制、技术有效性等问题。指望一种能够在所有数据存储方式下发现有效知识的应用模式是不现实的。因此，针对不同的数据存储类型进行挖掘研究是目前的趋势，而且也是未来研究所必须面对的问题。

3. 大型数据的选择和规格化问题

数据挖掘技术是面向大型且动态变化的数据集的，这些数据集往往存在噪声、不确定性、信息丢失、信息冗余、数据分布稀疏等问题，挖掘前必须对数据进行预处理。另外，数据挖掘技术又是面向特定商业目标的，数据需要选择性地利用，因此，针对特定挖掘问题进行数据选择、针对特定挖掘方法进行数据规格化是数据挖掘技术无法回避的问题。

4. 数据挖掘系统的构架与交互式挖掘技术

虽然经过多年的探索，数据挖掘系统的基本构架和过程已经趋于明朗，但是在应用领域、数据类型以及知识表达模式等因素的影响下，其具体的实现机制、技术路线以及各阶段（如数据清理、知识形成、模式评估等）功能定位等方面仍需细化和深入的研究。另外，由于数据挖掘是在大量的源数据中发现潜在的、事先并不知道的知识，因此和提供源数据的用户进行交互式探索挖掘是必然的。这种交互可能发生在数据挖掘的各个阶段，从不同角度或不同粒度进行交互。所以，良好的交互式挖掘(Interaction Mining)也是数据挖掘系统成功的前提。

5. 数据挖掘语言与系统可视化问题

对于 OLTP 应用来说，结构化查询语言 SQL 已经得到充分发展，并成为支持数据库应用的重要基石。相比 OLTP 应用而言，数据挖掘技术诞生较晚，应用更复杂，因此开发相应的数据挖掘操作语言仍然是一件极富挑战性的工作。可视化已经成为目前信息处理系统必不可少的要求，对于一个数据挖掘系统来说更是尤为重要。可视化挖掘除了要和良好的交互式技术相结合外，还必须在挖掘结果或知识模式的可视化、挖掘过程的可视化以及可视化指导用户挖掘等方面进行探索和实践。数据的可视化在某种程度上推动了人们进行知识发现，因此它可以被认为是人们从对 KDD 的神秘感变成可以直观理解知识和形象的过程。

6. 数据挖掘理论与算法研究

经过几十年的研究，数据挖掘已经在继承和发展相关基础学科(如机器学习、统计学等)方面取得了可喜的进步，并探索出了许多独具特色的理论体系。但这并不意味着挖掘理论的探索已经结束，恰恰相反，它留给研究者更多丰富的理论课题。这些研究课题一方面着眼于探索和创新面向实际应用目标的挖掘理论，另一方面的重点在于发展新的挖掘理论和算法。这些算法可能在挖掘的有效性、挖掘的精度或效率以及融合特定的应用目标等方面做出贡献。因此，对数据挖掘理论和算法的探讨将是长期而艰巨的任务。特别是，像定性定量转换、不确定性推理等一些根本性的问题还没有得到很好的解决，同时需要针对大容量数据集研究有效和高效算法。

从上面的叙述可以看出，数据挖掘研究和探索的内容是极其丰富和具有挑战性的。

1.3　数据挖掘的研究内容及功能

1.3.1　数据挖掘的研究内容

目前，数据挖掘的主要研究内容包括基础理论、发现算法、数据仓库、可视化技术、定性定量互换模型、知识表示方法、发现知识的维护和再利用、半结构化和非结构化数据中的知识发现以及网上数据挖掘。

数据挖掘所发现的知识最常见的有以下五类。

1. 广义知识(Eneralization)

广义知识指类别特征的概括性描述知识，是根据数据的微观特性发现其表征的、带有普遍性的、高层次概念的、中观或宏观的知识。反映同类事物的共同性质，是对数据的概括、精炼和抽象。

广义知识的发现方法和实现技术有很多，如数据立方体、面向属性的归约等。数据立方体还有其他一些别名，如"多维数据库"、"实现视图"、"OLAP"等。该方法的基本思想是计算某些常用的代价较高的聚集函数，诸如计数、求和、平均、最大值等，并将这些实现视图储存在多维数据库中。既然很多聚集函数需经常重复计算，那么在多维数据立方体中存放预先计算好的结果将能保证快速响应，并可灵活地提供不同角度和不同抽象层次上的数据视图。另一种广义知识发现方法是加拿大 Simon Fraser 大学提出的面向属性的归约方法。这种方法以类 SQL 语言表示数据挖掘查询，收集数据库中的相关数据集，然后在相关数据集上应用一系列数据推广技术进行数据推广，包括属性删除、概念树提升、属性阈值控制、计数及其他聚集函数传播等。

2. 关联知识(Association)

关联知识是反映一个事件和其他事件之间依赖或关联的知识，又称依赖(Dependency)关系。这类知识可用于数据库中的归一化、查询优化等。如果两项或多项属性之间存在关联，那么其中一项的属性值就可以依据其他属性值进行预测。最为著名的关联规则发现方法是 R. Agrawal 提出的 Apriori 算法。关联规则的发现挖掘可分为两步：第一步是找出所有的频繁项集，要求频繁项集出现的频繁性不低于用户设定的最小支持度阈值(支持度反映了所发现规则的有用性)；第二步是从频繁项集中产生强关联规则，这些规则必须满足用户设定的最小置信度阈值(置信度反应了所发现规则的确定性)。识别或发现所有挖掘频繁项集是关联规则发现算法的核心，也是计算量最大的部分。

3. 分类知识(Classification＆Clustering)

分类知识反映同类事物共同性质的特征型知识和不同事物之间差异的特征型知识，用于反映数据的汇聚模式或根据对象的属性区分其所属类别。最为典型的分类方法是基于决策树的分类方法。它从实例集中构造决策树，是一种有指导性的学习方法。该方法先根据训练子集(称为窗口)构造决策树。如果该树不能对所有对象进行正确的分类，那么选择一些例外加入到窗口中，重复该过程一直到形成正确的决策集。其最终结果是一棵树，叶结点是类名，中间结点是带有分枝的属性，该分枝对应该属性的某一可能值。最为典型的决策树分类系统是 ID3，它采用自顶向下不回溯策略，能保证找到一个简单的树。算法 C4.5 和 C5.0 都是 ID3 的扩展，它们将分类领域从类别属性扩展到数值型属性。

数据分类还有统计、粗糙集(Rough Set)等方法。线性回归和线性辨别分析是典型的统计模型。为降低决策树生成代价，人们还提出了一种区间分类器。最近也有人研究使用神经网络方法在数据库中进行分类和规则提取。

4. 预测型知识(Prediction)

预测型知识是指由历史的和当前的时间序列型数据去推测未来的数据，它实际上是一种以时间为关键属性的关联知识。目前，时间序列预测的经典方法有统计方法、神经网络和机器学习等。1968 年，Box 和 Jenkins 提出了一套比较完善的时间序列建模理论和分析方法，通过经典的数学方法建立随机模型，如自回归模型、自回归滑动平均模型、求和自回归滑动平均模型和季节调整模型，并在此基础上进行时间序列的预测。大量的时间序列是非平稳的，其特征参数和数据分布随着时间的推移而发生变化，仅仅通过对某段历史数据的训练，建立单一的神经网络预测模型，还无法完成准确的预测任务，为此，人们提出了统计学和基于精确性的再训练方法，当发现现存预测模型不再适用于当前数据时，对模型重新训练，获得新的权重参数，建立新的模型。此外，有许多系统借助并行算法的计算优势对时间序列进行预测。

5. 偏差型知识（Deviation）

偏差型知识是指通过分析标准类以外的特例、数据聚类外的离群值、实际观测值和系统预测值间的显著差别，对差异和极端特例进行描述。所有这些知识都可以在不同的概念层次上被发现，并随着概念层次的提升，从微观到中观、到宏观，满足不同用户不同层次决策的需要。

1.3.2　数据挖掘的功能

数据挖掘用于在指定数据挖掘任务中找到模式类型。数据挖掘任务一般可以分两类：描述和预测。描述性挖掘任务刻画数据库中数据的一般特性；预测性挖掘任务在当前数据上进行推测和预测。

用户有时不知道他们的数据中什么类型的模式是有趣的，因此数据挖掘系统要能够并行地挖掘多种类型的模式，以适应不同的用户需要或不同的应用。此外，数据挖掘系统应当能够发现各种粒度（即不同的抽象层次）的模式。数据挖掘系统应当允许用户给出提示，指导或聚焦有趣模式的搜索。由于有些模式并非对数据库中的所有数据都成立，通常每个被发现的模式需要带上一个确定性或"可信性"度量。

数据挖掘的功能主要体现在以下六个方面。

1. 类/概念描述：特征化和区分

数据可以与类或概念相关联。一个概念常常是对一个包含大量数据的数据集合总体情况的概述。对含有大量数据的数据集合进行描述性的总结并获得简明、准确的描述，这种描述就称为类/概念描述（Class/Concept Description）。这种描述可以通过下述方法得到：

（1）数据特征化，一般地汇总所研究类（称为目标类（Arget Class））的数据。

（2）数据区分，将目标类与一个或多个比较类（常称为对比类（Ontrasting Class））比较。

（3）数据特征化和比较。

数据特征化（Data Characterization）是目标类数据的一般特征或特性的汇总。通常，用户指定类的数据通过数据库查询收集。例如，为研究上一年销售增加10%的软件产品的特征，可以通过执行一个 SQL 查询收集关于这些产品的数据。

有许多有效的方法可以将数据特征化和汇总。例如，基于数据立方体的 OLAP 上卷操作可以用来执行用户控制的、沿着指定维的数据汇总。一种面向属性的归纳技术可以用来进行数据的概化和特征化，而不必一步步地与用户进行交互。

数据特征可以通过多种形式输出，包括饼图、条图、曲线、多维数据立方体和包括交叉表在内的多维表。结果描述也可以由概化关系（Generalized Relation）或规则形式（称作特征规则）提供。

数据区分（Data Discrimination）是将目标类对象的一般特性与一个或多个对比类对象的一般特性比较。目标类和对比类由用户指定，而对应的数据通过数据库查询检索。例如，用户可能希望将上一年销售增加10%的软件产品与同一时期销售至少下降30%的那些产品进行比较。用于数据区分的方法与用于数据特征化的方法类似。

区分描述的输出形式类似于特征描述，但区分描述应当包括比较度量，帮助区分目标类和对比类。用规则表示的区分描述称为区分规则（Discriminant Rule）。用户应当能够对特征和区分描述的输出进行操作。

2. 关联分析

关联分析(Association Analysis)就是从给定的数据集中发现频繁出现的项集模式知识,又称为关联规则 Association Rules。关联分析广泛应用于市场营销、事务分析等领域。

通常关联规则具有 $X \Rightarrow Y$ 形式　即"$A_1 \wedge \cdots \wedge A_m \Rightarrow B_1 \wedge \cdots \wedge B_n$"的规则,其中,$A_i$($i \in \{1, \cdots, m\}$),$B_j$($j \in \{1, \cdots, n\}$)均为属性—值(属性＝值)形式。关联规则 $X \Rightarrow Y$ 表示"数据库中的满足 X 中条件的记录(tuples)也一定满足 Y 中的条件"。

3. 分类和预测

分类(Classification)就是找出一组能够描述数据集合典型特征的模型(或函数),以便能够分类识别未知数据的归属或类别(Class),即将未知事例映射到某种离散类别之一。分类模型(或函数)可以通过分类挖掘算法从一组训练样本数据(其类别归属已知)中学习获得。

分类挖掘所获得的分类模型可以采用多种形式加以描述输出。其中主要的表示方法有:分类规则(IF-THEN)、决策树(Decision Trees)、数学公式(Mathematical Formulae)和神经网络。分类规则容易由判定树转换而成。决策树是一个类似于流程图的树结构,每个节点代表一个属性值上的测试,每个分支代表测试的一个输出,树叶代表类和类分布。神经网络在用于分类时是一组类似于神经元的处理单元,单元之间加权连接。

分类可以用来预测数据对象的类标记。然而,在某些应用中,人们可能希望预测某些空缺或未知的数据值,而不是类标记。当被预测的值是数值数据时,通常称之为预测(Prediction)。尽管预测可以涉及数据值预测和类标记预测,但预测通常是指值预测,并因此不同于分类。预测同时也包含基于可用数据的分布趋势识别。

相关分析(Relevance Analysis)可能需要在分类和预测之前进行,它试图识别对于分类和预测无用的属性。这些属性应当排除。

4. 聚类分析

聚类分析(Clustering Analysis)与分类预测方法的明显不同之处在于,后者所学习获取分类预测模型所使用的数据是已知类别属性(Class-labeled Data),属于有监督学习方法,而聚类分析(无论是在学习还是在归类预测时)所分析处理的数据均是无(事先确定)类别归属的。类别归属标志在聚类分析处理的数据集中是不存在的。聚类也便于将观察到的内容分类编制(Taxonomy Formation)成类分层结构,把类似的事件组织在一起。

5. 孤立点分析

数据库中可能包含一些与数据的一般行为或模型不一致的数据对象。这些数据对象被称为孤立点(Outlier)。大部分数据挖掘方法将孤立点视为噪声或异常而丢弃,然而在一些应用场合,如各种商业欺诈行为的自动检测中,小概率发生的事件(数据)往往比经常发生的事件(数据)更有挖掘价值。孤立点数据分析通常称做孤立点挖掘(Outlier Mining)。

孤立点可以使用统计试验检测。它假定一个数据分布或概率模型,并使用距离进行度量,到其他聚类的距离很大的对象被视为孤立点。基于偏差的方法通过考察一群对象主要特征上的差别来识别孤立点,而不是使用统计或距离度量。

6. 演变分析

数据演变分析(Evolution Analysis)就是对随时间变化的数据对象的变化规律和趋势进行建模描述。这一建模手段包括概念描述、对比概念描述、关联分析、分类分析、时间相关数据(Time-Related)分析,时间相关数据分析又包括时序数据分析,序列或周期模式匹配,以及基于相似性的数据分析等。

1.4 数据挖掘的常用技术及工具

数据挖掘是从人工智能领域的一个分支——机器学习发展而来的,因此机器学习、模式识别、人工智能领域的常规技术,如聚类、决策树、统计等方法经过改进,大都可以应用于数据挖掘。数据挖掘的常用技术有决策树、规则发现、神经网络、贝叶斯网络、关联规则、聚类、可视化、文本/Web挖掘等。近年来,神经网络、贝叶斯网络、关联规则等技术在数据挖掘中的应用发展很快;可视化技术受到越来越多的重视;文本和 Web 数据的挖掘成为一个新兴的研究方向。

1.4.1 数据挖掘的常用技术

数据挖掘的常用技术有:

(1)人工神经网络:仿照生理神经网络结构的非线性预测模型,通过学习进行模式识别。

(2)决策树:代表着决策集的树形结构。

(3)遗传算法:基于进化理论,并采用遗传结合、遗传变异以及自然选择等设计方法的优化技术。

(4)近邻算法:将数据集合中每一个记录进行分类的方法。

(5)规则推导:从统计意义上对数据中的"如果—那么"规则进行寻找和推导。

采用上述技术的某些专门的分析工具已经发展了大约十年的时间,不过这些工具所能处理的数据量通常较小。现在,这些技术已经被直接集成到许多大型的符合工业标准的数据仓库和联机分析系统中了。

1.4.2 数据挖掘的工具

1. 基于神经网络的工具

神经网络用于分类、特征挖掘、预测和模式识别。人工神经网络仿真生物神经网络,本质上是一个分散型或矩阵结构,它通过训练数据的挖掘,逐步计算网络连接的加权值。由于对非线性数据具有快速建模能力,基于神经网络的数据挖掘工具现在越来越流行。其开采过程基本上是将数据聚类,然后分类计算权值。神经网络很适合分析非线性数据和含噪声数据,所以在市场数据库的分析和建模方面应用广泛。

2. 基于规则和决策树的工具

大部分数据挖掘工具采用规则发现或决策树分类技术来发现数据模式和规则,其核心是某种归纳算法。这类工具通常是对数据库的数据进行开采,产生规则和决策树,然后对新数据进行分析和预测。其主要优点是:规则和决策树都是可读的。

3. 基于模糊逻辑的工具

该方法应用模糊逻辑进行数据查询、排序等。它使用模糊概念和"最近"搜索技术的数据查询工具，可以让用户指定目标，然后对数据库进行搜索，找出接近目标的所有记录，并对结果进行评估。

4. 综合多方法的工具

不少数据挖掘工具采用了多种开采方法，这类工具一般规模较大，适用于大型数据库（包括并行数据库）。这类工具开采能力很强，但价格昂贵，并要花很长时间进行学习。

1.5 数据挖掘的应用热点

就目前来看，数据挖掘未来的几个应用热点包括网站的数据挖掘、生物数据挖掘、文本的数据挖掘、实时数据挖掘以及数据挖掘中的隐私保护和信息安全。

1. 网站的数据挖掘

随着互联网的发展，各类电子商务网站层出不穷。电子商务网站在进行数据挖掘时，所需要的数据主要来自于两个方面：一部分数据是客户的背景信息，此部分信息主要来自于客户的登记信息；另外一部分数据主要来自浏览者的点击流（Click-Stream），此部分数据主要用于考察客户的行为表现。但有的时候，客户不肯把背景信息填写在登记表上，这就会给数据分析和挖掘带来不便。此时，就不得不从浏览者的点击流数据中来推测客户的背景信息，进而再加以分析。

就分析和建立模型的技术和算法而言，网站的数据挖掘和传统的数据挖掘差别并不是特别大，很多方法和分析思想都可以运用。所不同的是网站的数据格式有很大一部分来自于点击流，这与传统的数据库格式有区别。因而对电子商务网站进行数据挖掘所做的主要工作是数据准备。目前，有很多厂商正在致力于开发专门用于网站挖掘的软件。

2. 生物数据挖掘

生物数据具有复杂性、丰富性、重要性等特点。这些都需要在进行数据挖掘时重点关注。挖掘 DNA 和蛋白序列、挖掘高维微阵列数据、生物路径和网络分析、异构生物数据的链接分析，以及通过数据挖掘集成生物数据等都是生物数据挖掘研究的有趣课题。

生物数据挖掘和通常的数据挖掘相比，无论是数据的复杂程度、数据量还是分析和建立模型的算法，都要复杂得多。从分析算法上讲，更需要一些新的和好的算法。现在很多厂商正在致力于这方面的研究。

3. 文本的数据挖掘

随着文本数据的快速猛增，传统信息检索技术已无法满足实际的需要。文档都包含有用信息，但只有一小部分是与特定用户的需求密切相关的，在不知道文档中究竟会有哪些内容时，要想给出准确精致的查询是较为困难的。在处理大量文档时，需要对文档进行比较，评估文档的重要性和相关性，或发现多文档的模式和趋势。也可以将互联网看成是一个巨大的、动态的文本数据库。显然，随着互联网的飞速发展，文本挖掘将在数据挖掘中扮演越来越重要的角色。

4. 实时数据挖掘

许多包括流数据（比如电子商务、Web 挖掘、股票分析、入侵检测和移动数据挖掘）的应用要求能实时地建立动态数据挖掘模型。该领域还需要进一步发展。

5. 数据挖掘中的隐私保护和信息安全

Web 上有大量电子形式的个人信息，随着网上攻击能力的不断增强，对我们的隐私和数据安全造成了威胁。隐私的保护越来越得到了重视。这需要技术专家、社会科学家、法律专家和公司协作，提出隐私的严格定义和形式机制，以证明数据挖掘中的隐私保护性。

随着计算机计算能力的发展和业务复杂性的提高，数据的类型会越来越多、越来越复杂，数据挖掘将发挥出越来越大的作用。

1.6 小 结

数据库技术已经从原始的数据处理发展到开发具有查询和事务处理能力的数据库管理系统。数据库技术的进一步发展越来越需要有效的数据分析和数据理解工具。这种需求是各种应用收集的数据爆炸性增长的必然结果，这些应用包括商务和管理、生物工程、行政管理、科学和工程以及环境控制。

数据挖掘是从大量数据中发现有趣模式，这些数据可以存放在数据库、数据仓库和其他信息存储中。数据挖掘是一个年轻的跨学科领域，源于诸如数据库系统、数据仓库、统计学、机器学习、数据可视化、信息检索和高性能计算领域。其他相关领域包括神经网络、模式识别、空间数据分析、图像数据库、信号处理和许多应用领域，包括商务、经济学和生物信息学。

知识发现过程包括数据清理、数据集成、数据变换、数据挖掘、模式评估和知识表示。数据模式可以从不同类型的数据库挖掘，如关系数据库，数据仓库以及事务的、对象-关系的和面向对象的数据库。有趣的数据模式也可以从其他类型的信息存储中提取，包括空间的、时间相关的、文本的、多媒体的数据库以及万维网（www）。

数据挖掘功能包括发现类/概念描述、关联、分类和预测、聚类、孤立点分析和演变分析。特征化和区分是数据汇总的形式。

模式提供知识，如果它易于被人理解，则在某种程度上对于测试数据是有效的，并且是潜在有用的、新颖的。模式兴趣度度量，无论是客观的还是主观的，都可以用来指导发现过程。

习 题

1. 若给出一个例子，其中数据挖掘对于一种商务的成功是至关重要的，那么这种商务需要什么数据挖掘功能？它们能够由数据查询处理或简单的统计分析来实现吗？

2. 数据仓库和数据库有何不同？它们有哪些相似之处？

3. 定义下列数据挖掘功能：特征化、区分、关联、分类、预测、聚类和演变分析。

4. 区分和分类的差别是什么？特征化和聚类的差别是什么？分类和预测的差别是什么？对于每一对任务，它们有何相似之处？

第2章 数据预处理

数据库中常存在受噪声数据、空缺数据和不一致数据。现实世界的数据库十分庞大（达到 TB 数量级），因此如何预处理数据才能提高数据质量，提高数据挖掘结果的质量，使挖掘过程更有效、更容易成为目前研究的重点。

数据预处理的方法主要包括：数据清理、数据集成、数据变换和数据规约。

数据清理可以消除数据中的噪声，识别孤立点，纠正不一致性。数据集成将多个数据源的数据合并成一致的数据存储（如数据仓库或数据立方体）。数据变换（如规范化）将数据转换为适于挖掘的形式。数据规约可以得到数据集的规约表示，它较源数据集小得多，但仍接近于保持源数据集的完整性。这些预处理技术在数据挖掘之前使用，可以有效提高数据挖掘模式的质量，降低实际模式挖掘时的时间。

2.1 数据预处理的目的

数据源中的数据可能不完整（如某些属性值的空缺）、含噪声（具有不正确的属性值）和不一致（如同一属性的不同名称）。

不完整数据的出现可能有多种原因：某些数据被认为是不必要的，如销售事务数据中顾客的信息并非总是可用的；其他数据没有包含在内，可能只是因为输入时认为是不重要的；由于理解错误，或者因为设备故障相关数据没有记录；某些记录与其他记录的内容不一致而被删除；记录历史或修改的数据可能被忽略。空缺的数据，特别是某些属性上缺少值的元组可能需要推导。

数据含噪声可能有多种原因：数据采集设备可能出故障；在数据录入过程中发生了人为的或计算机导致的错误；可能由于技术的限制，数据传输过程中出现错误；不正确的数据也可能是由命名或所用的数据代码不一致而导致的。重复元组有时也需要进行数据清理。

数据清理（Data Cleaning）例程通过填补空缺数据平滑噪声数据，识别、删除孤立点，并纠正不一致的数据。异常数据可能使挖掘过程陷入混乱，导致不可靠的输出。

数据集成（Data Integration）指将来自不同数据源的数据合成一致的数据存储。

数据变换（Data Transformation）操作，如规格化和聚集，是将数据转换成适于挖掘的形式的预处理过程。

数据归约策略有助于从原有的庞大的数据集中获得一个精简的数据集合，并使这一精简数据集保持原有数据集的完整性。在精简数据集上进行的数据挖掘显然效率更高，并且挖掘结果与使用原有数据集的结果基本相同。概化也可以"归约"数据。概化用较高层的概念替换较低层的概念。

图 2-1 对上述数据预处理进行了图解。以上的数据预处理并不互斥，例如，冗余数据的删除既是数据清理，也是数据归约。

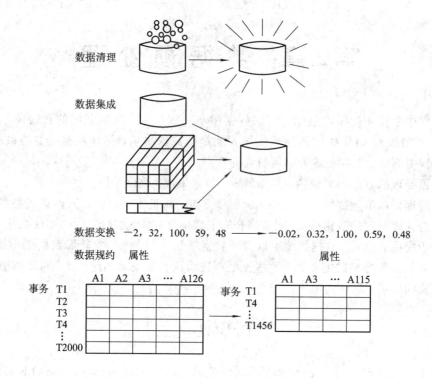

图 2-1 数据预处理的形式

总之,数据源中的数据一般是含噪声的、不完整的和不一致的。数据预处理技术可以改进数据的质量,从而改善挖掘过程的性能,提高挖掘结果的质量。高质量的决策必然依赖于高质量的数据,因此数据预处理是知识发现过程的重要步骤。

2.2 数 据 清 理

现实世界的数据一般是含噪声、不完整的和不一致的。数据清理例程通过填补空缺数据,识别孤立点、消除噪声,并纠正数据中的不一致。

2.2.1 空缺值

空缺值是指所关心的某些属性对应的部分属性值是空缺的。在数据挖掘过程中,这些空缺值会对挖掘结果带来影响,因此需要进行相应的处理。主要方法如下:

(1) 忽略元组,即不选择有空缺值的元组。此方法不是很有效,除非元组有多个属性缺少值时。

(2) 人工填写空缺值。通常数据挖掘所涉及的数据量较大,如果空缺值很多,这种方法比较费时,几乎行不通。

(3) 使用一个全局常量填充空缺值,即对一个属性的所有空缺值都使用一个事先确定好的值(如"OK"或 $-\infty$)来填补。虽然此方法比较简单,但并非总是正确的,例如空缺值都用"OK"替换,挖掘程序可能误以为它们形成了一个有趣的模式。

（4）使用属性的平均值填充空缺值。例如，若一个顾客的平均收入（income）为 16 000
元，则用此值填补 income 属性中的所有空缺值。

（5）使用与给定元组属同一类的所有样本的平均值。例如，在分类挖掘中，使用与给
定样本属于同一类的其他样本的平均值来填充空缺值。

（6）使用最可能的值填充空缺值：可以用回归、贝叶斯形式化方法的工具或判定树归
纳确定最有可能的值。当有空缺值的数据不是孤立点时，此方法有较高的准确性。

2.2.2　噪声数据

噪声（Noise）是一个测量变量中的随机错误或偏差。下面介绍四种数据平滑技术。

1. 分箱（Binning）

分箱方法通过考察"邻居"（即周围的值）来平滑存储数据的值。存储的值被划分到若干
个箱或桶中。由于仅考察被平滑点邻近的数据，因此分箱方法进行的是局部平滑。例 2.1
展示了一些分箱技术。在该例中，score 数据首先被划分并存入等深（每个箱中的数据个数
相等）的箱中。平均值平滑是指将同一箱中的数据全部用该箱中数据的平均值替换。例如，
箱 1 中的值 60，65，67 的平均值是 64，那么该箱中的每一个值被替换为 64。类似地，可以
使用按箱中值平滑，此时，箱中的每一个值被箱中的中值替换；按箱边界平滑，箱中的最
大和最小值被视为箱边界，箱中的每一个值被最近的边界值替换。分箱技术可以采用等深
和等宽的分布规则对数据进行平滑，等深指每个箱中的数据个数相同，等宽指每个箱的取
值范围相同。分箱也可以作为一种离散化技术使用。

【例 2.1】　score 排序后的数据（分）：60，65，67，72，76，77，84，87，90

划分为（等深，深度为 3）箱（桶）：

箱 1：60，65，67

箱 2：72，76，77

箱 3：84，87，90

采用分箱平滑技术后，用平均值平滑得：

箱 1：64，64，64

箱 2：75，75，75

箱 3：87，87，87

用边界值平滑得：

箱 1：60，67，67

箱 2：72，77，77

箱 3：84，84，90

2. 聚类（Clustering）

孤立点可以被聚类检测。通过聚类可以发现异常数据（Outliters），相似或相邻近的数
据聚合在一起形成了各个聚类集合，而那些位于聚类集合之外的数据，自然被认为是异常
数据（孤立点）。直观地看，落在聚类集合之外的值被视为孤立点，如图 2-2 所示。孤立点
将被视为噪声数据而消除。

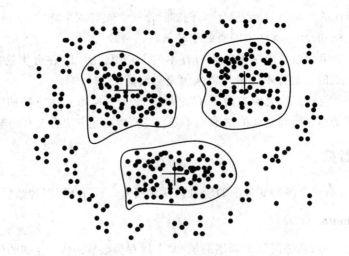

图 2-2　孤立点可以被聚类分析检测

3. 计算机检查和人工检查结合

通过人与计算机相结合的检查方法，可以帮助识别孤立点。例如，利用机遇信息论方法可以帮助识别用于手写符号库中的异常模式，所识别出的异常模式可以输出到一个列表中，然后由人对这一列表中的各异常模式进行检查，并最终确认无用的模式。这种人机结合检查的方法比单纯利用手工方法手写符号库进行检查要快得多。

4. 回归（Regression）

可以利用拟合函数对数据进行平滑。例如，线性回归需要找出适合两个变量的"最佳"直线，使得一个变量能够预测另一个。多线性回归是线性回归的扩展，它涉及多于两个变量。利用回归分析方法获得的拟合函数，能够帮助平滑数据并除去其中的噪声。

许多数据平滑的方法也是离散化的数据归约方法。例如，上面介绍的分箱技术减少了每个属性的不同值的数量。概念分层是一种数据离散化形式，也可以用于数据平滑。例如，score 的概念分层可以把 score 的值映射到优、良、中、及格和不及格，从而减少了挖掘过程所处理的值的数量。有些分类方法有内置的数据平滑机制，如神经网络。

2.2.3　不一致数据

现实世界的数据可能常出现数据记录内容的不一致。有些数据不一致可以用其与外部的关联手工加以解决。例如，数据输入时的错误可以与原稿进行对比来加以纠正。知识工程工具也可以用来检测违反限制的数据。例如，知道属性间的函数依赖，可以查找违反函数依赖的值。

由于同一属性在不同数据库中的取名不规范，常常使得在进行数据集成时，不一致的情况发生，也可能存在冗余。

2.3　数据集成和数据变换

数据挖掘经常需要数据集成，即将多个数据源中数据合并为一致的数据存储。数据还可能需要转换成适于挖掘的形式。本节将介绍数据集成和数据变换。

2.3.1 数据集成

数据分析任务多半涉及数据集成。数据集成将多个数据源中的数据结合起来存放在一个一致的数据存储(如数据仓库)中。数据源可能涉及多个数据库、数据立方体或一般文件。

在数据集成时,需要解决以下几个问题:

(1) 模式集成的过程中涉及到的实体识别问题。这类问题主要是来自多个信息源的现实世界的实体如何才能"匹配"的问题。例如,确信一个数据库中的 customer_id 和另一个数据库中的 cust_number 指的是同一实体。通常,数据库和数据仓库中的元数据(关于数据的数据)可以帮助避免模式集成中的错误。

(2) 冗余问题。冗余是数据集成中的另一个重要问题。如果一个属性可以从其他属性中推演出来,该属性就是冗余的,如年薪。属性或维命名的不一致也可能导致数据集中的冗余。

利用相关分析可以帮助发现一些数据冗余情况。例如,给定两个属性,根据可用的数据,这种分析可以度量一个属性能在多大程度上蕴涵另一个属性。属性 A 和 B 之间的相关性可用下式度量:

$$r_{A,B} = \frac{\sum (A - \overline{A})(B - \overline{B})}{(n-1)\sigma_A \sigma_B} \tag{2.1}$$

其中,n 是元组个数;σ_A 和 σ_B 分别为属性 A 和 B 的标准差。如果(2.1)式的值大于 0,则 A 和 B 是正相关的,意味着 A 的值随 B 的值增加而增加。该值越大,说明 A、B 正相关关系越密切。因此,一个很大的值表明 A(或 B)可以作为冗余而被去掉。如果结果值等于 0,则 A 和 B 是独立的,两者之间没有关系。如果结果值小于 0,则 A 和 B 是负相关的,一个值随另一个值减少而增加,这表明每一个属性都阻止另一个属性出现。(2.1)式可以用来检测(1)中的 customer_id 和 cust_number 的相关性。

除了检测属性间的冗余外,还应当检测元组级的"重复"。重复是指对于同一数据,存在两个或多个相同的元组。

(3) 数据集成过程中的数据值冲突的检测与处理问题。例如,对于同一实体,不同数据源的属性值可能不一致。这可能是因为表示的差异、比例尺度或编码不同造成的。例如,长度属性可能在一个系统中以公制单位存放,而在另一个系统中以英制单位存放;价格属性不同地点采用不同的货币单位。数据在语义上的差异,是数据集成的巨大挑战。

2.3.2 数据变换

数据变换将数据转换成适合于挖掘的形式。常用的数据变换方法如下:

(1) 平滑(smoothing):帮助去除数据中的噪声。这种技术包括分箱、聚类和回归。

(2) 聚集:对数据进行汇总和聚集操作。例如,可以聚集日销售数据,计算月和年销售额。通常,这一步用来为多粒度数据分析构造数据立方体。

(3) 数据概化:用更抽象的概念来取代低层次或数据层的数据对象。例如,分类的属性,如 price,可以概化为较高层的概念,如 cheap、moderately-priced 或 expensive。类似地,数值属性,如 age,可以映射到较高层概念,如 young、middle-age 和 senior。

（4）规范化：将有关属性数据按比例投射到特定的小范围内，如$-1.0\sim1.0$或$0.0\sim1.0$。

规范化可以消除数值型属性因大小不一而造成的挖掘结果偏差。对于分类算法，如涉及神经网络的算法或诸如最临近分类和聚类的距离度量分类算法，规范化特别有用。如果使用神经网络后向传播算法进行分类挖掘，训练样本的规范化能够提高学习的速度。有许多数据规范化的方法，此处介绍三种：最小—最大规范化、z-score 规范化和按小数定标规范化。

最小—最大规范化方法是对初始数据进行一种线性变换。假定，$\min_A$和$\max_A$分别为属性 A 的最小值和最大值。

最小—最大规范化方法通过下式

$$v' = \frac{v - \min_A}{\max_A - \min_A}(new\_\max_A - new\_\min_A) + new\_\min_A \tag{2.2}$$

将 A 的值 v 映射到区间$[new\_\min_A, new\_\max_A]$中的 v'。

最小—最大规范化保留了原始数据中存在的关系。如果将来遇到目前属性 A 取值范围之外的数据，则该方法将面临"越界"错误。

【例 2.2】 假定某属性的最小与最大值分别为 $\$8000$ 和 $\$14000$。要将其映射到区间 $[0.0, 1.0]$。按照最小—最大规范化方法对属性值进行缩放，则属性值 $\$12600$ 将变换为

$$\frac{12\,600 - 8000}{14\,000 - 8000}(1.0 - 0.0) = 0.767$$

z-score(零—均值)规范化方法根据属性 A 的平均值和标准差对 A 进行规范化。A 的值 v 被规范化为 v'，由下式计算：

$$v' = \frac{v - \overline{A}}{\sigma_A} \tag{2.3}$$

其中，$\overline{A}$和σ_A分别为属性 A 的平均值和标准差。该方法常用于属性 A 最大值和最小值未知的情况，或孤立点左右了最大—最小规范化的情况。

【例 2.3】 若属性 income 的平均值和标准差分别为 $\$32\,000$ 和 $\$17\,000$，则使用 z-score 规范化后，值 $\$65600$ 被转换为

$$\frac{65\,600 - 32\,000}{18\,000} = 1.867$$

按小数定标规范化方法通过移动属性 A 的小数点位置进行规范化。小数点的移动位数依赖于 A 的最大绝对值。

A 的值 v 被规范化为 v'，由下式计算：

$$v' = \frac{v}{10^j} \tag{2.4}$$

其中，j 是使得 $\max(|v'|) < 1$ 的最小整数。

【例 2.4】 假定 A 的值为 $-859\sim653$。A 的最大绝对值为 859。使用按小数定标规范化方法，用 1000（即 $j=3$）除每个值。这样，-859 被规范化为 -0.859。

注意，规范化使得原始数据改变了很多，必须保留规范化参数（如平均值和标准差，如果使用 z-score 规范化），以便将来的数据可以用一致的方式规范化。

（5）属性构造（或特征构造）：由已有的属性构造和添加新的属性，以帮助挖掘更深层

次的模式知识，提高挖掘结果的准确性。例如，可根据属性 height 和 width 添加属性 area。属性构造可以减少使用判定树算法分类的分裂问题。通过组合属性，可以帮助发现所遗漏的属性间的相互关系，而这对于数据挖掘是十分重要的。

2.4 数 据 归 约

数据归约技术可以用来得到数据集的归约表示，它比源数据集小得多，但仍接近于保持原数据的完整性。在归约后的数据集上挖掘将更高效，并能产生相同（或几乎相同）的分析结果。

数据归约的策略如下：

（1）数据立方体聚集：主要用于构造数据立方体。

（2）维归约：可以检测并删除不相关、弱相关或冗余的属性或维（数据仓库中的属性）。

（3）数据压缩：利用编码技术压缩数据集的大小。

（4）数值压缩：用较小的数据表示数据或估计数据，如用参数模型（只需要存放模型参数，而不是实际数据）或非参数方法，如聚类、抽样和使用直方图。

（5）离散化和概念分层产生：利用取值范围或更高层次的概念来代替原始数据。概念分层允许挖掘多个抽象层上的模式知识，是数据挖掘的一种强有力的工具。

下面详细地介绍几种常用的数据规约策略。

2.4.1 维归约

数据集可能包含成百上千的属性，但大部分属性与挖掘任务不相关，属于冗余属性。例如，分析银行顾客的信用度时，诸如顾客的电话号码、地址等属性与任务不相关。

维归约通过减少或删除不相关的属性（或维）减少数据集的规模。通常使用属性子集选择方法。属性子集选择的目标是找出最小属性集，使得数据类的概率分布尽可能地接近原属性集的概率分布。

在规约后的属性集上进行挖掘，不仅减少了出现在发现模式上的属性的数目，而且使得模式更易于理解。对于属性子集选择，通常使用压缩搜索空间的启发式算法。

属性子集选择的基本启发式方法包括以下几种：

（1）逐步向前选择。方法从空属性集开始，每次从原来属性集合中选择一个当前最优的属性添加到当前属性子集中。直到无法选择出最优属性或满足一定阈值为止。

（2）逐步向后删除。该方法从一个全属性集开始，每次从当前属性集中选择一个当前最差的属性并将其从当前属性集中消去，直到无法选择出最差的属性为止或满足一定阈值为止。

（3）向前选择和向后删除的结合。向前选择和向后删除方法可以结合在一起，每一步选择一个最好的属性，并在剩余属性中删除一个最坏的属性。

方法（1）～（3）的结束条件可以有多种。可以用一个阈值来确定是否停止属性选择过程。

（4）判定树归纳：通常用于分类的决策树算法也可以用于构造属性子集，如 ID3 和 C4.5。判定树归纳构造对原数据进行分类归纳学习，获得一个初始判定树，没有出现在树中的属性均被认为是不相关的属性，出现在树中的属性就可以得到一个较优的属性集。

2.4.2　数据压缩

数据压缩就是利用数据编码或数据转换将原始数据集合压缩为一个较小规模的数据集合。可以不丢失任何信息地还原数据的压缩称为无损压缩；构造原始数据的近似表示称为有损压缩。

本小节介绍两种流行的和有效的有损数据压缩方法：小波变换和主要成分分析。

1. 小波变换

离散小波变换（DWT）是一种线性信号处理技术，该技术可以将一个数据向量 D 转换为另一个数据向量 D'（小波相关系数）。两个向量具有相同的长度。

小波变换后的数据可以裁减。仅存放一小部分最强的小波系数，就能保留近似的压缩数据。例如，保留大于用户设定的某个阈值的小波系数，其他系数置为 0。这样，结果数据表示非常稀疏，若在小波基础上进行的话，利用数据稀疏特点的操作使得计算效率得到大大提高。该技术也能用于消除噪声，并且不会平滑掉数据的主要特性，使得它们也能有效地用于数据清理。给定一组系数，使用所用的 DWT 的逆，可以还原源数据的近似。

流行的小波变换包括 Haar_2、Daubechies_4 和 Daubechies_6 变换。应用离散小波变换的一般过程使用一种分层的算法，它在每次迭代时将数据减半，从而获得更快的计算速度。该方法步骤如下：

（1）输入数据向量的长度 L，它必须是 2 的整数幂。必要时，需要在数据向量后添加 0，以满足上述条件。

（2）每次变换涉及两个函数。第一个对数据进行平滑，如求和或加权平均；第二个进行带权差分，以获得数据的主要特征。

该步将数据一分为二，产生两个长度为 $L/2$ 的数据集，它们分别代表输入数据平滑后的低频部分和高频部分。

（3）循环使用两个函数作用于数据集，直到结果数据集的长度为 2。

由以上步骤处理得到的结果即为数据变换的小波系数。

类似地，可以使用矩阵乘法对输入数据进行处理，以得到小波系数。所用的矩阵依赖于具体的 DWT。矩阵必须是标准正交的，即它们的列是单位向量并相互正交，使得矩阵的逆是它的转置。

小波变换还可以用于多维数据，如数据立方体。具体操作方法为：先对第一维数据进行变换，然后对第二维进行变换，如此下去。计算的复杂性与立方体的单元个数呈线性关系。对于稀疏或倾斜数据和具有有序属性的数据，小波变换能够得到很好的结果。小波变换有许多实际应用，包括指纹图像压缩、计算机视觉、时间序列、数据分析和数据清理。

2. 主要成分分析

假定待压缩的数据由 N 个元组或数据向量组成，取自 k 个维。主要成分分析（PCA，又称 Karhunen-Loeve 或 K-L 方法）从 k 维数据中寻找出 c 个正交向量，这里 $c \leqslant k$。通过该方法，原数据被投影到一个较小的空间，实现数据的压缩。PCA 可以作为一种维归约形式使用。然而，不同于属性子集选择保留原属性集的一个子集来减少属性集的大小，PCA 方法通过创建一个替换的、较小的变量集来"组合"属性的精华。原数据可以投影到此较小的集合中。

主要处理步骤如下：

(1) 对输入数据规范化，使得每个属性的数据值都落在相同的数值范围内。

(2) 计算 c 个规范正交向量，作为规范化输入数据的基。这些向量是单位向量，两两间相互垂直。这些向量被称为主要成分。输入数据都可以表示为主要成分的线性组合。

(3) 对 c 个主要成分按照"重要性"进行递减排序。

(4) 根据给定的用户阈值，消去"意义"较低的主要成分。使用最强的主要成分，应当可能重构原数据的很好的近似值。

PCA 方法的计算量不大，并且可以用于有序和无序的属性，还可以处理稀疏和倾斜数据。高维数据可以通过将问题归约为 2 维来处理。与数据压缩的小波变换相比，PCA 能较好地处理稀疏数据，而小波变换更适合高维数据的处理变换。

2.4.3　数值归约

数值规约通过选择替代的、较小的数据表示形式来减少数据量。主要包括有参数与非参数两种基本方法。所谓有参数方法，就是利用一个模型来评估数据，因此只需要存储模型参数即可，而不是实际数据(孤立点也可能被存放)。例如数线性模型，它可以估计离散的多维概率分布。无参方法用于存储利用直方图、聚类和选样归约后的数据集。

1. 回归和对数线性模型

回归和对数线性模型可以用来近似给定数据。线性回归方法利用一条直线对数据进行拟合。例如，将随机变量 Y(称做响应变量)表示为另一随机变量 X(称为预测变量)的线性函数：

$$Y = \alpha + \beta X \tag{2.5}$$

这里，假定 Y 的方差是常量，系数 α 和 β(称为回归系数)分别为直线的截距和斜率。系数可以用最小二乘法求得，使得分离数据的实际直线与该直线间的误差最小。

多元回归是线性回归的扩展，响应变量是多维特征向量的线性函数。

对数线性模型 (log-linear model) 近似离散的多维概率分布。该方法能够根据构成数据立方的较小数据块，对其一组属性的基本单元分布概率进行估计，并且可以由较低阶的数据立方体构造较高阶的数据立方体。这样，对数线性还可以进行数据压缩(因为较小阶的方体总共占用的空间小于基本方体占用的空间)，同时具有一定的数据平滑效果(因为与用基本方体进行估计相比，用较小阶的方体对单元进行估计选样变化小一些)。

回归和对数线性模型都可以用于稀疏数据和异常数据处理。虽然两种方法都可以用于异常数据，但回归模型的效果好于对数线性模型。回归模型处理高维数据时计算复杂度较大，而对数线性模型具有好的可伸缩性，可以扩展到 10 维左右。

2. 直方图

直方图使用分箱方法近似数据分布，是一种常用的数据归约方法。属性 A 的直方图 (histogram) 将 A 的数据分布划分为若干个不相交的子集，或称桶。子集(桶)沿水平轴显示，而高度(和面积)表示值的平均频率。如果每个桶只代表单个属性值/频率对，则该桶称为单桶。通常，桶表示给定属性的一个连续区间。

【例 2.5】　下面是某商场销售的商品的价格清单(按照递增的顺序排列,括号中的数字表示改价格产品销售的数目):

2(3),5(6),8(2),10(6),13(9),15(5),18(4),20(7),21(10),23(4),26(8),28(7),29(3),30(8)

图 2-3 使用单桶显示了这些数据的直方图。为进一步压缩数据,通常让一个桶代表给定属性的一个连续值域。在图 2-4 中每个桶代表商品价格的一个不同的 $10 区间。

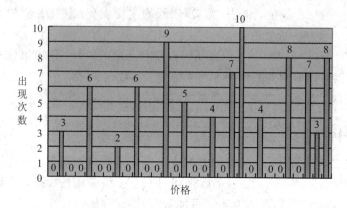

图 2-3　使用单桶的商品价格直方图—每个桶代表一个商品价格/频率对

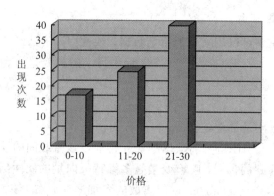

图 2-4　商品价格的等宽直方图,值被聚类使得每个桶都有 $10 宽

构造直方图的数据集划分方法有以下几种:

(1) 等宽。在等宽的直方图中,每个桶的宽度区间是一个常数(如图 2-4 中每个桶的宽度为 $10)。

(2) 等深(或等高)。在等深的直方图中,每个桶中的数据个数为一个常数(即每个桶大致包含相同个数的临近数据样本)。

(3) V-最优。给定桶个数,如果考虑所有可能的直方图,那么 V-最优直方图是具有最小方差的直方图。直方图的方差是每个桶代表的原数据的加权和,其中权等于桶中值的个数。

(4) MaxDiff。在 MaxDiff 直方图中,我们考虑每对相邻值之间的差。桶的边界是具有 $\beta-1$ 个最大差的对,其中 β 是由用户指定的阈值。

V-最优和 MaxDiff 是更精确和实用的方法。对于近似稀疏和稠密数据以及高倾斜和一致的数据，直方图具有较高的效能。直方图可以推广到多属性数据集，多维直方图能够描述属性间的依赖。研究发现，这种直方图对于多达 5 个属性能够有效地近似表示数据。对于更高维、多维直方图的有效性尚需进一步研究。对于存放具有高频率的孤立点，单桶是有用的。

3. 聚类

聚类技术将数据行视为对象。聚类分析所得到的组或类有下述性质：同一类或类中的对象比较相似，不同组或类中的对象彼此不相似。一般的类似性基于多维空间的距离表示，用对象在空间中的"接近"程度定义。聚类的"质量"可以用"直径"表示，直径是指一个聚类中两个任意对象的最大距离。质心距离是聚类质量的另一种度量，以组或类质心（表示"平均对象"，或聚类空间中的平均点）到每个聚类对象的平均距离。图 2-5 所示为某城市内的大学位置的 2D 图，每个聚类的质心用"+"显示，两个数据聚类如图所示。

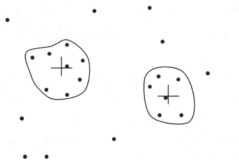

图 2-5　某城市的大学位置 2D 图

在数据归约时，用数据的聚类替换原始数据。该技术的有效性依赖于数据的性质。如果数据能够组织成不同的聚类，该方法将是有效的。

4. 选样

选样可以作为一种数据归约技术使用，它采用数据的较小随机样本（子集）表示大的数据集。假定大的数据集 D 包含 N 个元组，几种选样方法如下：

（1）简单选择 n 个样本，不回放（SRSWOR）。由 D 的 N 个元组中抽取 n 个样本（$n<N$），其中 D 中任何元组被抽取的概率均为 $1/N$。即所有元组是等可能的。

（2）简单选择 n 个样本，回放（SRSWR）。该方法类似于 SRSWOR，不同在于当一个元组被抽取后，记录它，然后放回去。这样，一个元组被抽取后，它又被放回 D，以便它可以再次被抽取。这样，最后的 n 个样本数据集中可能会出现相同的数据行。

（3）聚类选样。如果 D 中的元组被分组放入 M 个互不相交的"聚类"，则可以得到聚类的 m 个简单随机选样，这里 $m<M$。

（4）分层选样。如果 D 被划分成互不相交的部分，称做"层"，则通过对每一层的简单随机选样就可以得到 D 的分层选样。特别是当数据倾斜时，这可以帮助确保样本的代表性。例如，可以得到关于顾客数据的一个分层选样，其中分层对顾客的每个年龄组创建。这样，具有最少顾客数目的年龄组肯定能够得到表示。

采用选样进行数据归约的优点是，得到样本的花费正比例于样本的大小 n，而不是数据的大小 N。因此，选样的复杂性子线性(Sublinear)于数据的大小。其他数据归约技术至少需要完全扫描 D。对于固定的样本大小，选样的复杂性仅随数据的维数 d 线性地增加，而其他技术，如使用直方图，复杂性随 d 指数增长。

用于数据归约时，选样最常用来回答聚集查询。在指定的误差范围内，可以确定(使用中心极限定理)估计一个给定的函数在指定误差范围内所需的样本大小。样本的大小 n 相对于 N 可能非常小。对于归约数据集的逐步求精，选样是一种自然选择。这样的集合可以通过简单地增加样本大小而进一步提炼。

2.5　数据离散化和概念分层

离散化技术可以通过将属性范围划分为若干个区间来减少给定连续属性值的个数。区间的标号可以替代实际的数据值。在基于判定树的分类挖掘方法中，减少属性值的数量是很有效的预处理方法。

对于给定的数值属性，概念分层定义了该属性的一个离散化。通过用较高层的概念(如优、良、中、及格和不及格)替换较低层的概念(如属性 score 的数字值)，概念分层可以用来归约数据。通过这种概化，尽管细节丢失了，但概化后的数据更有意义，更容易解释，并且所需的空间比原数据少。在归约的数据上进行数据挖掘显然效果更高。

手工地定义概念分层可能是一个费时费力的工作。然而，数据库模式定义中隐含了许多层次描述。此外，还可以根据数据分布的统计分析动态自动地产生概念分层。

2.5.1　数值数据的离散化和概念分层生成

对于数值属性，由于数据的可能取值范围的多样性和数据值的更新频繁，构造数值属性的概念分层是比较困难的。

数值属性的概念分层可以根据数据分布分析自动地构造。下面介绍五种主要的数值概念分层生成方法：分箱、直方图分析、聚类分析、基于熵的离散化和通过"自然划分"的数据分段。

1. 分箱

前面讨论了数据平滑的分箱方法。此方法也是离散化方法。例如，通过将数据分布到箱中，并用平均值或中值替换方法对箱值进行平滑，可以将属性值离散化。递归地应用这些操作处理每次的结果，就可以产生一个概念层次树。

2. 直方图分析

前面讨论的直方图也可以用于离散化处理。图 2-6 给出了一个等宽直方图，显示某给定数据集的数值分布。例如，大部分数据分布在 0～2171。例如，在等宽直方图中，将值划分成相等的部分或区间(如(0,2171)，(2171,4342)，…，(8685,10860))。直方图分析算法递归地用于每一部分，将自动地产生多级概念分层，直到到达用户指定的层次水平后结束划分。

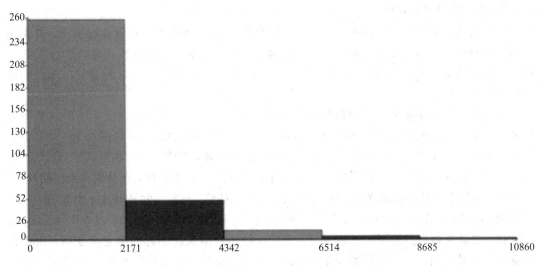

图 2 - 6　显示某数据集数值的分布直方图

3. 聚类分析

聚类算法可以将数据划分成若干类或组。每一个类形成概念分层的一个节点，而所有的节点在同一概念层。每一个类还可以进一步分成若干子类，形成较低的概念层。类也可以合并在一起，以形成分层结构中较高的概念层。

4. 基于熵的离散化

熵（Entropy）是一种基于信息的度量，可以用来递归地划分数值属性 A 的值，形成分层的离散化。这种离散化形成属性的数值概念分层。给定一个数据元组的集合 S，基于熵对 A 离散化的方法如下：

（1）A 的每个值都可以认为是一个潜在的区间边界或阈值 T。例如，A 的值 v 可以将样本 S 划分成分别满足条件 $A<v$ 和 $A \geqslant v$ 的两个子集，这样就创建了一个二元离散化。

（2）对给定的数据集 S，所选择的阈值是这样的值，它使其后划分得到的信息增益最大。信息增益（Information Gain）为

$$I(S,T) = \frac{|S_1|}{S} \text{Ent}(S_1) + \frac{|S_2|}{|S|} \text{Ent}(S_2) \qquad (2.6)$$

其中，S_1 和 S_2 分别对应于 S 中满足条件 $A<T$ 和 $A \geqslant T$ 的一个划分。对于给定的集合，它的熵函数 Ent 可以根据集合中样本的类分布计算获得。例如，给定 m 个类，S_1 的熵为

$$\text{Ent}(S_1) = -\sum_{i=1}^{m} p_i \text{lb}(p_i) \qquad (2.7)$$

其中，p_i 是类 i 在 S_1 中的概率，等于 S_1 中类 i 的样本数除以 S_1 中的样本总数。$Ent(S_2)$ 的值可以类似地计算。

（3）确定阈值的过程递归地用于所得到的每个划分，直到满足某个终止条件，如

$$\text{Ent}(S) - I(S,T) > \delta \qquad (2.8)$$

基于熵的离散化可以压缩数据量。与其他方法不同的是，基于熵的方法利用了类别信息，这使得区间边界定义的分类挖掘结果更加准确。这里介绍的信息增益和熵也用于判定树归纳。

5. 通过自然划分分段

尽管分箱、直方图、聚类和基于熵的离散化都可以帮助构造数值概念层次树,但是用户希望得到数值区域被划分为相对一致的、易于阅读的、看上去更自然直观的区间。例如,更希望将年薪划分成像($4000,$8000)的区间,而不是像由某种复杂的聚类技术得到的($4263.52,$6471.38]。

利用 3-4-5 规则可以将数值量分解为相对统一、自然的区间。该规则一般将数值范围递归地和逐层地将给定的数据区域划分为 3、4 或 5 个等宽区间。该规则如下:

(1) 若一个区间在最高有效位上包含 3、6、7 或 9 个不同的值,则将该区间划分成 3 个区间(对于 3、6 和 9,划分成 3 个等宽区间;而对于 7,按 2-3-2 分组,划分成 3 个区间)。

(2) 如果它在最高有效位上包含 2、4 或 8 个不同的值,则将区间划分成 4 个等宽区间。

(3) 如果它在最高有效位上包含 1、5 或 10 个不同的值,则将区间划分成 5 个等宽区间。

(4) 将该规则递归地用于每个区间,就可以得到数值属性创建的概念分层树。由于在数据集中可能有特别大的正值和负值,最高层分段简单地按最小和最大值划分可能导致与实际结果背离。例如,在考试成绩中,少数人的成绩可能比较接近满分。按照最高分分段可能导致高度倾斜的分层。因此最初的区间分解需要根据包含大多数取值的区间(例如,从 5% 到 95% 之间的区域)进行。不在这个区域的特别高和特别低的值划分为单独的区间。

2.5.2 分类数据的概念分层生成

分类数据(Categorical Data)是离散数据。一个分类属性具有有限个(但可能很多)不同值,且值之间无序。例如电话号码、家庭住址和商品类型。分类数据的概念分层主要有以下几种方法。

(1) 属性的部分序由用户或专家在模式级显式地说明。

通常,分类属性或维的概念分层涉及一组属性。通过在(数据库)模式定义时指定各属性的有序关系,可以很容易地构造概念分层。例如,关系数据库或数据仓库的维 location 可能包含一组属性:street, city, province_or_state 和 country。可以在模式级说明一个全序,如 street<city<province_or_state<country,来定义层次结构。

(2) 通过数据聚合描述层次树。

这是人工地定义概念分层结构方法。在大型数据库中,显式的值穷举定义整个概念分层是不现实的。然而,对于一小部分中间层数据,可以进行显式的分组。例如,在模式级说明了 province 和 country 形成一个分层后,可以人工地添加某些中间层。

(3) 定义一组不说明顺序属性集。

用户可以定义一个属性集,形成概念分层,但并不显式说明它们的顺序。系统将自动地产生属性的序,以便构造有意义的概念层次树。没有数据语义的知识,获得一组属性的顺序关系是很困难的。

【例 2.6】 假定用户对于商场的维 location 选定了属性集:街道(street)、国家(country)、省(province)和城市(city),但没有指出属性之间的层次序。

location 的概念分层可以按步骤自动地产生。首先,根据每个属性的不同值个数,将属性按降序排列,获得顺序(每个属性的不同值数目在括号中):country(12),province(337),city(2867),street(589431)。其次,按照排好的次序,自顶向下产生分层,第一个属性在最顶层，最后一个属性在最底层。分层结果如图 2-7 所示。最后，用户可以考察所产生的分层，如果必要的话，可以对层的顺序进行局部调整，以使其能够反映所期望的属性间的相互联系。此例不需要修改产生的分层。

第一层 country 12 个不同值

第二层 province 337 个不同值

第三层 city 2867 个不同值

第四层 street 58 941 个不同值

图 2-7 一个基于不同属性值个数的模型概念分层的自动产生

注意，启发知识并非始终正确。例如，在一个数据库中，时间维可能包含 20 个不同的年，12 个不同的月，每星期 7 个不同的天。然而，这并不意味着时间分层应当是"year<month<days_of_the_week"，days_of_the_week 在分层结构的最顶层。

（4）只说明部分属性集。

有时用户仅能提供概念层次树所涉及的一部分属性。例如，用户仅能提供地点（location）所有分层的相关属性的部分属性，如说明了街道（street）和城市（city）。这种情况就需要利用数据库模式定义中有关属性间的语义联系，来获得层次树的所有属性。必要时用户可以对所获得的相关属性集进行修改完善。

2.6　特征选择与提取

2.6.1　基本概念

（1）特征形成。表示被识别的对象生成的一组基本特征，它可以是计算出来的（当识别对象是波形或数字图像时），也可以是用仪表或传感器测量出来的（当识别对象是实物或某种过程时），这样产生出来的特征叫做原始特征。

（2）特征提取。原始特征的数量可能很大，或者说样本处于一个高维空间中。特征提取是将维数比较多的空间最终压缩到维数比较少的空间，为下一步的特征筛选而服务的过程，它把原特征空间众多特征进行某种组合（通常是线性组合），从而减少特征，降低维数。所谓特征提取，在广义上就是指一种变换。若 Y 是测量空间，X 是特征空间，则变换 A：$Y \rightarrow X$ 就叫做特征提取器。

（3）特征选择。从一组特征中抽取最有效的特征以达到降低特征空间维数的目的，这个过程叫做特征选择。

特征提取和特征选择并不是截然分开的。例如，先将最初的特征空间变换到维数较低的空间，在这个空间中再进行特征选择，进一步降低维数。也可以先进行特征选择，去掉那些没有明显分类信息的特征，再进行变换以降低维数。

2.6.2　特征提取

我们的目的是为了能够在低维空间中更好地进行分类，因此变换的有效性最好用分类器的错误概率来衡量。可惜的是，在大多数情况下，错误概率的计算是十分复杂的，因此不得不用另外一些准则来确定特征提取方法。

1. 按欧式距离度量的特征提取方法

两个特征向量之间的距离是它们相似度的一种很好度量。假使对应同一类别的样本在特征空间中聚集在一起，而不同类别的样本互相离得较远，分类比较容易。因此在给定维数 D 的特征空间中，我们应采用这样的 d 个特征，它们使各类尽可能远地互相分开。使用 $\delta(x_k^{(i)}, x_l^{(j)})$ 表示第 ω_i 类的第 k 个样本与第 ω_j 类的第 l 个样本之间的距离，我们应该选择这样的特征 x^*，使 c 个类别各样本之间的平均距离 $J(x)$ 为最大，即

$$J(x^*) = \max_x J(x)$$

而
$$J(x) = \frac{1}{2} \sum_{i=1}^c P_i \sum_{j=1}^c P_j \frac{1}{n_i n_j} \sum_{k=1}^{n_i} \sum_{l=1}^{n_j} \delta(x_k^{(i)}, x_l^{(j)})$$

这里 n_i 表示设计集 S 中 ω_i 的训练样本数。式中 P_i 是第 i 类的先验概率，当这些先验概率未知时，也可以用训练样本数进行估计，即 $\widetilde{P}_i = \frac{n_i}{n}$，这里 n 是设计集的样本总数。

2. 按概率距离判别的特征提取方法

设原始特征 y 与二次特征 x 之间有映射关系：$x = \boldsymbol{W}^{\mathrm{T}} y$，则原空间中一个矩阵 $\boldsymbol{A}$ 经映射后变为 $\boldsymbol{A}^*$，它与 $\boldsymbol{A}$ 有以下关系：$\boldsymbol{A}^* = \boldsymbol{W}^{\mathrm{T}} \boldsymbol{A} \boldsymbol{W}$，映射后的概率距离也相应地变为 $J_c(W)$，$J_D(W)$。

基于概率的可分性判据：用概率密度函数间的距离（交叠程度）来度量，即

$$J_p(x) = \int g[p(x \mid w_1), p(x \mid w_2), P_1, P_2] \mathrm{d}x$$

3. 使用散度准则函数的特征提取器

散度准则函数：

$$J_D(x) = I_{ij} + I_{ji} = \int_x [p(x \mid w_i) - p(x \mid w_j)] \ln \frac{p(x \mid w_i)}{p(x \mid w_j)} \mathrm{d}x$$

2.6.3　特征选择

特征选择的任务是从一组数量为 D 的特征中选择出数量为 $d(D > d)$ 的一组最优特征来，以降低处理的维数。有两个问题需要解决：一是选择的标准，这可以用可分离性判据，即要选出使某一可分性更大的特征组来；另一个是较好的算法，以便在允许的时间内找出最优的那一组特征。许多特征选择算法力求解决搜索问题，经典算法有分支定界法和单独最优特性组合法。

（1）分支定界法：最优搜索，效率比盲目穷举法高。

（2）单独最优特征组合法：顺序前进法、顺序后退法、模拟退火法、Tabu 搜索法、遗传算法等。

1. 最优搜索算法

到目前为止唯一能得到最优结果的搜索方法是"分支定界"算法，它是一种自上而下的搜索方法，但具有回溯功能，能够找到所有可能的特征组合。通过合理地组织搜索过程，从而有可能避免计算不影响结果最优的某些组合。这主要是利用了可分离性判据的单调性，即对有包含关系的特征组 $\bar{\chi}_k$，$k=1, 2, \cdots, i$，且有 $\bar{\chi}_1 \supset \bar{\chi}_2 \supset \cdots \supset \bar{\chi}_i$。可分性判据满足：$J(\bar{\chi}_1) \geqslant J(\bar{\chi}_2) \geqslant \cdots \geqslant J(\bar{\chi}_i)$。

2. 次优搜索法

1）单独最优特征组合

最简单方法是计算单独使用各特征时的判据值并对结果进行排序，取前 d 个作为选择结果。但结果不一定是最优结果，即使各特征相互独立，除非当可分性判据 J 可写为如下形式时：

$$J(X) = \sum_{i=1}^{D} J(x_i) \quad 或 \quad J(X) = \prod_{i=1}^{D} J(x_i)$$

这种方法只能选出一组最优的特征来，其中一种可能是在两类都是正态分布的情况下，当各特征统计独立时，用 Mahalanobis 距离作为可分性判据，就满足上述要求。

2）顺序前进法（Sequential Forward Selection，SFS）

这是最简单的自上而下搜索方法，每次从未入选的特征中选择一个特征，使得它与已入选的特征组合在一起时所得 J 值最大，直到特征数增加到 d 为止。

3）顺序后退法（Sequential Backward Selection，SBS）

与顺序前进法相反，顺序后退法从全体特征开始每次删除一个，所删除的特征应使仍然保留的特征组的 J 值最大。

4）增 l 减 r 法（$l-r$ 法）

前两种方法可以进一步改进，可在选择过程中加入局部回溯过程。例如，在第 k 步可先用 SFS 法一个个加入特征到 $k+l$ 个，然后再用 SBS 法一个个剔去 r 个特征，我们把这样一种算法叫增 l 减 r 法（$l-r$ 法）。

2.7　小　　结

数据预处理对于建立数据仓库和数据挖掘都是一个重要的问题，因为现实世界中的数据多半是不完整的、有噪声的和不一致的。数据预处理包括数据清理、数据集成、数据变换和数据归约。

数据清理例程通过填补空缺数据，平滑噪声数据，识别、删除孤立点，并纠正不一致的数据。

数据集成将来自不同数据源的数据整合成一致的数据存储。元数据、相关分析、数据冲突检测和语义异种性的解析都有助于数据集成。

数据变换例程将数据变换成适于挖掘的形式。例如，属性数据可以规范化，使得它们可以落入小区间，如 0.0~1.0。

数据归约技术，如数据立方体聚集、维归约、数据压缩、数值归约和离散化都可以用来得到数据的归约表示，而使得信息内容的损失最小。

数值数据的概念分层自动产生可能涉及诸如分箱、直方图分析、聚类分析、基于熵的离散化和根据自然划分分段方法。对于分类数据，概念分层可以根据定义分层的属性的不同值个数自动产生。

特征的选择与提取是模式识别中重要而困难的一步，模式识别的第一步就是分析各种特征的有效性并选出最有代表性的特征。降低特征维数在很多情况下是有效设计分类器的重要课题。

尽管已经提出了一些数据预处理的方法，数据预处理仍然是一个活跃的研究领域。

习　题

1. 数据的质量可以用精确性、完整性和一致性来评估。请提出两种数据质量的其他尺度。

2. 实际数据中，元组数据中通常出现空缺值。描述处理该问题的各种方法。

3. 假定用于分析的数据包含属性年龄（age）。数据元组的 age 值（按递增序）是：14，16，17，17，18，19，19，21，21，23，25，25，27，27，29，32，33，35，36，37，39，39，40，43，47，56，68。

(a) 使用分箱中值光滑对以上数据进行光滑，箱的深度为 3。解释你的步骤，并评论对于给定的数据该技术的效果。

(b) 怎样识别数据中的孤立点？

(c) 描述其他的数据平滑技术。

4. 讨论数据变化的作用，数据变化有哪些方法。

5. 使用习题 3 给出的 age 数据，回答以下问题：

(a) 使用最小—最大规范化方法，将 age 值 37 变换到[0.0,1.0]区间。

(b) 使用 z-score 规范化方法变换 age 值 37，其中 age 的标准差为 12.94 岁。

(c) 使用小数定标规范化方法变换 age 值 37。

(d) 对于给定的数据，你愿意使用哪种方法？陈述你的理由。

6. 使用流程图概述如下属性子集选择过程。

(a) 逐步向前选择。

(b) 逐步向后删除。

(c) 向前选择和向后删除的结合。

7. 使用习题 3 给出的 age 数据，

(a) 画一个宽度为 10 的等宽直方图。

(b) 为如下每种抽样技术给出例子：当样本长度为 5 时分别做 SRSWOR（不重复的简单随机抽样）和 SRSWR（重复的简单随机抽样）、类别数目为 5 的聚类选择以及分层选样，层次分为层"young"、"middle_age"和"senior"。

8. 对如下问题，使用伪代码或你喜欢用的程序设计语言，给出算法：

(a) 对于分类数据，基于给定模式中属性不同值的个数，自动产生概念分层。

(b) 对于数值数据，基于等宽划分规则，自动产生概念分层。

(c) 对于数值数据，基于等深划分规则，自动产生概念分层。

第 3 章 关联规则挖掘

频繁模式(Frequent Pattern)是频繁地出现在数据集中的模式。频繁模式可分为频繁项集、频繁子序列和频繁子结构三种类型。例如,频繁地同时出现在交易数据集中的商品(如牛奶和面包)的集合是频繁项集;一个序列,如首先购买个人电脑,然后购买数码相机,最后购买内存卡,如果它频繁地出现在购买历史数据库中,则是一个(频繁)序列模式;子结构可能涉及不同的结构形式,如子图、子树或子格,它可能与项集或子序列结合在一起。如果一个子结构频繁地出现,则称为(频繁)结构模式。

频繁模式挖掘是搜索给定数据集中反复出现的联系。发现这种频繁模式是挖掘数据之间的关联、相关和许多其他有趣联系的基础,对数据分类、聚类和其他数据挖掘任务也有帮助。因此,频繁模式的挖掘就成了一项重要的数据挖掘任务和数据挖掘研究关注的主题之一。

关联规则挖掘是在频繁模式挖掘的基础上实现的,是数据挖掘中最活跃的研究方法之一,最早是由 Agrawal 等人提出的(1993 年)。最初的动机是针对购物篮分析(Basket Analysis)问题提出的,其目的是为了发现交易数据库(Transaction Database)中不同商品之间的联系规则。在传统的零售商店中,顾客购买东西的行为是零散的,但是随着超级市场的出现,顾客可以在超市一次购得所有自己需要的商品,商家很容易收集和存储大量的销售数据。交易数据库可以把顾客的相关交易(所购物品项目等)存储下来,通过对这些数据的智能分析,获得有关顾客购买模式的一般性规则。这些规则刻画了顾客购买行为模式,可以用来指导商家科学地安排进货、管理库存、布置货架、制定营销策略等。关联规则在其他领域也得到广泛应用。例如,医学研究人员希望从已有的成千上万份病历中找出患某种疾病的病人的共同特征、某一种疾病的并发症、该种疾病的致病因子或关联因子,从而为治愈或预防这种疾病提供一些帮助。再如,在生态环境研究中,某一区域生态环境目前的状态是由于众多生态环境自然因子(地质、地貌、气候等)和社会经济因子(人类的开发利用方式和强度)所决定的,可以按照图层(每一个因子对应一个图层)建立生态环境影响因子空间数据库,以便发掘生态环境现状与影响因子之间的关联关系,为生态环境治理提供决策依据。诸多的研究人员对关联规则的挖掘问题进行了大量的研究。他们的工作涉及关联规则挖掘理论的探索、原有算法的改进和新算法的设计、并行关联规则挖掘(Parallel Association Rule Mining)、数量关联规则挖掘(Quantitive Association Rule Mining)、加权关联规则的发现(Weighted Association Rules)等问题以及关联规则挖掘在医学和生态环境中的应用研究。在提高挖掘规则算法的效率、适应性、可用性以及应用推广等方面,许多学者进行了不懈的努力。本章将对关联规则挖掘的基本概念、方法以及算法等进行讲述。

3.1 基 本 概 念

交易数据库又称为事务数据库,尽管它们的英文名词一样,但是事务数据库更具有普遍性。例如,病人的看病记录、基因符号等用事务数据库更贴切。因此,下面的叙述更多使用事务数据库这一名词，而不用交易数据库这个名词。

一个事务数据库中的关联规则挖掘可以描述如下：

设 $I=\{i_1, i_2, \cdots, i_m\}$ 是一个项目集合，事务数据库 $D=\{t_1, t_2, \cdots, t_n\}$ 是由一系列具有惟一标识的 TID 事务组成。每一个事务 $t_i(i=1, 2, \cdots, n)$ 都对应 I 上的一个子集。

定义 3.1　设 $I_1 \subseteq I$，项目集（Itemsets）I_1 在数据集 D 上的支持度（Support）是包含 I_1 的事务在 D 中所占的百分比，即

$$support(I_1) = \frac{\|\{t \in D \mid I_1 \subseteq t\}\|}{\|D\|} \qquad (3.1)$$

式中：$\|\cdot\|$ 表示集合中元素数目。

定义 3.2　对项目集 I，在事务数据库 D 中所有满足用户指定的最小支持度（Minsupport）的项目集，即不小于 Minsupport 的 I 的非空子集，称为频繁项目集（Frequent Itemsets）或大项目集（Larg Itemsets）。

定义 3.3　一个定义在 I 和 D 上，形如 $I_1 \Rightarrow I_2$ 的关联规则通过满足一定的可信度、信任度或置信度（Confidence）来定义的。所谓规则的可信度，是指包含 I_1 和 I_2 的事务数与包含 I_1 的事务数之比，即

$$confidence(I_1 \Rightarrow I_2) = \frac{support(I_1 \bigcup I_2)}{support(I_1)} \qquad (3.2)$$

定义 3.4　D 在 I 上满足最小支持度和最小置信度（Minconfidence）的关联规则称为强关联规则（Strong Association Rules）。

通常所说的关联规则一般是指强关联规则。

一般地，给定一个事务数据库，关联规则挖掘问题就是通过用户指定最小支持度和最小可信度来寻找强关联规则的过程。关联规则挖掘问题可以划分成两个子问题。

(1) 发现频繁项目集：通过用户给定的最小支持度，寻找所有频繁项目集，即满足支持度 Support 不小于 Minsupport 的所有项目子集。发现所有的频繁项目集是形成关联规则的基础。

(2) 生成关联规则：通过用户给定的最小可信度，在每个最大频繁项目集中，寻找置信度不小于 Minconfidence 的关联规则。

相对于第(1)个子问题而言，第(2)个子问题相对简单，而且在内存、I/O 以及算法效率上改进余地不大，目前使用较多的算法由 Agrawal 等给出。因此，第(1)个子问题是近年来关联规则挖掘算法研究的重点。

3.2　关联规则挖掘算法

3.2.1　项目集空间理论

Agrawal 等人建立了用于事务数据库挖掘的项目集空间理论。理论的核心为：频繁项目集的子集仍是频繁项目集；非频繁项目集的超集是非频繁项目集。这个理论一直作为经典的数据挖掘理论被应用。

定理 3.1　如果项目集 X 是频繁项目集，那么它的所有非空子集都是频繁项目集。

证明　设 X 是一个项目集，事务数据库 D 中支持 X 的元组（记录）数为 S。设 X 的任一非空子集 $Y\subseteq X$，事务数据库 D 中支持 Y 的元组（记录）数为 S_1。

根据项目集支持度的定义，很容易知道支持 X 的元组一定支持 Y，所以 $S_1\geqslant S$，即

$$\text{support}(Y) \geqslant \text{support}(X)$$

按假设，项目集 X 是频繁项目集，即

$$\text{support}(X) \geqslant \text{minsupport}$$

所以 $\text{support}(Y)\geqslant\text{support}(X)\geqslant\text{minsupport}$，因此 Y 是频繁项目集。

定理 3.2　如果项目集 X 是非频繁项目集，那么它的所有超集都是非频繁项目集。

证明　设事务数据库 D 中支持 X 的元组数为 S。设 X 的任一超集 $Z\supseteq X$，事务数据库 D 中支持 Z 的元组数为 S_2。

根据项目集支持度的定义，很容易知道支持 Z 的元组一定支持 X，所以 $S_2\leqslant S$，即

$$\text{support}(Z) \leqslant \text{support}(X)$$

按假设，项目集 X 是非频繁项目集，即

$$\text{support}(X) < \text{minsupport}$$

所以 $\text{support}(Z)\leqslant\text{support}(X)<\text{minsupport}$，因此 Z 不是频繁项目集。

1993 年，Agrawal 等人在提出关联规则概念的同时，给出了相应的挖掘算法 AIS，但性能较差。1994 年，他们依据上述两个定理，提出了著名的 Apriori 算法，Apriori 算法至今仍然作为关联规则挖掘的经典算法，其他算法均是在此基础上进行改进的。

3.2.2　经典的发现频繁项目集算法

Apriori 算法是 R. Agrawal 和 R. Strikant 于 1994 年提出的布尔关联规则挖掘频繁项集的原创性算法。算法的基本思想：基于频繁项目集性质的先验知识，使用由下到上逐层搜索的迭代方法，k 项集用于搜索 $k+1$ 项集。首先，扫描数据库，统计每一个项发生的数目，找出满足最小值支持度的项，找出频繁 1 项集，计作 L_1；然后，基于 L_1 找出频繁 2 项集的集合 L_2，基于 L_2 找出频繁 3 项集的集合 L_3，如此下去，直到不能找到频繁 k 项集 L_k。找每一个 L_k 需要一次数据库全扫描。

Apriori 算法的核心由连接步和剪枝步组成。

（1）连接步：为找频繁项集 $L_k(k\geqslant 2)$，先通过将 L_{k-1} 与自身连接产生候选 K 项集的集合 C_k。设 l_1 和 l_2 是 L_{k-1} 中的项，即 $l_1\in L_{k-1}$，$l_2\in L_{k-1}$。Apriori 算法假定事务或项集中的项按照字典顺序排列，设 $l_i[j]$ 表示 l_i 中的第 j 项。对于 $k-1$ 项集 l_i，对应的项排序为：$l_i[1]<l_i[2]<\cdots<l_i[k-1]$。$L_{k-1}$ 与自身连接使用 $L_{k-1}\infty L_{k-1}$ 来表示。如果 $l_1\in L_{k-1}$，$l_2\in L_{k-1}$ 中的前 $k-2$ 个元素相同，则称 l_1、l_2 是可连接的，即 $l_1[1]=l_2[1]\wedge l_1[2]=l_2[2]\wedge\cdots\wedge l_1[k-1]<l_2[k-1]$。条件 $l_1[k-1]<l_2[k-1]$ 可以保证不产生重复，而按照 L_1，L_2，$\cdots$，L_{k-1}，L_k，$\cdots$，L_n 次序寻找频繁项集可以避免对事务数据库中不可能发生的项集所进行的搜索和统计的工作。连接 l_1、l_2 的结果项集是 $l_1[1]$、$l_1[2]$、$\cdots$、$l_1[k-1]$、$l_2[k-1]$。

（2）剪枝步：由候选 K 项集的集合 C_k 产生频繁 K 项集 L_k。C_k 是 L_k 的超集，也就是说 C_k 的成员可以不是频繁的，但所有的频繁项集 L_k 都包含在 C_k 中。扫描数据库 D，统计 C_k 中每一个候选项集的计数，从而确定 L_k。然而 C_k 集合中元素数目可能很大，这样所涉及的计算量就很大。为压缩 C_k，可以利用频繁项目集性质的先验知识：任何非频繁的 $(k-1)$ 项集

都不是频繁 k 项集的子集。因此，如果候选 k 项集 C_k 的 $(k-1)$ 项子集不在 L_{k-1} 中，则该候选不可能是频繁的，从而可以从 C_k 中删除。这种子集测试可以使用所有频繁项集的散列树快速完成。例如，如果 2 项目集 $C_2 = \{AB,\ AD,\ AC,\ BD\}$，而对于新产生 3 项目集中的元素 ABC 不需要加入到 C_3 中，因为它的 2 项子集 BC 不在 C_2 中。而对于新产生的元素 ABD 应该加入到 C_3 中，因为它的所有 2 项子集都在 C_2 中。

【例 3.1】 表 3-1 为某一超市销售事务数据库 D，使用 Apriori 算法发现 D 中频繁项目集。

问题分析：事务数据库 D 中有 9 个事务，即 $\|D\| = 9$。超市中有 5 件商品可供顾客选择，即 $I = \{I_1,\ I_2,\ I_3,\ I_4,\ I_5\}$，且 $\|I\| = 5$。设最小支持数 minsup_count $= 2$，则对应的最小支持度为 $2/9 = 2.2\%$。

表 3-1　某一超市销售事务数据库 D

TID	商品 ID 列表	TID	商品 ID 列表
$T100$	$I_1,\ I_2,\ I_5$	$T600$	$I_2,\ I_3$
$T200$	$I_2,\ I_4$	$T700$	$I_1,\ I_3$
$T300$	$I_2,\ I_3$	$T800$	$I_1,\ I_2,\ I_3,\ I_5$
$T400$	$I_1,\ I_2,\ I_4$	$T900$	$I_1,\ I_2,\ I_3$
$T500$	$I_1,\ I_3$		

事务数据库 D 中候选项目集、频繁项目集生成过程如下：

1）候选 1 项目集 C_1 的生成

$I = \{I_1,\ I_2,\ I_3,\ I_4,\ I_5\}$ 中每一项都是候选 1 项目集合 C_1 的成员，对候选 1 项目集 $C_1 = \{I_1, I_2, I_3, I_4, I_5\}$ 中的每一个 1 候选项目集，在数据库 D 进行扫描，统计它们的支持数。

2）频繁 1 项目集 L_1 的生成

在候选 1 项目集 $C_1 = \{I_1,\ I_2,\ I_3,\ I_4,\ I_5\}$ 中，选取支持数不小于最小支持数 minsup_count $= 2$ 的候选 1 项目集作为频繁 1 项目集 L_1，$L_1 = \{I_1,\ I_2,\ I_3,\ I_4,\ I_5\}$。

3）候选 2 项目集 C_2 的生成

由频繁 1 项目集 $L_1 = \{I_1,\ I_2,\ I_3,\ I_4,\ I_5\}$ 生成候选 2 项目集 C_2。由数学中组合知识和 2 候选项目集定义可知，2 候选项目集 C_2 是 1 频繁项目集 $L_1 = \{I_1,\ I_2,\ I_3,\ I_4,\ I_5\}$ 的全组合，共有 $C_{|L_1|}^2$ 种组合，也就是说，2 候选项目集 C_2 中共有 $C_{|L_1|}^2$ 个元素。为了提高算法效率，Apriori 算法使用连接 $L_1 \infty L_1$ 产生候选项目集 C_2。$L_1 \infty L_1$ 连接运算要求两个连接的项集共享 0 个项，$L_k \infty L_k$ 运算中要求两个连接的项集共享 $k-1$ 个项。对候选项目集 C_2 中的每一个 2 候选项目集，在数据库 D 进行扫描，统计它们的支持数。

4）2 频繁项目集 L_2 的生成

在 2 候选项目集 C_2 中，选取支持数不小于最小支持数 minsup_count $= 2$ 的候选项目集作为 2 频繁项目集 L_2。

5）3 候选项目集 C_3 的生成

由 2 频繁项目集 L_2 生成 3 候选项目集 C_3。首先按照连接步定义计算 $C_3 = L_2 \infty L_2 = \{\{I_1,\ I_2,\ I_3\},\ \{I_1,\ I_2,\ I_5\},\ \{I_1,\ I_3,\ I_5\},\ \{I_2,\ I_3,\ I_4\},\ \{I_2,\ I_3,\ I_5\},\ \{I_2,\ I_4,\ I_5\}\}$；然后按照剪枝步的方法，频繁项集的所有子集也必须是频繁的，可以确定后 4 个候选不可能是频繁的，从而可以把它们从 C_3 中删除，这样扫描数据库 D 时，不必再统计它们的数目。由

于 Apriori 算法采用由下到上、逐层搜索技术，当给定候选 k 项集，只须检查它们的 $k-1$ 项子集是否频繁。对候选项目集 C_3 中的每一个 3 候选项目集，在数据库 D 进行扫描，统计它们的支持数。

6）3 频繁项目集 L_3 的生成

在 3 候选项目集 C_3 中，选取支持数不小于最小支持数 minsup_count＝2 的候选项目集作为 3 频繁项目集 L_3。

7）4 候选项目集 C_4 的生成

计算 $C_4＝L_3 \infty L_3＝\{\{I_1，I_2，I_3，I_5\}\}$，因为它的子集 $\{I_2，I_3，I_5\}$ 不是频繁的，应该从 C_4 中删除。这样 $C_4＝\Phi$，算法终止，找出了所有的频繁项集。

这样一个寻找所有频繁项集的过程如图 3-1 所示。

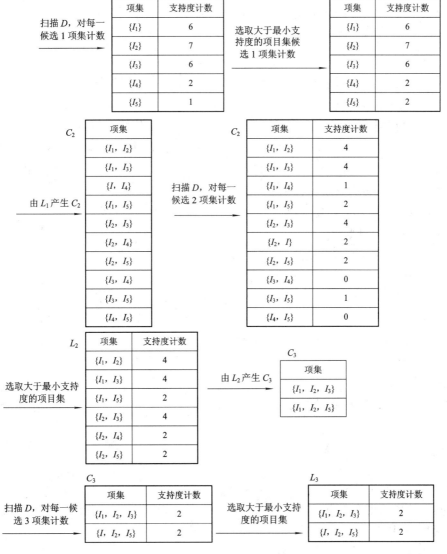

图 3-1 搜索候选项集和频繁项集过程

以下为 Apriori 算法和它的相关过程的伪代码。

算法 3.1　Apriori(发现频繁项目集)。

输入：数据集 D、最小支持数 minsup_count。

输出：频繁项目集 L。

(1) $L_1 =\{$large 1-itemsets$\}$；　　　　　//所有支持数不小于 minsup_count 的 1 项目集

(2) FOR $(k=2; L_{k-1} \neq \Phi; k++)\{$

(3) 　　　　$C_k =$ apriori-gen(L_{k-1})；　　　//C_k 是包含 k 个元素的候选项目集

(4) 　　　　FOR all transactions $t \in D\{$　　//扫描数据集 D 用于计数

(5) 　　　　　$C_t =$ subset(C_k, t)；　　　　//C_t 是所有 t 中包含 C_k 的候选项目集

(6) 　　　　　FOR all candidates $c \in C_t$　c. count$++$；　　　//计数

(7) 　　　　$\}$

(8) 　　　　$L_k =\{c \in C_k \mid c. \text{count} \geqslant \text{minsup\_count}\}$

(9) $\}$

(10) RETURN $L = \bigcup L_k$；

Apriori 算法中步骤(1)找出频繁 1 项集的集合 L_1；步骤(2)~(9)实现由 L_{k-1} 生成 C_k，再找出 L_k；步骤(3)调用了 apriori-gen(L_{k-1}) 函数，是为了通过 $(k-1)$ 频繁项目集产生 k 候选集，并删除包含非频繁子集的 k 候选集；步骤(4)对所有的候选扫描数据集 D 用于计数；步骤(5)对每一个事务使用 subset 函数找出事务中是候选的所有子集；步骤(6)对这样的候选累加计数；步骤(8)找出满足最小支持度的候选；步骤(10)形成频繁项集的集合 L。

算法 3.2　apriori-gen(L_{k-1})(候选集产生)。

输入：$(k-1)$ 频繁项目集 L_{k-1}。

输出：k 候选项目集 C_k。

(1) FOR all itemset $l_1 \subseteq L_{k-1}\{$

(2) 　　FOR all itemset $l_2 \subseteq L_{k-1}\{$

(3) 　　　IF$(l_1[1]=l_2[1] \wedge l_1[2]=l_2[2] \wedge \cdots \wedge l_1[k-1]<l_2[k-1])$ THEN$\{$；

(4) 　　　$C = l_1 \infty l_2$；　　　//连接步，把 $l_2[k-1]$ 连接在 $l_1[k-1]$ 后

(5) 　　　IF has_infrequent_subset(C, L_{k-1}) THEN

(6) 　　　　delete C；　　　//删除含有非频繁项目子集的候选项目集 C

(7) 　　　ELSE

(8) 　　　　$C_k = C_k \bigcup C$

(9) 　　　$\}$

(10) 　　$\}$

(11) $\}$

(12) RETURN C_k；

算法 3.2 中调用函数 has_infrequent_subset(C, L_{k-1}) 是为了判断 C 是否要加入到 k 候选项目集 C_k 中。

算法 3.3　has_infrequent_subset(C, L_{k-1})。

输入：候选项目集 C，$(k-1)$ 频繁项目集 L_{k-1}。

输出：是否删除候选项目集 C。

(1) FOR all $(k-1)-$subset S of C

(2)　　　IF $S \notin L_{k-1}$ THEN RETURN TRUE

(3) RETURN FALSE

3.2.3　由频繁项集产生关联规则

由数据库 D 中的事务找出频繁项集，可按照下面的步骤生成关联规则。

(1) 对于每一个频繁项集 l，生成其所有的非空子集。

(2) 对于每一个非空子集 $x \subset l$，计算 confidence$(x \Rightarrow (l-x))$。如果 confidence$(x \Rightarrow (l-x)) \geqslant$ minConfidence，那么规则 $x \Rightarrow (l-x)$ 为一个强关联规则。

算法 3.4　从给定的频繁项目集中生成强关联规则。

输入：频繁项目集 L、最小信任度 minConfidence。

输出：强关联规则。

Rule-generate(L, minConfidence)

(1) FOR each frequent itemset $l_k \in L$

(2)　　　generateRules($l_k \in L$, $l_k \in L$, minConfidence)；

算法 3.4 的核心是函数 generateRules 的递归过程，它实现一个频繁项目集中所有强关联规则的生成。

算法 3.5　通过递归寻找一个频繁项目集中的所有强关联规则。

generateRules(l_k: frequent k-itenset, l_m: frequent m-itenset, minConfidence)

(1) $X = \{(m-1)-$itenset $x_{m-1} \mid x_{m-1} \subset x_m\}$；

(2) FOR each $x_{m-1} \in X\{$

(3)　　　confidence $(x_{m-1}) =$ support $(l_k)/$support (l_{m-1})；

(4)　　　IF(confidence $(x_{m-1}) \geqslant$ minConfidence) THEN

(5)　　　　print the rule"$x_{m-1} \Rightarrow (l_k - x_{m-1})$, with suppot$(l_k)$, and confidence (x_{m-1})"

(6)　　　IF($m > 2$) THEN generateRules($l_k \in L$, $x_{m-1} \in X$, minConfidence)；

(7)　$\}$

利用频繁项目集生成关联规则就是逐一测试在所有频繁项集中可能生成的关联规则、对应的支持度、置信度参数。算法 3.5 实际上采用深度优先搜索方法来递归生成关联规则，当然，同样也可以使用广度优先搜索方法来递归生成关联规则，读者可以自己尝试来完成。

【例 3.2】　对于例 3.1 事务数据库 D，假定发现的频繁项集 $l = \{I_1, I_2, I_5\}$，试找出由 l 产生的所有关联规则。

频繁项集 $l = \{I_1, I_2, I_5\}$ 的所有非空子集为

$$\{I_1, I_2\}、\{I_1, I_5\}、\{I_2, I_5\}、\{I_1\}、\{I_2\}、\{I_5\}$$

则其对应的关联规则和置信度如下：

(1) $I_1 \wedge I_2 \Rightarrow I_5$, confidence$=2/4=50\%$；

(2) $I_1 \wedge I_5 \Rightarrow I_2$, confidence$=2/2=100\%$；

(3) $I_2 \wedge I_5 \Rightarrow I_1$, confidence$=2/2=100\%$；

(4) $I_1 \Rightarrow I_2 \wedge I_5$，confidence＝2/6＝33％；

(5) $I_2 \Rightarrow I_1 \wedge I_5$，confidence＝2/7＝29％；

(6) $I_5 \Rightarrow I_1 \wedge I_2$，confidence＝2/2＝100％。

如果最小置信度阈值为70％，则只有(2)、(3)和(6)为强关联规则。

由频繁项目集生成关联规则的优化问题主要集中在减少不必要的规则生成尝试方面。

定理 3.3　设有频繁项目集 l，项目集 $X \subset l$，X_1 为 X 的一个子集，即 $X_1 \subset X$。如果关联规 $X \Rightarrow (l-X)$ 不是强关联规则，那么 $X_1 \Rightarrow (l-X_1)$ 一定不是强关联规则。

证明　由支持度的定义可知，X_1 的支持度 support(X_1) 一定大于 X 的支持度 support(X)，即

$$\text{support}(X_1) \geqslant \text{support}(X)$$

所以

$$\text{confidence}(X_1 \Rightarrow (l-X_1)) = \text{support}(l)/\text{support}(X_1)$$
$$\leqslant \text{confidence}(X \Rightarrow (l-X)) = \text{support}(l)/\text{support}(X)$$

由于 $X \Rightarrow (l-X)$ 不是强关联规则，即

$$\text{confidence}(X \Rightarrow (l-X)) < \text{minConfidence}$$

所以

$$\text{confidence}(X_1 \Rightarrow (l-X_1)) \leqslant \text{confidence}(X \Rightarrow (l-X)) < \text{minConfidence}$$

因此，$X_1 \Rightarrow (l-X_1)$ 不是强关联规则。

由定理 3.2 可知，在由频繁项目集生成关联规则的过程中，可以利用已有的关联规则结果来有效避免一些不必要的搜索，从而提高算法效率。在算法 3.5 的步骤(6)中可以加入这一条件：以 $(m>2 \& \text{confidence}(x_{m-1} \Rightarrow (l-x_{m-1})) \geqslant \text{minConfidence})$ 作为递归结束的判断条件，读者可以自己尝试来完成。

定理 3.4　设有项目集 X，X_1 是 X 的一个子集，即 $X_1 \subset X$，如果规则 $Y \Rightarrow X$ 是强规则，那么规则 $Y \Rightarrow X_1$ 一定是强规则。

证明　由支持度定义可知，一个项目集的子集的支持度一定大于等于它的支持度，即

$$\text{support}(X_1 \bigcup Y) \geqslant \text{support}(X \bigcup Y)$$

所以

$$\text{confidence}(Y \Rightarrow X) = \text{support}(X \bigcup Y)/\text{support}(Y)$$
$$\leqslant \text{support}(X_1 \bigcup Y)/\text{support}(Y)$$
$$= \text{support}(X_1 \bigcup Y)$$

由于 $Y \Rightarrow X$ 是强规则，即

$$\text{confidence}(Y \Rightarrow X) \geqslant \text{minConfidence}$$

所以

$$\text{corfidence}(X_1 \bigcup Y) \geqslant \text{confidence}(Y \Rightarrow X) \geqslant \text{minConfidence}$$

因此，"$Y \Rightarrow X_1$"也是强规则。

由定理 3.4 可知，在生成关联规则尝试中可以利用已知的结果来有效避免测试一些肯定是强规则的尝试。这个定理也保证把测试的注意点放在判断最大频繁项目集的合理性上。实际上，只要从所有最大频繁项目集出发去测试可能的关联规则即可，因为其他频繁项目集生成的规则的右项一定包含在对应的最大频繁项目集生成的关联规则右项中。

3.3　Apriori 改进算法

3.3.1　Apriori 算法的瓶颈

Apriori 作为经典的频繁项目集生成算法，在数据挖掘中具有里程碑的作用。但是随着研究的深入，它的缺点也暴露出来。Apriori 算法有两个致命的性能瓶颈。

（1）多次扫描事务数据库，需要很大的 I/O 负载。

对每次 k 循环，候选集 C_k 中的每个元素都必须通过扫描一次数据库来验证其是否加入 L_k。假如一个频繁大项目集包含 10 个项，那么就至少需要扫描事务数据库 10 遍。

（2）可能产生庞大的候选集。

由 L_{k-1} 产生 k 候选集 C_k 是呈指数增长的，例如 10^4 个 1 频繁项目集，Apriori 算法能产生多达 10^7 个 2 候选集。如此大的候选集对时间和主存空间都是一种挑战。因此，包括 Agrawal 在内的许多学者提出了 Apriori 算法的改进方法。

3.3.2　改进算法

1. 基于散列的技术（散列项集到对应的桶中）

一种基于散列的技术可以用于压缩候选 k 项集 $C_k(k>1)$。例如，当扫描数据库中的每个事务，由 C_1 中的候选 1 项集产生频繁 1 项集 L_1 时，可以对每个事务产生所有的 2 项集，将它们散列（即映射）到散列表结构的不同桶中，并增加对应的桶计数（如图 3-2 所示）。在散列表中对应的桶计数低于支持度阈值的 2 项集不可能是频繁的，因而应当从候选项集中删除。这种基于散列的技术可以显著压缩要考察的候选 k 项集。

H_2

桶地址	0	1	2	3	4	5	6
桶计数	2	2	4	2	2	4	4
桶内容	$\{I_1, 14\}$ $\{I_3, 15\}$	$\{I_1, 15\}$ $\{I_1, 15\}$	$\{I_2, 13\}$ $\{I_2, 13\}$ $\{I_2, 13\}$ $\{I_2, 13\}$	$\{I_2, 14\}$ $\{I_2, 14\}$	$\{I_2, 15\}$ $\{I_2, 15\}$	$\{I, 12\}$ $\{I_1, 12\}$ $\{I_1, 12\}$ $\{I_1, 12\}$	$\{I_1, 13\}$ $\{I_1, 13\}$ $\{I_1, 13\}$ $\{I_1, 13\}$

使用散列函数
$h(x, y)=((\text{order of } x))\times 10+(\text{order of } y)) \bmod 7$
创建散列表 H_2

H_2：该散列表在由 C_1 确定 L_1 时通过扫描表 3.1 的事务产生。如果最小支持度计数为 3，则桶 0、1、3 和 4 中的项集不可能是频繁的，因而它们不包含在 C_2 中

图 3-2　候选 2 项集的散列表

2. 事务压缩

不包含任何频繁 k 项集的事务不可能包含任何频繁 $(k+1)$ 项集。因此，这种事务在其后考虑中，可以加上标记或删除，因为产生 $j(j>k)$ 项集的数据库扫描不再需要它们。

3. 划分

使用划分技术只需要两次数据库扫描，以挖掘频繁项集（如图 3-3 所示）。它包含两个阶段。在阶段 I，算法将 D 中的事务分成 n 个非重叠的划分。如果 D 中事务的最小支持度阈值为 min_sup，则一个划分的最小支持度计数为 min_sup 乘以该划分中的事务数。对每

个划分，找出该划分内的所有频繁项集。这些称做局部频繁项集(Local Frequent Itemset)。该过程使用一种特殊的数据结构，对于每个项集，记录包含项集中项的事务的 TID。对于 $k=1,2,\cdots,n$ 找出所有的局部频繁项集只需要扫描一次数据库。

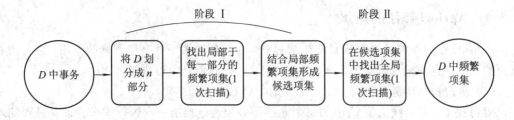

图 3-3 通过划分数据进行挖掘

局部频繁项集可能是也可能不是整个数据库 D 的频繁项集。D 的任何频繁项必须作为局部频繁项集至少出现在一个划分中。这样，所有的局部频繁项集是 D 的候选项集。所有划分的频繁项集的集合形成 D 的全局候选项集。在阶段 II，第二次扫描 D，评估每个候选的实际支持度，以确定全局频繁项集。划分的大小和划分的数目以每个划分能够放入内存为原则来确定，这样每阶段只需要读一次。

4. 抽样

抽样方法的基本思想：选取给定数据 D 的随机样本 S，然后在 S 中搜索频繁项集。用这种方法，虽然牺牲了一些精度但换取了有效性。样本 S 的大小选取使得可以在内存中搜索 S 的频繁项集。这样，总共只需要扫描一次 S 中的事务。由于搜索 S 而不是 D 中的频繁项集，可能丢失一些全局频繁项集。为减少这种可能性，使用比最小支持度低的支持度阈值来找出 S 中局部的频繁项集(记作 L^{s})。然后，数据库的其余部分用于计算 L^{s} 中每个项集的实际频率。使用一种机制来确定是否所有的频繁项集都包含在 L^{s} 中。如果 L^{s} 实际包含了 D 中的所有频繁项集，则只需要扫描一次 D。否则，可以做第二次扫描，以找出在第一次扫描时遗漏的频繁项集。当效率最为重要时，如计算密集的应用必须频繁运行时，抽样方法特别合适。

5. 动态项集计数

动态项集计数技术将数据库划分为用开始点标记的块。不像 Apriori 仅在每次完整的数据库扫描之前确定新的候选，在这种变形中，可以在任何开始点添加新的候选项集。该技术动态地评估已计数的所有项集的支持度，如果一个项集的所有子集已确定为频繁的，则添加它作为新的候选。结果算法需要的数据库扫描比 Apriori 少。

3.4 不候选产生挖掘频繁项集

频繁模式增长(Frequent-Pattern Growth)，或简称 FP 增长，试图设计一种方法，挖掘全部频繁项集而不产生候选。它采取如下分治策略：首先，将提供频繁项的数据库压缩到一棵频繁模式树(或 FP 树)，但仍保留项集关联信息。然后，将压缩后的数据库划分成一组条件数据库(一种特殊类型的投影数据库)，每个与一个频繁项或"模式段"关联，并分别挖掘每个条件数据库。

【例 3.3】　FP 增长(发现频繁项集而不产生候选)。使用频繁模式增长方法,重新考察例 3.1 中表 3-1 的事务数据库 D 的挖掘。

数据库的第一次扫描与 Apriori 相同,它导出频繁项(1 项集)的集合和支持度计数(频率)。设最小支持度计数为 2。频繁项的集合按支持度计数的递减序排序。结果集或列表记作 L,$L=[I_{2:7}, I_{1:6}, I_{3:6}, I_{4:2}, I_{5:2}]$。

FP 树构造:首先,创建树的根节点,用"null"标记。第二次扫描数据库 D。每个事务中的项按 L 中的次序处理(即按递减支持度计数排序),并对每个事务创建一个分枝。例如,扫描第一个事务"$T100: I_1, I_2, I_5$"包含三项(按 L 的次序 I_2, I_1, I_5),导致构造树包含这三个节点的第一个分枝 $\langle I_{2:1} \rangle$,$\langle I_{1:1} \rangle$,$\langle I_{5:1} \rangle$,其中,I_2 作为根的子女链到根,I_1 链接到 I_2,I_5 链接到 I_1。第二个事务 $T200$ 按 L 的次序包含项 I_2 和 I_4,它导致一个分枝,其中,I_2 链接到根,I_4 链接到 I_2。然而,该分枝应当与 $T100$ 已存在的路径共享前缀 I_2。这样,将节点 I_2 的计数增加 1,并创建一个新节点 $\langle I_{4:1} \rangle$ 作为 $\langle I_{2:2} \rangle$ 的子女链接。一般地,当为一个事务考虑增加分枝时,沿共同前缀上的每个节点的计数增加 1,为在前缀之后的项创建节点和链接。

为方便树遍历,创建一个项头表,使每项通过一个节点链指向它在树中的位置。扫描所有的事务之后得到的树如图 3-4 所示,带有相关的节点链。这样,数据库频繁模式的挖掘问题就转换成挖掘 FP 树问题。

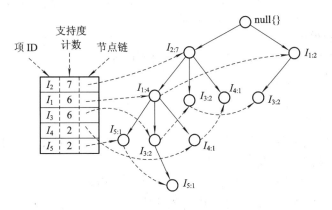

图 3-4　存放压缩的频繁模式信息的 FP 树

FP 树的挖掘过程:由每个长度为 1 的频繁模式(初始后缀模式)开始,构造它的条件模式基(一个"子数据库"由 FP 树中与后缀模式一起出现的前缀路径集组成),然后,构造它的条件 FP 树,并递归地对该树进行挖掘。模式增长通过后缀模式与条件 FP 树产生的频繁模式连接实现。

该 FP 树的挖掘总结在表 3-2 中,细节如下。首先考虑 I_5,它是 L 中的最后一项,而不是第一个。从表的后端开始的原因随着解释 FP 树挖掘过程就会清楚。I_5 出现在图 3-3 的 FP 树的两个分枝(I_5 的出现沿它的节点链容易找到)。这些分枝形成的路径是 $\langle I_2, I_1, I_{5:1} \rangle$ 和 $\langle I_2, I_1, I_3, I_{5:1} \rangle$。因此,考虑 I_5 为后缀,它的两个对应前缀路径是 $\langle I_2, I_{1:1} \rangle$ 和 $\langle I_2, I_1, I_{3:1} \rangle$,形成 I_5 的条件模式基。它的条件 FP 树只包含单个路径 $\langle I_{2:2}, I_{1:2} \rangle$;不包含 I_3,因为它支持度计数为 1,小于最小支持度计数。该单个路径产生频繁模式的所有组合:$\{I_2, I_{5:2}\}$,$\{I_1, I_{5:2}\}$,$\{I_2, I_1, I_{5:2}\}$。

表 3－2　通过创建条件子模式基挖掘 FP 树

项	条件模式基	条件 FP 树	产生的频繁模式
I_5	$\{\{I_2\ I_{1,1}\}\},\{\{I_2\ I_1\ I_{3,1}\}\}$	$\langle I_{2,2},\ I_{1,2}\rangle$	$\{I_2\ I_{5,2}\}$、$\{I_1\ I_{5,2}\}$、$\{I_2\ I_1\ I_{5,2}\}$
I_4	$\{\{I_2\ I_{1,1}\}\},\{\{I_{2,1}\}\}$	$\langle I_{2,2}\rangle$	$\{I_2\ I_{4,2}\}$
I_3	$\{\{I_2\ I_{1,2}\}\},\{\{I_{2,2}\},\{I_{1,2}\}\}$	$\langle I_{2,4},\ I_{1,2}\rangle,\langle I_{1,2}\rangle$	$\{I_2\ I_{3,4}\}$、$\{I_1\ I_{3,4}\}$、$\{I_2\ I_1\ I_{3,2}\}$
I_1	$\{\{I_{2,4}\}\}$	$\langle I_{2,4}\rangle$	$\{I_2\ I_{1,4}\}$

I_4 的两个前缀路径形成条件模式基$\{I_2\ I_{1,1}\}$，$\{I_{2,1}\}$，产生单节点的条件 FP 树$\langle I_{2,2}\rangle$，并导出一个频繁模式$\{I_2,\ I_{4,2}\}$。注意，尽管 I_5 跟在第一个分枝中的 I_4 之后，也没有必要在此分析中包含 I_5，因为涉及 I_5 的频繁模式在考察 I_5 时已经分析过。

与以上分析类似，I_3 的条件模式基是$\{(I_2\ I_{1,2}),(I_{2,2}),(I_{1,2})\}$。它的条件 FP 树有两个分枝$\langle I_{2,4},\ I_{1,2}\rangle$和$\langle I_{1,2}\rangle$，如图 3－5 所示，它产生模式集：$\{I_2\ I_{3,4},\ I_1\ I_{3,4},\ I_2\ I_1\ I_{3,2}\}$。最后，$I_1$ 的条件模式基是$\{(I_{2,4})\}$，它的 FP 树只包含一个节点$\langle I_{2,4}\rangle$，产生一个模式$\{I_2\ I_{1,4}\}$。挖掘过程总结在算法 3.6 中。

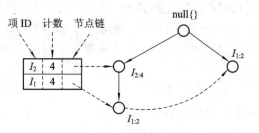

图 3－5　具有条件节点 I_3 的条件 FP 树

算法 3.6　FP 增长。使用 FP 树，通过模式段增长挖掘频繁模式。

输入：事务数据库 D；最小支持度计数阈值 min_sup。

输出：频繁模式的完全集。

方法：

(1) 按以下步骤构造 FP 树：

① 扫描事务数据库 D 一次。收集频繁项的集合 F 和它们的支持度计数。对 F 按支持度计数降序排序，结果为频繁项列表 L。

② 创建 FP 树的根节点，以"null"标记它。对于 D 中每个事务 Trans，执行：

选择 Trans 中的频繁项，并按 L 中的次序排序。设排序后的 Trans 中频繁项列表为$[p|P]$，其中 p 是第一个元素，而 P 是剩余元素的列表。调用 insert_tree($[p|P]$, T)。该过程执行情况如下：如果 T 有一个子女 N 使得 N. item-name＝p. item-name，则 N 的计数增加 1，否则创建一个新节点 N，将其计数设置为 1，链接到它的父节点 T，并且通过节点链结构将其链接到具有相同 item-name 的节点。如果 P 非空，递归地调用 insert tree(P, N)。

(2) FP 树的挖掘通过调用 FP_growth(FP-tree, null)实现。该过程实现如下：

　　procedure FP_growth(Tree, α)

① IF Tree 含单个路径 P then

②　　FOR each 路径 P 中节点的每个组合(记作 β)

③　　　　产生模式 $\beta \cup \alpha$，其支持度计 support_count 等于 β 中节点的最小支持度计数；

④ ELSE

⑤　　FOR Tree 的头表中的每个 α_i {

⑥　　　　产生模式 $\beta = \alpha_i \cup \alpha$，其支持度计数 support_count＝$\alpha_i$. support_count；

⑦　　　构造 β 的条件模式基，然后构造 β 的条件 FP 树 Tree$_\beta$；

⑧　　　IF Tree$_\beta \neq \Phi$ then

⑨　　　调用 FP-growth(Tree$_\beta$, β)；

⑩　　　}

FP 增长方法将发现长频繁模式的问题转换成递归地搜索一些较短模式，然后连接后缀。它使用最不频繁的项作后缀，提供了好的选择性。该方法大大降低了搜索开销。

当数据库很大时，构造基于内存的 FP 树有时是不现实的。一种有趣的可选方案是首先将数据库划分成投影数据库的集合，然后在每个投影数据库构造 FP 树并挖掘它。如果投影数据库的 FP 树还不能放进内存，该过程可以递归地用于投影数据库。

对 FP 增长方法的性能研究表明：对于挖掘长和短的频繁模式，它都是有效的和可规模化的，并且比 Apriori 算法快约一个数量级。它也比树—投影算法快。树—投影算法递归地将数据库投影到投影数据库树。

3.5　使用垂直数据格式挖掘频繁项集

Apriori 和 FP 增长方法都从 TID 项集格式（即{TID：itemset}）的事务集挖掘频繁模式，其中 TID 是事务标识符，而 itemset 是事务 TID 中购买的商品集。这种数据格式称做水平数据格式（horizontal data format）。另处，数据也可以用项-TID 集格式（即{item：TID_set}）表示，其中 item 是项的名称，而 TID_set 是包含 item 的事务的标识符的集合。这种格式称做垂直数据格式（vertical data format）。

【例 3.4】　使用垂直数据格式挖掘频繁项集。考虑例 3.1 中表 3-1 的事务数据库 D 的水平数据格式。扫描一次该数据集可以将它转换成表 3-3 所示的垂直数据格式。

通过取每对频繁单个项的 TID 集的交，可以对该数据集进行挖掘。最小支持度计数为 2。由于表 3-3 的每个项都是频繁的，总共进行 10 次交运算，导致 8 个非空 2 项集，如表 3-4 所示。注意，项集{I_1, I_4}和{I_3, I_5}各只包含一个事务，因此它们都不属于频繁 2 项集的集合。

根据 Apriori 性质，一个给定的 3 项集是候选 3 项集，仅当它的每一个 2 项集子集都是频繁的。通过取这些候选 3 项集任意两个对应的 2 项集的 TID 集的交，得到表 3-5，其中只有两个频繁 3 项集{I_1, I_2, $I_{3;2}$}和{I_1, I_2, $I_{5;2}$}。

表 3-3　表 3-1 的事务数据库 D 的垂直数据格式

项　　集	TID　　集
I_1	{$T100$, $T400$, $T500$, $T700$, $T800$, $T900$}
I_2	{$T100$, $T200$, $T300$, $T400$, $T600$, $T800$, $T900$}
I_3	{$T300$, $T500$, $T600$, $T700$, $T800$, $T900$}
I_4	{$T200$, $T400$}
I_5	{$T100$, $T800$}

表 3 - 4 垂直数据格式的 2 项集

项　　集	TID　　集
$\{I_1, I_2\}$	$\{T100, T400, T800, T900\}$
$\{I_1, I_3\}$	$\{T500, T700, T800, T900\}$
$\{I_1, I_4\}$	$\{T400\}$
$\{I_1, I_5\}$	$\{T100, T800\}$
$\{I_2, I_3\}$	$\{T300, T600, T800, T900\}$
$\{I_2, I_4\}$	$\{T200, T400\}$
$\{I_2, I_5\}$	$\{T100, T500\}$
$\{I_3, I_5\}$	$\{T800\}$

表 3 - 5 垂直数据格式的 3 项集

项　　集	TID　　集
$\{I_1, I_2, I_3\}$	$\{T800, T900\}$
$\{I_1, I_2, I_5\}$	$\{T100, T800\}$

例 3.4 解释了通过探查垂直数据格式挖掘频繁项集的过程。首先，通过扫描一次数据集将水平格式的数据转换成垂直格式。项集的支持度计数直接是项集的 TID 集的长度。从 $k=1$ 开始，根据 Apriori 性质，使用频繁 k 项集来构造候选 $(k+1)$ 项集。通过取频繁 k 项集的 TID 集的交计算对应的 $(k+1)$ 项集的 TID 集。重复该过程，每次 k 增值 1，直到不能再找到频繁项集或候选项集。

除了由频繁 k 项集产生候选 $(k+1)$ 项集时利用 Apriori 性质之外，这种方法的另一优点是不需要扫描数据库来确定 $(k+1)$ 项集（对于 $k \geqslant 1$）的支持度。这是因为每个 k 项集的 TID 集携带了计算该支持度所需的完整信息。然而，TID 集可能很大，需要大量空间，同时求大集合的交也需要大量计算时间。

为了进一步降低存储长 TID 集合的开销以及求交的计算开销，可以使用一种称做差集（diffset）的技术。该技术仅记录 $(k+1)$ 项集的 TID 集与一个对应的 k 项集的 TID 集之差。例如，在例 3.4 中，有 $\{I_1\} = \{T100, T400, T500, T700, T800, T900\}$ 和 $\{I_1, I_2\} = \{T100, T400, T800, T900\}$。二者的差集为 diffset$(\{I_1, I_2\}, \{I_1\}) = \{T500, T700\}$。这样，不必记录构成 $\{I_1\}$ 和 $\{I_2\}$ 交集的 4 个 TID，可以使用差集仅记录代表 $\{I_1\}$ 和 $\{I_1, I_2\}$ 差的两个 TID。实验表明，在某些情况下，如当数据集包含许多稠密和长模式时，该技术可以显著地降低频繁项集垂直格式挖掘的总开销。

3.6　挖掘闭频繁项集

频繁项集挖掘可能产生大量频繁项集，特别是当最小支持度阈值 min_sup 设置较低或数据集中存在长模式时尤其如此。闭频繁项集可以显著减少频繁项集挖掘所产生的模式数量，而且保持关于频繁项集的完整信息。也就是说，从闭频繁项集的集合可以很容易地推出频繁项集的集合和它们的支持度。这样，在许多实践中，更希望挖掘闭频繁项集的集合，而不是所有频繁项集的集合。

1999 年，Pasquier 等人提出闭合项目集挖掘理论，并给出了基于这种理论的 Close 算法。他们给出了闭合项目集的概念，并讨论了这个闭合项目集格空间上的基本操作算子。

定义 3.5 设 $I=\{i_1, i_2, \cdots, i_m\}$ 是一个项目集合，项集 $X\subseteq I$、$Y\subseteq I$。如果项集 X 是项集 Y 的真子集，亦 $X\subset Y$，则称项集 Y 是项集 X 的真超项集。换而言之，X 的每一项集包含在 Y 中，但是 Y 至少有一个项不在 X 中。

定义 3.6 设 S 为一事务数据集，如果项集 X 不存在真超集 Y 使得 Y 与 X 在 S 中有相同的支持度计数，则称项集 X 在数据集 S 中是闭的。如果项集 X 在数据集 S 中是闭的和频繁的，则项集 X 是数据集 S 中的闭频繁集。

定义 3.7 如果 X 是频繁的，并且不存在超项集 $Y\supset X$ 在 S 中是频繁的，项集 X 是数据集 S 中的极大频繁项集(极大项集)。

设 C 是数据集 S 中满足最小支持度阈值 min_sup 的闭频繁项集的集合，令 M 是 S 中满足 min_sup 的极大频繁项集的集合。假定有 C 和 M 中的每个项集的支持度计数。注意，C 和它的计数信息可以用来导出频繁项集的完整集合。因此，称 C 包含了关于频繁项集的完整信息。另一方面，M 只存储了极大项集的支持度信息。通常，它并不包含其对应的频繁项集的完整的支持度信息。用下面的例子解释这些概念。

【例 3.5】 假定事务数据库只有两个事务：$\{\langle a_1, a_2, \cdots, a_{100}\rangle; \langle a_1, a_2, \cdots, a_{50}\rangle\}$。设最小支持度计数阈值 min_sup=1。发现两个闭频繁项集和它们的支持度，即 $C=\{\{a_1, a_2, \cdots, a_{100}\}:1; \{a_1, a_2, \cdots, a_{50}\}:2\}$。只有一个极大频繁项集：$M=\{\{a_1, a_2, \cdots, a_{100}\}:1\}$。($\{a_1, a_2, \cdots, a_{50}\}$ 不能包含在极大频繁项集中，因为它有一个频繁超集 $\{a_1, a_2, \cdots, a_{100}\}$)，与上面相比，那里确定了 $2^{100}-1$ 个频繁项集，数量太大，根本无法枚举！

闭频繁项集的集合包含了频繁项集的完整信息。例如，可以从 C 推出：(1) $\{a_2, a_{45}:2\}$，因为 $\{a_2, a_{45}\}$ 是 $\{a_1, a_2, \cdots, a_{50}\}$ 的子集；(2) $\{a_8, a_{55}:1\}$，因为 $\{a_8, a_{55}\}$ 不是 $\{a_1, a_2, \cdots, a_{50}\}$ 的子集，而是 $\{a_1, a_2, \cdots, a_{100}\}$ 的子集。然而，从极大频繁项集只能断言两个项集 ($\{a_2, a_{45}\}$ 和 $\{a_8, a_{55}\}$)是频繁的，但是不能断言它们的实际支持度计数。

挖掘闭频繁项集的一种朴素方法是首先挖掘频繁项集的完全集，然后删除这样的频繁项集，即每个与现有的频繁项集有相同支持度的真子集。然而，这种方法的开销太大，如例 3.5 所示，为了得到一个长度为 100 的频繁项集，在开始删除冗余项集之前，这种方法首先必须导出 $2^{100}-1$ 个频繁项集。这是不能容忍的高开销。事实上，例 3.5 的数据集中的闭频繁项集的数量非常少。

挖掘闭频繁项集(Close)算法的描述：

(1) generators in $FCC_1=(1-\text{itemsets})$;　　　　　　　　//候选频繁闭合 1 项目集

(2) FOR($i=1$; FCC_i. generators $=\Phi$; $i++$){

(3) doswres in $FCC_i=\Phi$;

(4) supports in $FCC_i=0$;

(5) 　　$FCC_i=\text{Gen\_Closure}(FCC_i)$;　　　　　　　//计算 FCC 的闭合

(6) 　　FOR all candidate closed itemsets c$\in FCC_i$ DO BEGIN

(7) 　　　　IF(c. support$\geqslant$minsupport) THEN $FC_i=FC_i \cup \{C\}$; //修剪小于最小支持度的项

(8)　　　FCG_{i+1}＝Gen_enerator(FC_i);　　　　　　　　//连接生成 FCG_{i+1}

(9) }

(10) FC＝$\bigcup FC_i$(FC_i. closure, FC_i. support);　　　　//返回 FC

(11) Deriving frequent itemsets(FC, L);

在 Close 算法中，使用了迭代的方法：利用频繁闭合 i 项目集记为 FC_i，生成频繁闭合 $(i+1)$ 项目集，记为 $FC_{i+1}(i \geqslant 1)$。首先找出候选 1 项目集，记为 FCC_1，通过扫描数据库找到它的闭合以及支持度，得到候选闭合项目集。然后对其中的每个候选闭合项进行修剪，如果支持度不小于最小支持度，则加入到频繁闭合项目集 FC_1 中，再将它与自身连接，以得到候选频繁闭合 2 项目集 FCC_2，再经过修剪得出 FC_2，再用 FC_2 推出 FC_3，如此继续下去，直到有某个值 r 使得候选频繁闭合 r 项目集 FCC_r 为空，这时算法结束。

在 Close 算法中调用了三个关键函数：Gen_Closure(FCC_i)，Gen_Generator(FC_i)和 Deriving frequent itemsets，它们分别描述如下：

Gen_Closure(FCC_i)函数

(1) FOR all transactions $t \in D${

(2) Go＝Subset(FCC_i. generator, t);

(3)　　FOR all generators $p \in Go${

(4)　　　IF(P. closure＝Φ)THEN P. closure＝t;

(5)　　　ELES P. closure＝P. closure$\bigcap t$;

(6)　　　　P. support＋＋;

(7)　　}

(8) }

(9) Answer＝$\bigcup ${$c \in FCC_i | C$. closure≠$\Phi$};

函数 Gen_Closure(FCC_i)产生候选的闭合项目集，以用于频繁项目集的生成。设要查找 FCC_i 的闭合，查找闭合的方法是：取出数据库的一项，记为 t。如果 FCC_i 的某一项对应的产生式 p 是 t 的子集而且它的闭合为空，则把 t 的闭合记为 p 的闭合。如果不为空，则把它的闭合与 t 的交集作为它的闭合。在此过程中也计算了产生式的支持度。最后将闭合为空的产生式从 FCC_k 中删除。

例如，数据库的某一项 t＝{$ABCD$}，又有 FCC_2 的某个产生式为{AC}，此时如果{AC}的闭合为空，则由于{AC}是{$ABCD$}的子集，则{AC}的闭合就是{$ABCD$}。再如，数据库中的一项 t＝{ABC}。由于{AC}也是{ABC}的子集，而且已经知道{AC}的闭合为{$ABCD$}，所以计算出{ABC}就是{AC}的闭合（因为{$ABCD$}与{ABC}的交集为{ABC}）。如果还存在其他数据库中的项，{AC}是它的子集，则继续计算交集，直到数据库的最后一项。

Gen_Generator 函数

(1) FOR all generators $p \in FCC_{i+1}${

(2) Sp＝Subset(FC_i. generator, p);　　　　//取得 p 的所有 i 项子集

(3)　　FOR all $s \in Sp$

(4)　　　IF($p \in s$. closure)THEN　　　　//如果 p 是它的 i 项子集闭合的子集

(5) delete p from FCC_{i+1}. generator;　　　　//将它删除

(6)}

(7) Answer$=\bigcup\{c\in FCC_{i+1}\}$;

在该算法中，也使用了 Apriori 算法的两个重要步骤：连接和修剪。在由 FCC_i 生成 FCC_{i+1} 时，前面的连接和删除非频繁子集与 Apriori 算法虽然是相同的，但是它增加了一个新步骤，就是对于 FCC_{i+1} 的每个产生式 p，将 FC_i 的产生式中是 p 的子集的产生式放到 Sp 中（因为这时已经进行了非频繁子集的修剪，所以 p 的所有 i 项子集都存在于 FC_i 中）。对于 Sp 的每一项 s，如果 p 是 s 的闭合的子集，则 p 的闭合就等于 s 的闭合，此时需要把它从 FCC_{i+1} 中删除。

例如，FCC_2 的某一个产生式为 $\{AB\}$，若将 FC_2 的产生式中 $\{AB\}$ 的子集挑选出来，记为 Sp，则 $Sp=\{\{A\}\{B\}\}$。如果 $\{AB\}$ 既不在 A 的闭合集中，也不在 B 的闭合集中，就应该保留，否则就应该从 FCC_{i+1} 中删除。

Deriving frequent itemsets(FC，L)函数

(1) $k=0$；

(2) FOR all frequent closed itemsets $c\in FC\{$

(3) $L_{\|c\|}=L_{\|c\|}\bigcup\{c\}$；　　　　　　　//按项的个数归类

(4)　　IF($k<\|c\|$)THEN $k=\|c\|$；　　　//记下项目集包含的最多的个数

(5) $\}$

(6)　　FOR($i=k$；$i>l$；$i--$)

(7)　　　FOR all itemsets $c\in L_i$

(8)　　　　FOR all$(i-1)$ subsets s of c　//分解所有$(i-1)$项目集

(9)　　　　　IF($s\notin L_{i-1}$)THEN$\{$　　//不包含在 L_{i-1} 中

(10)　　　$s.$ support$=c.$ support；　　//支持度不变

(11) $L_{i-1}=L_{i-1}\bigcup\{s\}$；　　　　//添加到 L_{i-1} 中

(12) $\}$

(13) $L=\bigcup L_i$；　　　　　　　　　//返回所有的 L_i

Close 算法最终需要通过频繁闭合项目集得到频繁项目集。首先对 FC 中的每个闭合项目集计算它的项目个数，把所有项目个数相同的归入相应的 L_i 中。例如，闭合项目集 $\{AB\}$，它的个数为 2，则把它加入 L_2 中。依此类推，将所有闭合项目集分配到相应的 L_i 中，同时得到最大的个数记为 k。然后从 k 开始，对每个 L_i 中的所有项目集进行分解，找到它的所有的$(i-1)$项子集。对于每个子集，如果它不属于 L_{i-1}，则把它加入 L_{i-1}，直到 $i=2$，就找到了所有的频繁项目集。

为了能直观地了解 Close 算法的思想和具体技术，下面给出一个应用的实例。

【例 3.6】 示例数据库如表 3-6 所示，然后跟踪算法的执行过程（其中最小支持度为 2）。

(1) 计算 FCC_1 各个产生式的闭合集和支持度。

首先得到 FCC_1 的产生式：FCC_1 的产生式为 $\{A\}$、$\{B\}$、$\{C\}$、$\{D\}$、$\{E\}$。然后计算闭合集。

例如，计算 $\{A\}$ 的闭合。数据库中第一项 $\{ABE\}$ 包含 $\{A\}$，这时 $\{A\}$ 的闭合首先得到 $\{ABE\}$；第四项 $\{ABD\}$ 包含 $\{A\}$，所以取 $\{ABD\}$ 和 $\{ABE\}$ 的交集 $\{AB\}$ 作为 $\{A\}$ 的闭合集；第五项 $\{AC\}$ 包含 $\{A\}$，则取 $\{AB\}$ 和 $\{AC\}$ 的交集得到 $\{A\}$ 作为 $\{A\}$ 的闭合集；第 7 项是 $\{AC\}$，交集为 $\{A\}$；第 8 项 $\{ABCE\}$ 与 $\{A\}$ 的交集是 $\{A\}$；第 9 项 $\{ABC\}$ 与 $\{A\}$ 的交集是

$\{A\}$。这时到了最后一项，计算完成，得到 $\{A\}$ 的闭合是 $\{A\}$，并同时计算出 $\{A\}$ 的支持度为 6（可通过对出现的 A 的超集进行计数得到）。同样可以得到 FCC_1 所有的闭合集与支持度（见表 3－7）。

表 3－6　用于 Close 算法的示例数据库

TID	Itemset	TID	Itemset
1	$A\ B\ C$	6	$B\ C$
2	$B\ D$	7	$A\ C$
3	$B\ C$	8	$A\ B\ C\ E$
4	$A\ B\ D$	9	$A\ B\ C$
5	$A\ C$		

表 3－7　示例数据库中 FCC_1 所有的闭合集与支持数

Generator	Closure	Support
$\{A\}$	$\{A\}$	6
$\{B\}$	$\{B\}$	7
$\{C\}$	$\{C\}$	6
$\{D\}$	$\{BD\}$	2
$\{E\}$	$\{ABE\}$	2

（2）进行修剪。

将支持度小于最小支持度的候选闭合项删除，得到 FC_1。本例得到的 FC_1 与 FCC_1 相同。

（3）利用 FC_1 的 Generator 生成 FCC_2。

先用 Apriori 相同的方法生成 2 项目集。然后将 FC_1 中是 FCC_2 中的某个候选项的子集的项选出来，记为 Sp。如果 FCC_2 的这一项是 Sp 的项的闭合的子集则删除，得到 FCC_2。

对于本例，FC_1 自身连接后得到候选项为：$\{AB\}$、$\{AC\}$、$\{AD\}$、$\{AE\}$、$\{BC\}$、$\{BD\}$、$\{BE\}$、$\{CD\}$、$\{CE\}$ 和 $\{DE\}$，均不含有非频繁子集。再利用 FC_1 筛选：由于 $\{AE\}$ 是子集 $\{E\}$ 的闭合 $\{ABE\}$ 的子集，$\{BE\}$ 是子集 $\{E\}$ 的闭合 $\{ABE\}$ 的子集，所以将这两项删除，得到的候选项 $FCC_2 = \{\{AB\}, \{AC\}, AD\}, \{BC\}, \{BD\}, \{CD\}, \{CE\}, \{DE\}\}$。

（4）计算各产生式的闭合集和支持度。

由于 FCC_2 非空，$\{CD\}$ 和 $\{DE\}$ 的闭合为空，所以将它们从 FCC_2 中删除，且得到各产生式的支持度。表 3－8 给出了所有非空 2 项目集对应的闭合和支持数。

表 3－8　所有非空 2 项集的闭合与支持数

Generator	Closure	Support
$\{AB\}$	$\{AB\}$	4
$\{AC\}$	$\{AC\}$	4
$\{AD\}$	$\{ABD\}$	1
$\{BC\}$	$\{BC\}$	4
$\{BD\}$	$\{BD\}$	2
$\{CE\}$	$\{ABCE\}$	1

（5）进行修剪。

将支持度小于最小支持度的候选闭合项删除，得到 FC_2，这时 $\{AD\}$ 和 $\{CE\}$ 的支持度为 1，被删除。$FC_2=\{\{AB\},\{AC\},\{BC\},\{BD\}\}$。

（6）利用 FC_2 的 Generator 生成 FCC_3，并进行裁减。

FC_2 连接后得到：$\{\{ABC\},\{BCD\}\}$，其中的 $\{BCD\}$ 有非频繁子集 $\{CD\}$，所以将这项删除，剩下为 $\{ABC\}$，得到的候选项 $FCC_3=\{ABC\}$。

（7）FCC_3 不为空，计算各产生式的闭合集和支持度。

ABC 的闭合为 $\{ABC\}$，支持度为 2。

（8）进行修剪。

将支持度小于最小支持度的候选闭合项删除，得到 FC_3。对于本例，FCC_3 只有一项，支持度为 2，保留。

（9）利用 FC_3 生成 FCC_4。

FCC_4 为空，算法结束。

将所有的不重复的闭合加入到 FC 中，得到 $FC=\{\{A\},\{B\},\{ABE\},\{BD\},\{C\},\{AB\},\{AC\},\{BC\},\{ABC\}\}$。

以下步骤为生成频繁项目集。

（10）统计项目集元素数。

将所有的闭合项目集按元素个数统计，得到 $L_3=\{\{ABC\},\{ABE\}\}$；$L_2=\{\{AB\},\{AC\},\{BC\},\{BD\}\}$；$L_1=\{\{A\},\{B\},\{C\}\}$。最大个数为 3。

（11）将 L_3 的频繁项分解。

先分解 $\{ABC\}$ 的所有 2 项子集为 $\{AB\}$、$\{AC\}$ 和 $\{BC\}$。这三项均在 L_2 中；再分解 $\{ABE\}$ 的所有 2 项子集为 $\{AB\}$、$\{AE\}$ 和 $\{BE\}$，后两项不存在，将它们加入到 L_2 中，它们的支持度等于 $\{ABE\}$ 的支持度。最后得 $L_2=\{\{BD\},\{AB\},\{AC\},\{BC\},\{AE\},\{BE\}\}$。

（12）将 L_2 的频繁项分解。

方法同上，得 $L_1=\{\{A\},\{B\},\{C\},\{D\},\{E\}\}$。

3.7　挖掘各种类型的关联规则

前面已经讨论了挖掘频繁项集和关联规则的有效方法。本节将考虑其他应用需求，包括挖掘事务和/或关系数据库、数据仓库中的多层关联规则、多维关联规则和量化关联规则。多层关联规则涉及不同抽象层中的概念。多维关联规则涉及多个维或谓词（例如，涉及顾客买什么和顾客年龄的规则）。量化关联规则涉及值之间具有隐含排序的数值属性（如年龄）。

3.7.1　挖掘多层关联规则

对于许多应用，由于数据的稀疏性，在低层或原始抽象层的数据项之间很难找出强关联规则；在较高的抽象层发现的强关联规则可能提供常识知识，而且，对一个用户代表常识的知识，对另一个用户可能是新颖的。因此，数据挖掘系统应当提供一种能力，能在多个抽象层挖掘关联规则，并有足够的灵活性，易于在不同的抽象空间转换。

【例 3.7】 挖掘多层关联规则。假定给定表 3-9 事务数据的任务相关集合，它是 AllElectronics 商店的销售数据，每个事务给出了购买的商品。商品的概念分层在图 3-6 中给出。概念分层定义了由低层概念集到高层更一般概念的映射序列，可以通过将数据中的低层概念用概念分层中的高层概念(或祖先)替换，对数据进行泛化。图 3-6 的概念分层有 5 层，分别指层 0～层 4，从根节点 all 为层 0(最一般的抽象层)开始。这里，层 1 包括 computer、software、printer&camera、computer accessory；层 2 包括 laptop computer，deskop computer，office software，antivirus software，…；而层 3 包括 IBM desktop computer，…，Microft office software，等等；层 4 是该分层结构的最具体的抽象层，由原始数据值组成。

表 3-9　任务相关数据 D

TID	购买的商品
$T100$	IBM-TinkPad-R40/2373，HP-photosmart-76600
$T200$	Microsoft-office-Professional-2003，Microsoft-Plus-Digital-media
$T300$	Logitrch-MX700-Cordless-Mouse，Fellowes-Wrist-Rest
$T400$	Dell-Dimension-xps，Canon-PowerShot-S400
$T500$	IBM-ThinkPad-R40/P4M，Symantec-Norton-Anffvirus-2003

表 3-9 中的商品在图 3-6 概念分层的最低层。在这种原始层数据中很难发现有趣的购买模式。例如，如果"IBM-TinkPad-R40/P4M"和"Symantec-Norton-Anffvirus-2003"每个都在很少一部分事务中出现，则可能很难找到涉及这些指定商品的强关联规则。很少有人同时购买它们，使得它不太可能是满足最小支持度的项集。然而，在这些商品的泛化抽象概念之间，如在"IBM laptop computer"和"antivirus software"之间，可望更容易发现强关联。

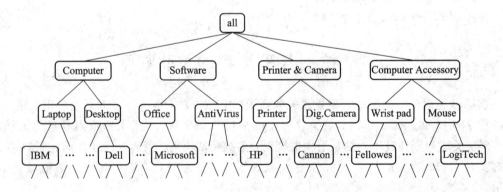

图 3-6　AllElectronics 计算机商品的概念分层

在多个抽象层上挖掘数据产生的关联规则称为多层关联规则。在支持度—置信度框架下，使用概念分层可以有效地挖掘多层关联规则。一般地，可以采用自顶向下策略，由概念层 1 开始，向下到较低的更特定的概念层，在每个概念层累积计数计算频繁项集，直到不能再找到频繁项集。对于每一层，可以使用发现频繁项集的任何算法，如 Apriori 或它的变形。这种方法有许多变形在下面介绍，其中每种变形都涉及以稍微不同的方式"使用"支持度阈值。这些变形用图 3-7 和图 3-8 解释，其中节点指出项或项集已被考察，粗边框的节点表示已考察的项或项集是频繁的。

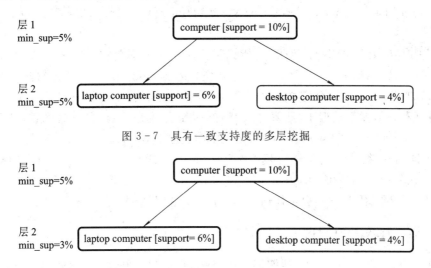

图 3-7　具有一致支持度的多层挖掘

图 3-8　具有递减支持度的多层挖掘

（1）对于所有层使用一致的最小支持度（称做一致支持度）：在每一抽象层挖掘时使用相同的最小支持度阈值。例如，在图 3-7 中，整个使用最小支持度阈值 5％（例如，由"computer"向下挖掘到"laptop computer"）。"computer"和"laptop computer"都是频繁的，但"desktop computer"不是。

使用一致的最小支持度阈值时，搜索过程被简化，用户只需要指定一个最小支持度阈值。根据祖先是其后代的超集的知识，可以采用类似于 Apriori 的优化策略，搜索时避免考察其祖先不满足最小支持度的项。

然而，一致支持度方法有一些困难。较低抽象层的项不大可能像较高抽象层的项出现得那么频繁。如果最小支持度阈值设置太高，可能错失出现在较低抽象层中有意义的关联规则。如果阈值设置太低，可能会产生出现在较高抽象层的无意义的关联规则。

（2）在较低层使用递减的最小支持度（称做递减支持度）：每个抽象层有自己的最小支持度阈值。抽象层越低，对应的阈值越小。例如，在图 3-8 中，层 1 和层 2 的最小支持度阈值分别为 5％和 3％。用这种方法，"computer"、"laptop computer"和"desktop computer"都是频繁的。

（3）使用基于项或基于分组的最小支持度（称做基于分组的支持度）：由于用户或专家通常清楚哪些分组比其他分组更重要，在挖掘多层规则时，有时更希望建立用户指定的基于项或基于分组的最小支持度阈值。例如，用户可以根据产品价格或根据感兴趣的商品设置最小支持度阈值。如对 laptop computers 和 flash drives 设置特别低的支持度阈值，以便特别关注包含这类商品的关联模式。

挖掘多层关联规则的一种严重的副作用是由于项之间的"祖先"关系，可能产生一些多抽象层之间的冗余规则。例如，考虑下面的规则，其中，根据图 3-6 的概念分层，"laptop computer"是"IBM laptop computer"的祖先，而 X 是变量，代表在 AllElectronics 事务中购买商品的顾客。

buys(X，"laptop computer")⇒buys(X，"HP printer")[support＝8％，confidence＝70％]

$$(3.3)$$

buys(X，"IBM laptop computer")⇒buys(X，"HP printer")[support＝2％，confidence＝72％]

$$(3.4)$$

规则 R_1 是规则 R_2 的祖先，如果 R_1 能够通过将 R_2 中的项用它在概念分层中的祖先替换得到。例如，规则(3.3)是规则(3.4)的祖先，因为"laptop computer"是"IBM laptop computer"的祖先。根据这个定义，规则(3.4)被认为是冗余的，如果根据该规则的祖先，它的支持度和置信度都接近于"期望"值。例如，假定规则(3.3)具有70％的置信度和8％的支持度，并且大约 1/4 的"laptop computer"销售的是"IBM laptop computer"。可以期望规则(3.4)具有大约 70％ 的置信度（由于所有的"IBM laptop computer"样本也是"laptop computer"样本)和2％（即，8％×1/4)的支持度。如果确实是这种情况，则规则(3.4)不是有趣的，因为它不提供任何附加的信息，并且它的一般性不如规则(3.3)。

3.7.2 多维关联规则挖掘

前面研究了蕴涵单个谓词，即谓词 buys 的关联规则。例如，在挖掘 AllEleclronics 数据库时，可能发现布尔关联规则：

$$\text{buys}(X，"digital camera")⇒\text{buys}(X，"HP printer") \qquad (3.5)$$

沿用多维数据库使用的术语，把每个不同的谓词称做维。这样，称规则(3.5)为单维(Single-Dimensional)或维内关联规则(Intradimensional Association Rule)，因为它们包含单个不同谓词(如 buys)的多次出现(即谓词在规则中出现多次)。这种规则通常从事务数据中挖掘。

然而，假定不使用事务数据库，销售和相关数据存放在关系数据库或数据仓库中。根据定义，这种存储是多维的。例如，在销售事务中除记录购买的商品之外，关系数据库可能记录与商品有关的其他属性，如购买数量或价格，或销售的分店地址。另外，关于购物顾客的信息，如顾客的年龄、职业、信誉度、收入和地址等也可能存储。将每个数据库属性或数据仓库的维看做一个谓词，可以挖掘包含多谓词的关联规则，如

$$\text{age}(X，"20\cdots29") \wedge \text{occupation}(X，"student")⇒\text{buys}(X，"laptop") \qquad (3.6)$$

涉及两个或多个维或谓词的关联规则称为多维关联规则(Multidimensional Association rule)。规则(3.6)包含三个谓词(age，occupation 和 buys)，每个谓词在规则中仅出现一次。因此，称它具有不重复谓词。具有不重复谓词的多维关联规则称做维间关联规则(Interdimensional Association Rule)。也可以挖掘具有重复谓词的多维关联规则，它包含某些谓词的多次出现。这种规则称做混合维关联规则(Hybrid Dimensional Association Rule)。这种规则的一个例子如下，其中谓词 buys 是重复的：

$$\text{age}(X，"20\cdots29") \wedge \text{buys}(X，"laptop")⇒\text{buys}(X，"HP printer") \qquad (3.7)$$

注意，数据库属性可能是分类的或量化的。分类(Categorical)属性具有有限个可能值，值之间无序(例如 occupation，brand，color)。分类属性也称标称(Nominal)属性，因为它们的值是"事物的名称"。量化(Quantitative)属性是数值的，并在值之间有蕴涵的序(例如 age，income，price)。挖掘多维关联规则的技术可以根据量化属性的处理分为两种基本方法。

第一种方法使用预定义的概念分层对量化属性离散化。这种离散化在挖掘之前进行。例如，可以使用 income 的概念分层，用区间标记"0…20K"、"21…30K"、"31…40K"等替换属性原来的数值。这里，离散化是静态的和预先确定的。离散化的数值属性具有区间标记，可以像分类属性一样处理（其中，每个区间看做一类）。这种方法称为使用量化属性的静态离散化挖掘多维关联规则。

第二种方法，根据数据的分布将量化属性离散化或聚类到"箱"。这些箱可能在挖掘过程中进一步组合。离散化的过程是动态的，以满足某种挖掘标准，如最大化所挖掘的规则的置信度。由于该策略将数值属性的值处理成量，而不是预定义的区间或类，由这种方法挖掘的关联规则称为（动态）量化关联规则。

下面逐个研究这些挖掘多维关联规则的方法。为简明起见，将讨论限于维间关联规则。

1. 使用量化属性的静态离散化挖掘多维关联规则

在这种情况下，使用预定义的概念分层或数据离散化技术，在挖掘之前将量化属性离散化，其中数值属性的值用区间标号替换。如果需要，分类属性还可以泛化到较高的概念层。如果任务相关的结果数据存放在关系表中，则前面讨论过的任何频繁项集挖掘算法都容易修改，以找出所有的频繁谓词集，而不是频繁项集。特殊地，将每个属性-值对看做一个项集，需要搜索所有的相关属性，而不是仅搜索一个属性（如 buys）。

作为选择，变换后的多维数据可以用来构造数据立方体。数据立方体非常适合挖掘多维关联规则，它们在多维空间存储聚集信息（如计数），这对于计算多维关联规则的支持度和置信度是很重要的。

2. 挖掘量化关联规则

量化关联规则是多维关联规则，其中在挖掘过程中数值属性动态离散化，以满足某种挖掘标准，如最大化所挖掘的规则的置信度或紧凑性。如何挖掘左部有两个量化属性，右部有一个分类属性的量化关联规则，即

$$A_{quan1} \wedge A_{quan2} \Rightarrow A_{cat}$$

其中，A_{quan1} 和 A_{quan2} 对量化属性的区间（其中区间动态地确定）测试，A_{cat} 测试任务相关数据的分类属性。这种规则称做 2 维量化关联规则，因为它们包含两个量化维。例如，假定关心像顾客的年龄和收入这样的量化属性对顾客喜欢买的电视机类型（如高分辨率电视，即 HTV）之间的关联关系，如下所示即是这种 2-D 量化关联规则的一个例子：

$$\text{Age}(X, \text{"30…39"}) \wedge \text{income}(X, \text{"42k…48k"}) \Rightarrow \text{buys}(X, \text{"HDTV"}) \qquad (3.8)$$

该方法将量化属性映射到满足给定分类属性条件的 2-D 元组栅格上，然后，搜索栅格发现点簇，由此产生关联规则。

3.8　相　关　分　析

大部分关联规则挖掘算法都使用支持度-置信度框架。通常，使用低支持度阈值能够发现许多有趣的规则。尽管最小支持度和置信度阈值有助于排除大量无趣规则的探查，但是仍然会产生一些用户不感兴趣的规则。不幸的是，当使用低支持度阈值挖掘或挖掘长模式时，这种情况特别严重。这一直是关联规则挖掘成功应用的主要瓶颈之一。

3.8.1　强关联规则不一定有趣的例子

规则是否有趣可以主观或客观地评估。最终，只有用户能够确定规则是否有趣，并且这种判断是主观的，因用户而异。然而，根据数据"背后"的统计，客观兴趣度度量可以用于清除无趣的规则，而不向用户提供。

【例 3.8】　一个误导的"强"关联规则。假定对分析涉及购买计算机游戏和录像的 AllElectronics 的事务感兴趣。设 game 表示包含计算机游戏的事务，而 video 表示包含录像的事务。在所分析的 10 000 个事务中，数据显示 6000 个顾客事务包含计算机游戏，7500 个事务包含录像，而 4000 个事务同时包含计算机游戏和录像。假定发现关联规则的数据挖掘程序对该数据运行，使用最小支持度为 30%，最小置信度为 60%，将发现下面的关联规则：

$$\text{buys}(X, \text{"computer games"}) \Rightarrow \text{buys}(X, \text{"videos"}) \ [\text{support}=40\%, \text{confidence}=66\%] \tag{3.9}$$

规则(3.9)是强关联规则，因而提出报告，因为其支持度的值为 4000/10 000＝40%，置信度的值为 4000/6000＝66%，分别满足最小支持度和最小置信度阈值。然而，规则(3.9)是误导，因购买录像的概率是 75%，比 66% 还大。事实上，计算机游戏和录像是负相关的，因为买一种实际上减少了买另一种的可能性。不完全理解这种现象的话，容易根据规则(3.9)作出不明智的商务决定。

上面的例子也表明规则 $A \Rightarrow B$ 的置信度有一定的欺骗性，它只是给定项集 A、项集 B 的条件概率的估计。它并不度量 A 和 B 之间相关和蕴涵的实际强度。因此，寻求支持度-置信度框架的替代，对挖掘有趣的数据联系可能是有用的。

3.8.2　从关联分析到相关分析

支持度和置信度度量不足以过滤掉无趣的关联规则。为了解决这个问题，可以使用相关度量来扩充关联规则的支持度-置信度框架。有如下形式的相关规则：

$$A \Rightarrow B[\text{support}, \text{confidence}, \text{correlation}] \tag{3.10}$$

也就是说，相关规则不仅用支持度和置信度度量，而且还用项集 A 和 B 之间的相关度量。有许多不同的相关度量可供选择。

1. 提升度

提升度(lift)是一种简单的相关度量，有定义如下：如果 $P(A \cup B) = P(A)P(B)$，项集 A 的出现独立于项集 B 的出现；否则作为事件项集 A 和 B 是依赖的(dependent)和相关的(correlated)。这个定义容易推广到多于两个项集。A 和 B 的出现之间的提升度可以通过计算下式得到：

$$\text{lift}(A, B) = \frac{P(A \cup B)}{P(A)P(B)} \tag{3.11}$$

如果式(3.11)的值小于 1，则 A 的出现和 B 的出现是负相关的。如果结果值大干 1，则 A 和 B 是正相关的，意味着一个的出现蕴涵另一个的出现。如果结果值等于 1，则 A 和 B 是独立的，它们之间没有相关性。

式(3.11)等价于 $P(A|B)/P(B)$ 或 $\text{conf}(A \Rightarrow B)/\text{sup}(B)$，也称关联(或相关)规则

$A \Rightarrow B$ 的提升度。换言之，它评估一个的出现"提升"另一个出现的程度。例如，如果 A 对应于计算机游戏的销售，B 对应于录像的销售，则给定当前行情，游戏的销售将录像的销售增加或"提升"程度因子。

【例 3.9】 使用提升度的相关分析。为了帮助过滤掉从例 3.7 的数据得到的形如 $A \Rightarrow B$ 的误导"强"关联，需要研究两个项集 A 和 B 如何相关。设 $\overline{game}$ 表示例 3.7 中不包含计算机游戏的事务，$\overline{video}$ 表示不包含录像的事务。事务可以汇总在一个相依表（contingency table）中，如表 3-10 所示。由该表可以看出，购买计算机游戏的概率 $P(\{game\}) = 0.60$，购买录像的概率 $P(\{video\}) = 0.75$，而购买二者的概率 $P(\{game, video\}) = 0.40$。根据式（3.11），得规则（3.9）的提升度为

$$P(\{game, video\}) / P(\{game\}) / P(\{video\}) = 0.40 / 0.75 / 0.60 = 0.89$$

由于该值比 1 小，$\{game\}$ 和 $\{video\}$ 的出现之间存在负相关，分子是顾客购买二者的可能性，而分母是两个购买是完全独立的可能性。这种负相关不能由支持度-置信度框架识别。

表 3-10　汇总关于购买计算机游戏和录像事物的 2×2 相依表

	game	$\overline{game}$	$\sum_{row}$
video	4000	3500	7500
$\overline{video}$	2000	500	2500
$\sum_{col}$	6000	4000	10 000

2. χ^2 检验

对于分类（离散）数据，两个属性 A 和 B 之间的相关联系可以通过 χ^2（卡方）检验发现。设 A 有 c 个不同值 $a_1, a_2, \cdots, a_c$；B 有 r 个不同值 $b_1, b_2, \cdots, b_r$。A 和 B 描述的数据元组可以用一个相依表显示，其中 A 的 c 个值构成列，B 的 r 个值构成行。令 (A_i, B_j) 表示属性 A 取值 a_i、属性 B 取值 b_j 的事件，即 $(A = a_i, B = b_j)$。每个可能的 (A_i, B_j) 联合事件都在表中有自己的单元（或位置）。χ^2 值（又称皮尔逊 χ^2 统计量）可以按下式计算：

$$\chi^2 = \sum_{i=1}^{c} \sum_{j=1}^{r} \frac{(O_{ij} - e_{ij})}{e_{ij}} \tag{3.12}$$

其中，O_{ij} 是联合事件 (A_i, B_j) 的观测频度（即实际计数），而 e_{ij} 是联合事件 (A_i, B_j) 的期望频度，可以用下式计算：

$$e_{ij} = \frac{\text{count}(A = a_i) \times \text{count}(B = b_j)}{N} \tag{3.13}$$

其中，N 是数据元组的个数，$\text{count}(A = a_i)$ 是 A 具有 a_i 值的元组个数，而 $\text{count}(B = b_i)$ 是 B 具有值 b_i 的元组个数。式（3.12）中的和在所有 $r \times c$ 个单元上计算。注意，对 χ^2 值贡献最大的单元是其实际计数与期望计数很不相同的单元。

χ^2 统计检验假设 A 和 B 是独立的。检验基于显著水平，具有 $(r-1) \times (c-1)$ 自由度。用下面的例子解释该统计量的使用。如果可以拒绝该假设，则说 A 和 B 是统计相关的或关联的。

【例 3.10】 使用 χ^2 值进行相关分析。为了使用 χ^2 值计算相关，需要相依表每个位置上的观测值和期望值（显示在括号内），如表 3-11 所示。

表 3-11　表 3-10 的 2×2 相依表

	game	$\overline{game}$	$\sum_{col}$
video	4000(4500)	3500(3000)	7500
$\overline{video}$	2000(1500)	500(1000)	2500
$\sum_{col}$	6000	4000	10 000

使用式(3.13)，可以计算每一单元(A_i，B_j)的期望频度。例如，单元(game，video)的期望频度是

$$e_{11} = \frac{count(video) \times count(game)}{N} = \frac{7500 \times 6000}{10\ 000} = 45\ 000$$

由表 3-11 得 χ^2 值的计算过程如下：

$$\chi^2 = \sum_{i=1}^{c} \sum_{j=1}^{r} \frac{(O_{ij} - e_{ij})}{e_{ij}} = \frac{(4000 - 4500)^2}{4500} + \frac{(3500 - 3000)^2}{3000}$$
$$+ \frac{(2000 - 1500)^2}{1500} + \frac{(500 - 1000)^2}{1000} = 555.6$$

对于 2×2 的表，自由度为(2−1)×(2−1)=1。对于自由度为 1，在 0.001 的置信水平，拒绝假设的 χ^2 值为 10.828(取自 χ^2 分布的上百分点表)。由于 χ^2 的值大于 10.828，并且位置(game，video)上的观测值等于 4000，小于期望值 4500，因此购买游戏与购买录像是负相关的，这与提升度度量分析得到的结果一致。

3. 全置信度

给定项集 $X = \{i_1, i_2, \cdots, i_k\}$，$X$ 的全置信度定义为：

$$all\_conf(X) = \frac{\sup(X)}{max\_item\_sup(X)} = \frac{\sup(X)}{\max\{\sup(i_j) \mid \forall i_j \in X\}} \tag{3.14}$$

其中，$\max\{\sup(i_j) \mid \forall i_j \in X\}$ 是 X 中所有项的最大(单个)项支持度，因此称做项集 X 的最大项支持度。X 的全置信度是规则集 $i_j \Rightarrow X - i_j$ 的最小置信度，其中 $i_j \in X$。

4. 余弦度量

给定两个项集 A 和 B，A 和 B 的余弦度量定义为

$$consine(A, B) = \frac{P(A \bigcup B)}{\sqrt{P(A) \times P(B)}} = \frac{\sup(A \bigcup B)}{\sqrt{\sup(A) \times \sup(B)}} \tag{3.15}$$

余弦度量可以看做调和的提升度度量，两个公式类似，不同之处在于余弦度量对 A 和 B 的概率乘积取平方根。这是一个重要区别，因为通过取平方根，余弦值仅受 A、B 和 $A \bigcup B$ 的支持度影响，而不受事务总个数的影响。

概括地说，仅使用支持度和置信度度量来挖掘关联导致产生大量规则，其中大部分用户是不感兴趣的。可以用相关度量来扩展支持度-置信度框架，导致相关规则的挖掘。附加的度量显著地减少了所产生的规则数量，并且导致更有意义的规则的发现。然而，一些研究案例表明不存在对所有情况都能很好处理的单个相关度量。除了本节介绍的相关度量外，相关文献中还研究了许多其他兴趣度量。不幸的是，大部分度量都不具有零不变性。由于大型数据集常常具有许多零事务，因此在做相关分析选择合适的兴趣度量时，考虑零

不变性是很重要的。分析表明,对于大型应用,全置信度和余弦都是很好的相关度量,尽管当检测结果不是十分确定时,使用附加的检测(如提升度)加以补充是明智的。

3.9　基于约束的关联规则

数据挖掘过程可以从给定的数据集中发现数以千计的规则,其中大部分规则与用户不相关或用户不感兴趣。通常,用户具有很好的判断能力,知道沿什么"方向"挖掘可能导致有趣的模式,知道他们想要发现什么"形式"的模式或规则。这样,一种好的启发式方法是以用户的直觉或期望作为限制搜索空间的约束条件。这种策略称做基于约束的挖掘(constraint-based mining)。这些约束包括:

(1) 知识类型约束:指定要挖掘的知识类型,如关联规则或相关规则。

(2) 数据约束:指定任务相关的数据集。

(3) 维/层约束:指定挖掘所期望的数据维(或属性),或概念分层结构的层次。

(4) 兴趣度约束:指定规则兴趣度统计度量阈值,如支持度、置信度和相关。

(5) 规则约束:指定要挖掘的规则形式。这种约束可以用元规则(规则模板)表示,出现在规则前件或后件中谓词的最大或最小个数,或属性、属性值和/或聚集之间的联系。

以上约束可以用高级数据挖掘查询语言和用户界面说明。此处,讨论使用规则约束对挖掘任务聚焦。这种基于约束的挖掘形式允许用户说明他们想要挖掘的规则,因此使得数据挖掘过程更有功效。此外,可以使用复杂的挖掘查询优化程序利用用户指定的约束,从而使得挖掘过程的效率更高。为了简化讨论,假定用户正搜索关联规则,采用支持度-置信度-兴趣度框架挖掘相关规则。

3.9.1　关联规则的元规则制导挖掘

元规则使用用户感兴趣的规则的语法形式。规则的形式可以作为约束,帮助提高挖掘过程的效率。元规则可以根据分析者的经验、期望或对数据的直觉或者根据数据库模式自动产生。

【例 3.11】　元规则制导的挖掘。假定作为 AllElectronics 的市场分析员,你已经访问了描述顾客的数据(如,顾客的年龄、地址和信誉等级等)以及顾客事务的列表。你对找出顾客的特点和顾客购买的商品之间的关联感兴趣。然而,不是要找出反映这种联系的所有关联规则,你只对确定两种什么样的顾客特点促进办公软件的销售特别感兴趣。可以使用一个元规则来说明你感兴趣的规则形式的信息。这种元规则的一个例子是

$$P_1(X, Y) \land P_2(X, W) \Rightarrow \text{buys}(X, \text{"office software"}) \tag{3.16}$$

其中,P_1 和 P_2 是谓词变量,在挖掘过程中为给定数据库的属性;X 是变量,代表顾客;Y 和 W 分别取赋给 P_1 和 P_2 的属性值。在典型情况下,用户要说明一个例示 P_1 和 P_2 需考虑的属性列表;否则,将使用默认的属性集。

一般地,元规则形成一个关于用户感兴趣探查或证实的假定。然后,数据挖掘系统可以搜索与给定元规则匹配的规则。例如,规则(3.17)匹配或遵守元规则(3.16)。

$$\text{age}(X, \text{"30...39"}) \land \text{income}(X, \text{"41K...60K"}) \Rightarrow \text{buys}(X, \text{"office software"})$$

$$\tag{3.17}$$

假设希望挖掘维间关联规则，如上例所示。元规则是形如

$$P_1 \wedge P_2 \wedge \cdots \wedge P_l \Rightarrow Q_1 \wedge Q_2 \wedge \cdots \wedge Q_r \qquad (3.18)$$

的规则模板。其中 $P_i (i=1, 2, \cdots, l)$ 和 $Q_i (i=1, 2, \cdots, r)$ 是例示谓词或谓词变量。设元规则中谓词的个数为 $p=l+r$。为找出满足该模板的维间关联规则，需要找出所有的频繁 P 谓词集 L_p，还必须有 L_p 中的 l 谓词子集的支持度或计数，以便计算由 L_p 导出的规则的置信度。

3.9.2　规则约束制导的挖掘

规则约束说明所挖掘的规则中的变量的期望的集合/子集联系、变量的常量初始化和聚集函数。用户通常使用他们的应用或数据的知识来说明挖掘任务的规则约束。这些规则约束可以与元规则制导挖掘一起使用，作为它的替代。本节考察规则约束，看看怎样使用它们，使得挖掘过程更有效。研究一个例子，其中规则约束用于挖掘混合维关联规则。

【例 3.12】 进一步考察规则约束制导的挖掘。假定 AllElectronics 有一个销售多维数据库，包含以下相互关联的关系：

- sales(customer_name, item_name, TID)
- lives_in(customer_name, region, city)
- item(item_name, group, price)
- transaction(TID, day, month, year)

其中 lives_in、item 和 transation 是三个维表，通过三个码 customer_name、item_name 和 TID 分别连接到事实表 sales。

关联挖掘查询的目的是"找出 2004 年对于 Chicago 的顾客，什么样的便宜商品（价格和低于 100 美元）能够促进同类贵商品（最低价为 500 美元）的销售？"可以用 DMQL 数据挖掘查询语言表达如下，为方便讨论，查询的每一行已经编号。

(1) mine associations as

(2) lives_in(C, −, "Chicago") $\wedge$ sales$_+$(C, ?{I}, {S}) $\Rightarrow$ sales$_+$(C, ?{J}, {T})

(3) from sales

(4) where S. year = 2004 and T. year = 2004 and I. group = J. group

(5) group by C, I. group

(6) having sum(I. price) < 100 and min(J. price) ⩾ 500

(7) with support threshold = 1%

(8) with confidence threshold = 50%

行(1)是知识类型约束，说明要发现的关联模式；行(2)说明了元规则。

数据约束在元规则的"lives_in(C, −, "Chicago")"部分指定住在 Chicago 的所有顾客，并在行(3)指出只有事实表 sales 需要显式引用。在这个多维数据库中，变量的引用被简化。例如，"S. year = 2004"等价于 SQL 语句"from sales S, transaction T where S. TID = T. TID and T. year = 2004"。使用了所有三维(lives_in, item 和 transaction)。

层约束如下：对于 lives_in，只考虑 customer_name，并且不涉及 region，并且选择中只使用 city = "Chicago"；对于 item，考虑 item_name 和 group 层，因为它们在查询中使用；对于 transaction，只考虑 TID，因为 day 和 month 未引用，而 year 只在选择中使用。

规则约束包括 where(行(4))和 having(行(6))子句部分，如"S. year＝2004"、"T. year＝2004"、"I. group＝J. group"、"sum(I. price)≤100"和"min(J. price)≥500"。最后，行(7)和行(8)说明两个兴趣度约束(即阈值)：1%的最小支持度和50%的最小置信度。

对于频繁项集挖掘，规则约束可以分为五类：反单调的、单调的、简洁的、可转变的、不可转变的。对于每一类，将使用一个例子展示它的特性，并解释如何将这类约束用在挖掘过程中。

(1) 反单调性约束。考虑例 3.12 的规则约束"sum(I. price)≤100"。假定使用 Apriori 框架，在每次迭代 k，探查长度为 k 的项集。如果一个项集中项的价格和不小于 100，则该项集可以从搜索空间中剪枝，因为向该项集中进一步添加项将会使它更贵，因此不可能满足约束。换句话说，如果一个项集不满足该规则约束，它的任何超集也不可能满足该规则约束。如果一个规则约束具有这种性质，则称它是反单调的。根据反单调规则约束剪枝可以用于类 Apriori 算法的每一次迭代，以帮助提高整个挖掘过程的效率，而保证数据挖掘任务的完全性。

反单调约束的其他例子包括"min(J. price)≥500"和"count(I)≤10"等。任何违反这些约束的项集都可以丢弃，因为向这种项集中添加更多的项不可能满足约束。注意，诸如"avg(I. price)≤100"的约束不是反单调的。对于一个不满足该约束的给定项集，通过添加一些(便宜的)项得到的超集可能满足该约束。因此，将这种约束推进到挖掘过程之中，将不保证数据挖掘任务的完全性。

第二类约束是单调的。如果例 3.12 中的规则约束是"sum(I. price)≥100"，则基于约束的处理方法将很不相同。如果项集 I 满足该约束，即集合中的价格之和不小于 100，进一步添加更多的项到将增加开销，并且总是满足该约束。因此，对项集 I 进一步检查该约束是冗余的。换言之，如果一个项集满足这个规则约束，那么它的所有超集也满足。如果一个规则约束具有这种性质，则称它是单调的(monotonic)。类似的规则单调约束包括"min(I. price)≤10"，"count(I)≥10"等。

第三类是简洁性约束。对于这类约束，可以枚举并且仅仅枚举确保满足该约束的集合。也就是说，如果一个规则约束是简洁的(Succinct)，甚至可以在支持计数开始之前直接精确地产生满足它的集合。这避免了产生-测试方式的过大开销。换言之，这种约束是计数前可剪枝的。例如，例 3.10 中的约束"min(J. price)≥500"是简洁的，因为能够明确无误地产生满足该约束的所有项集。具体地说，这种集合必须至少包含一项，其价格不低于 500 美元。它是这种形式：$S_1 \bigcup S_2$，其中 $S_1 \neq \Phi$ 是集合中价格不低于 500 美元的所有项的子集；而 S_2 可能为空，是集合中价格不超过 500 美元的所有项的子集。因为有一个精确"公式"产生满足简捷约束的所有集合，在挖掘过程中不必迭代地检验规则约束。

第四类约束是可转变的约束(Convertible Constraint)。如果项集中的项以特定的次序安排，则对于频繁项集挖掘过程，约束可能成为单调的或反单调的。例如，约束"avg(I. price)≤100"既不是反单调的，也不是单调的。然而，如果事务中的项以价格递增顺序添加到项集中，则该约束就变成了反单调的，因为如果项集 I 违反了该约束(即平均价格大于 100 美元)，则更贵的商品进一步添加到该项集中不会使它满足该约束。类似地，如果事务中的项以价格递减顺序添加到项集中，则该约束就变成了单调的，因为如果项集 I 满足该约束(即平均价格不超过 100 美元)，添加更便宜的商品到当前项集将使平均价格不大于 100 美元。

3.10　矢量空间数据库中关联规则的挖掘

3.10.1　问题的提出

在当前空间数据挖掘和知识发现领域，存在着如下倾向：

（1）忽视了 GIS 在空间知识发现过程中的作用。GIS 是空间数据采集、管理、处理、分析、建模和可视化的工具。空间数据处理、空间分析是 GIS 特有的功能。尽管人们研究和建立空间数据库的初衷与空间数据挖掘的目标截然不同，但是在空间知识发现的过程中，同样需要 GIS 和空间数据库技术的支持。

（2）大多数空间据挖掘算法是一般数据挖掘算法直接移植过来的，未考虑空间数据存储、处理及数据本身的特点。不同于关系数据库，空间数据带有拓扑、方向和距离等空间信息，通常用复杂的、多维的空间索引结构组织数据，有特有的空间数据访问方法。目前大多 GIS 空间数据库以矢量和栅格两种数据模型及相应的数据结构来组织和管理空间数据。关系型数据采掘的算法往往假定数据是独立的，而在空间数据库中一个对象可能会受其邻近若干个对象的影响，数据之间是相互依赖。因此，必须扩展传统的数据采掘技术，以便更好地分析复杂的空间现象和空间对象。

关联规则是 KDD 研究中的一个重要的研究课题，是由 R. Agrawal 等人提出的，目的是要在交易数据库中发现各项目之间的关系。最著名的算法是 R. Agrawal 等人提出的 Apriori 算法。其他大多数算法都是在该算法的基础上加以改进或扩展，基本框架没有变化。它隐含如下前提假设：

（1）数据库中各项目具有相同的性质和作用，即重要性相同。

（2）数据库中各项目的分布是均匀的。

（3）数据库中每个事务的代表性和重要性是相同的。

（1）、（2）两种假设国内外已展开了相应的研究工作。在矢量空间数据库中，把空间对象抽象为点、线和多边形这三种类型，每个空间对象所代表的空间区域或空间范围是不同的，假设条件（3）与此不符。本文以矢量空间数据库为数据挖掘对象，以 GIS 的空间数据处理和空间分析为工具，首先探讨了空间知识发现过程中的数据选择、预处理和转换方法；其次提出矢量空间数据库中关联规则的挖掘算法；最后以某一地区生态空间数据库为例，挖掘与土壤侵蚀相关的关联规则。

3.10.2　面向空间数据挖掘的数据准备

1. 矢量空间数据的组织

GIS 管理和存储空间数据的方法是将它们抽象为带有分类属性的几何对象，以层（Layer）为概念组织、存储、修改和显示它们。

空间数据组织有两个前提条件：

（1）同一层中的对象具有相同的空间维数，如：点、线、面的一种。

（2）GIS 层中的对象一般都是同一地形或地物类型，整个层构成了具有某一地理性质的专题地图。

以 Arc/info 基于矢量数据模型的系统为例，为了将空间数据存入计算机，首先，从逻辑上将空间数据抽象为不同的专题或层，如：土地利用、地形、道路、居民区、土壤单元，森林分布等，一个专题层包含区域内地理要素的位置和属性数据。其次，将一个专题层的地理要素或实体分解为点、线、面目标，每个目标的数据由定位数据、属性数据和拓扑数据组成。图 3-9 中的(a)和（b）就是由属性 1 和属性 2 组成的两个面要素图层，其中的表（a）和表(b)是与其对应的属性表。

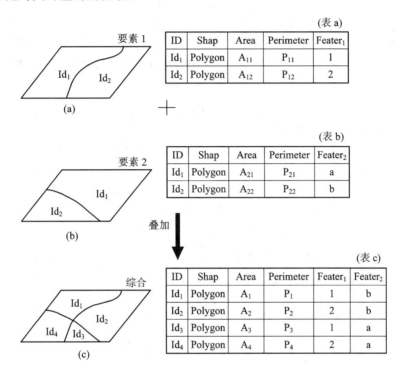

图 3-9 空间迭加运算

2. 面向关联规则挖掘的空间数据准备

空间数据挖掘和知识发现可分为三个阶段：数据准备、数据挖掘、结果的评价与表达。数据的准备是空间数据挖掘的基础，它关系到空间数据挖掘能否实现和效率，包括数据的选择、预处理和变换等步骤。面向关联规则挖掘的空间数据准备步骤如下：

（1）数据选择。根据数据挖掘的目标和背景知识，选择感兴趣的对象。如要挖掘地理要素 1 与地理要素 2 间的关联规则，在空间数据库中就要选择要素 1 图层和要素 2 图层及其相应的属性表。

（2）属性值的离散化。空间数据库中关联规则的挖掘要求属性值使用(如整型、字符串型、枚举型)数据表达。如果某些属性的值域为连续值(如浮点型数表达)，则在数据挖掘前必须进行离散化处理。

（3）对要素层进行空间叠加。利用 GIS 的空间叠加功能，将要素 1 图层和要素 2 图层进行叠加，得到综合图层及其相应的综合属性表。图 3-9 中的表(c)即综合属性表是关联规则挖掘的目标数据。

3.10.3 矢量空间数据库中关联规则挖掘

1. 关联规则定义

假设 $I = \{i_1, i_2, \cdots, i_m\}$ 是项的集合。设任务相关的数据 D 是数据库中事务的集合，其中每个事务 T 是项的集合，使得 $T \subset I$。每个事务有一个标识符，称为 TID。设 A 是一个项集，事务 T 包含 A 当且仅当 $A \subseteq T$，关联规则是形如 $A => B$ 的蕴含式，其中 $A \subset I$，$B \subset I$，并且 $A \cap B = \Phi$。规则 $A => B$ 在事务集 D 中成立，具有支持度 S，其中 S 是 D 中包含 $A \cup B$ 的事务的百分比，亦概率 $P(A \cup B)$。规则 $A => B$ 在事务集 D 中具有置信度 C，如果事务集 D 中包含 A 的事务同时也包含 B 的百分比，亦条件概率 $P(A|B)$。即

$$\begin{cases} \text{support}(A => B) = P(A \cup B) \\ \text{confidence}(A => B) = P(B \mid A) \end{cases} \quad (3.19)$$

针对事务数据库，为了便于计算，(3.19)式可改写为：

$$\begin{cases} \text{support}(A => B) = \text{num}(A \cup B)/\text{num}(true) \times 100\% \\ \text{confidence}(A => B) = \text{num}(A \cup B)/\text{num}(A) \times 100\% \end{cases} \quad (3.20)$$

式中：$\text{num}(A \cup B)$——事务数据库中包含项集 $A \cup B$ 的记录数；

$\text{num}(A)$——事务数据库中包含项集 A 的记录数；

$\text{num}(true)$——事务数据库中的记录总数。

2. 矢量空间数据库中关联规则的挖掘方法

1）支持度(support)和置信度(confidence)的定义

对于元组的重要性和代表性不同的事务数据库，如：矢量空间数据库，式(3.20)显然不再适用，可以为每一个元组赋以相应的权重。这样式(3.20)可写为

$$\begin{cases} \text{support}(A => B) = \dfrac{\text{sum}(Array_A \bullet \times Array_B \bullet \times W)}{\text{sum}(w)} \\ \text{confidence}(A => B) = \dfrac{\text{sum}(Array_A \bullet \times Array_B \bullet \times W)}{\text{sum}(Array_A \bullet \times W)} \end{cases} \quad (3.21)$$

式中：$Array_A$——满足项集 A 的一个一维数组；

$Array_B$——满足项集 B 的一个一维数组；

W——数据库 D 中各元组权重数组；

$\bullet \times$——点乘符号。两个维数和元素个数相同的数组的点乘等于其对应元素的乘积的一个数组；

$\text{sum}(*)$——数组元素的求和函数。

$Array_A$ 和 $Array_B$ 可按式(3.22)和式(3.23)进行计算：

$$Array_A(i) = \begin{cases} 1, & \text{在数据库 } D \text{ 中,如果元组 } i \text{ 包含项集 } A, i = 1,2,\cdots,n; \\ 0, & \text{在数据库 } D \text{ 中,如果元组 } i \text{ 不包含项集 } A, i = 1,2,\cdots,n \end{cases} \quad (3.23)$$

$$Array_B(i) = \begin{cases} 1, & \text{数据库 } D \text{ 中,如果元组 } i \text{ 包含项集 } B, i = 1,2,\cdots,n; \\ 0, & \text{数据库 } D \text{ 中,如果元组 } i \text{ 不包含项集 } B, i = 1,2,\cdots,n \end{cases} \quad (3.24)$$

式中的 n 为数据库中元组的个数或总记录数。

2）关联规则的挖掘

关联规则的挖掘就是在综合图层属性表中找出具有用户给定的最小支持度阈值(min_sup)

和最小置信度阈值(min_conf)的关联规则。关联规则挖掘问题可分解为以下两个子问题：

(1) 找出综合图层属性表中所有大于等于用户指定最小支持度(min_sup)的项目集。具有最小支持度的项目集称为频繁项目集。

(2) 利用频繁项目集生成所需要的关联规则。对每一个频繁项目集 A，找到 A 的所有非空子集 a，如果比率 support(A)/support(a)≥min_conf，就生成关联规则 $a=>(A-a)$。support(A)/support(a)，即规则 $a=>(A-a)$ 的置信度。

3.10.4　应用实例

由于地表特征是由多种因素综合影响的结果。"环境单元"即地理空间上的一片区域，该区域的状态或发展趋势是由地形、地质、土壤、植被、水文等自然因子和社会经济因子综合作用的结果。黄河皇埔川流域是我国及世界上罕见的多沙、粗沙、强烈水土流失的区域。本文采用该流域的地形、气候和侵蚀强度等生态环境因子数据，选用 ArcView3.2 地理信息软件作为空间数据库管理软件。首先将它们的属性值进行离散化(如表 3 - 12 所示)，分别作为一个图层输入空数据库中。再使用 GIS 的空间叠加功能进行，将坡度、沟密度、切割裂度、降水、气温、风速和侵蚀强度图层进行空间叠加，得到综合图层和综合属性表，共 664 个多边形，亦就是 664 个记录。将生态环境空间数据库中综合属性表输出为 *.txt 文件。按照矢量空间数据库中关联规则的挖掘方法，编写相应的 Matlab 程序，并读取 *.txt 文件作为数据源。规则的支持度(support)和置信度(confidence)按照式(3.21)计算，权重代入各个多边形的面积。在 min_sup=7% 和 min_conf=65% 约束下，关联规则挖掘结果见表 3 - 13、表 3 - 14。表中的第三列、第四列括号内的数字为不考虑多边形权重的支持度和置信度。

表 3 - 14 的规则 Rule 2：风速(2) and 沟密度(2) ==> 侵蚀强度(3)(12.8%，77.0%)表示占该区域面积的 12.8%、风速为第二等级的子区域中有 77.0% 面积的侵蚀强度为 3 级。这一规则可以通过 GIS 进行可视化表达：满足条件风速=2 and 沟密度=2 and 侵蚀强度=3 的多边形如图 3 - 10 所示(深色区域)。满足条件风速=2 and 沟密度=2 多边形如图 3 - 11 所示(浅色区域)，它占整个区域的面积的百分比即为该关联规则的支持度。在满足条件风速=2 and 沟密度=2 的区域中，满足条件侵蚀强度=3 的子区域所占该区域面积百分比即为该关联规则的置信度，即深色区域在浅色区域中所占百分比。

表 3 - 12　生态因子属性值离散化

气温		降水		风速		坡度		沟网密度		切割烈度		侵蚀强度	
等级	区间 /℃	等级	取值区间 /mm	等级	取值区间 /(m/s)	等级	取值区间 /°	等级	取值区间 /(km/km²)	等级	区间 /%	等级	取值区间 /(万 t/ km²·a)
i	<6	i	<375	i	<1.5	i	<10	i	<4	i	<20	i	<0.1
ii	6~7	ii	375~400	ii	1.5~2.0	ii	10~25	ii	4~8	ii	20~40	ii	0.1~0.5
iii	7~8	iii	400~425	iii	2.0~2.5	iii	>25	iii	>8	iii	>40	iii	0.5~1.1
iv	8~9	iv	425~450	iv	>2.5							iv	1.1~2.0
v	>9	v	>450									v	>2.0

表 3 - 13　二维关联规则

规则	强关联规则	支持度/%	置信度/%
Rule1	气温(2)===========>侵蚀强度(3)	10.4(10.8)	66.2(55.0)
Rule2	气温(5)===========>侵蚀强度(4)	7.7(3.5)	79.8(62.2)
Rule3	风速(2)===========>侵蚀强度(3)	13.5(12.7)	66.4(56.8)
Rule4	风速(4)===========>侵蚀强度(4)	13.5(6.0)	68.7(42.6)

表 3 - 14　三维关联规则

规则	强关联规则	支持度/%	置信度/%
Rule1	气温(2) and 沟密度(2)======>侵蚀强度(3)	8.9(8.9)	77.2(68.6)
Rule2	风速(2) and 沟密度(2)======>侵蚀强度(3)	12.8(10.2)	77.0(73.1)
Rule3	风速(4) and 沟密度(3)======>侵蚀强度(4)	11.9(3.9)	76.5(47.3)
Rule4	风速(2) and 切割裂度(2)====>侵蚀强度(3)	9.1(7.4)	82.5(73.2)

 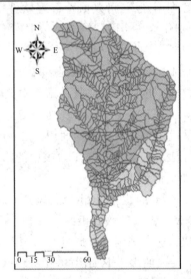

图 3 - 10　风速＝2 and 沟谷密度＝2 and 侵蚀强　　　图 3 - 11　风速＝2 and 沟谷密度＝2 区域

3.11　小　　结

大量数据中的频繁模式、关联和相关关系的发现在选择市场、决策分析和商务管理方面是有用的。一个流行的应用领域是购物篮分析，通过搜索经常一块(或依次)购买的商品的集合，研究顾客的购买习惯。关联规则挖掘首先找出频繁项集(项的集合，如 A 和 B，满足最小支持度阈值，或任务相关元组的百分比)，然后，由它们产生形如 $A \Rightarrow B$ 的强关联规则。这些规则也满足最小置信度阈值(预定义的、在满足 A 的条件下满足 B 的概率)。进一步分析关联，发现项集 A 和 B 之间具有统计相关的相关规则。

根据不同的标准，频繁模式挖掘可以用很多不同的方法分成若干类型，如：

(1) 根据所挖掘的模式的完全性，频繁模式挖掘的类型分为挖掘频繁项集的完全集、闭频繁项集、极大频繁项集和被约束的频繁项集，等等。

（2）根据规则涉及的数据的层和维，可以分为单层关联规则、多层关联规则、单维关联规则和多维关联规则的挖掘。

（3）根据规则所处理的值的类型不同，类别可以分为挖掘布尔关联规则和量化关联规则。

（4）根据所挖掘的规则类型不同，类别包括关联规则和相关规则挖掘。

（5）根据所挖掘的模式类型，频繁模式挖掘可以分为频繁项集挖掘、序列模式挖掘、结构模式挖掘，等等。

对于频繁项集挖掘，已经开发了许多有效的、可伸缩的算法，由它们可以导出关联和相关规则。这些算法可以分成四类：类 Apriori 算法；基于频繁模式增长算法，如 FP 增长；使用垂直数据格式的算法和挖掘闭频繁项集。

（1）类 Apriori 算法是为布尔关联规则挖掘频繁项集的原创性算法。它探索逐层挖掘 Apriori 性质：频繁项集的所有非空子集也必须是频繁的。在第 k 次迭代（$k \geq 2$），它根据频繁 $(k-1)$ 项集，形成候选频繁 k 项集，并扫描数据库一次，找出完整的频繁 k 项集的集合 L_k。可以使用涉及散列和事务压缩技术的变形使过程更有效。其他变形包括划分数据（对每一部分挖掘，然后合并结果）和抽样数据（对数据子集挖掘）。这些变形可以将数据扫描次数减少到一或两次。

（2）频繁模式增长（FP 增长）是一种不产生候选的挖掘频繁项集方法。它构造一个高度压缩的数据结构（FP 树），压缩原来的事务数据库。不是使用类 Apriori 方法的产生-测试策略，而聚焦于频繁模式（段）增长，避免了高代价的候选产生，可获得更好的效率。

（3）使用垂直数据格式挖掘频繁模式（ECLAT）将给定的、用 TID 项集形式的水平数据格式事务数据集变换成项 TID 集形式的垂直数据格式。它根据 Airoiri 性质和附加的优化技术（如 diffset），通过取 TID 集的交，对变换后的数据集进行挖掘。

（4）挖掘频繁项集的方法可以扩展到挖掘闭频繁项集（由它们容易导出频繁项集的集合）。这些方法结合了附加的优化技术，如项合并，子项集剪枝和项跳过，以及模式树中产生的项集的有效子集检查。

多层关联规则可以根据每个抽象层的最小支持度阈值如何定义，使用多种策略挖掘。如一致的支持度、递减的支持度和基于分组的支持度。冗余的多层（后代）关联规则可以删除，如果根据其对应的祖先规则，它们的支持度和置信度接近于期望值的话。

挖掘多维关联规则的技术可以根据对量化属性的处理分为若干类。第一，量化属性可以根据预定义的概念分层静态离散化。数据立方体非常适合这种方法，因为数据立方体和量化属性都可以利用概念分层。第二，可以挖掘量化关联规则，其中量化属性根据分箱和/或聚类动态离散化，"邻近的"关联规则可以用聚类合并，产生更简洁、更有意义的规则。

并非所有的强关联规则都是有趣的。用相关度量来增广关联规则，以产生更有意义的相关规则。有多种相关度量可供选择，包括提升度、χ^2、全置信度和余弦。如果一种度量的值不受零事务（即不包含所考虑项集的事务）影响，则它是零不变的。由于大型数据库包含大量零事务，因此，应当使用诸如全置信度或余弦这样的零不变的相关度量。在解释相关度量值时，重要的是理解它们的含义和局限性。

基于约束的规则挖掘允许用户通过提供的元规则（即模式模板）和其他挖掘约束对规则搜索聚焦。这种挖掘推动了说明性数据挖掘查询语言和用户界面的使用，并对挖掘查询优化提出了巨大挑战。规则约束可分五类：反单调的、单调的、简洁的、可转变的和不可转变的。前四类约束可以在频繁项集挖掘中使用，使挖掘更有功效、更有效率。

习 题

1. 数据库有 5 个事务。设 min_sup＝60％，min_conf＝80％。

TID	购买的商品
$I100$	{M, O, N, K, E, Y}
$I200$	{D, O, N, K, E, Y}
$I300$	{M, A, K, E}
$I400$	{M, U, C, K, Y}
$I500$	{C, O, O, K, I, E}

(a) 分别使用 Apriori 和 FP 增长算法找出所有频繁项集。比较两种挖掘过程的效率。

(b) 列举所有与下面的元规则匹配的强关联规则(给出支持度 s 和置信度 c)，其中，X 是代表顾客的变量，$item_i$ 是表示项的变量(如"A"、"B"等)：

$$\forall x \in transaction, buys(X, imet_1) \land buys(X, imet_2) \Rightarrow buys(X, item_3) [s, c]$$

2. 使用你熟悉的程序设计语言(如 C＋＋或 Java)，实现本章介绍的四种频繁项目集挖掘算法：(1) Apriori [AS94]，(2) FP 增长[HPYOO]，(3) ECLAT [Zak00](垂直数据格式挖掘)和(4) Close[Pas99]。在各种类型的大型数据集上比较每种算法的性能。

3. 数据库有 4 个事务。设 min_sup＝60％，min_conf＝80％。

Cust_ID	TID	购买的商品
01	$I100$	{King's-Carb, Sunset-Milk, Dairyland-Cheese, Best-Bread}
02	$I200$	{Best-Cheese, Dairyland-Milk, Goldenfarm-Apple, Tasty-Pie , Wonder-bread}
03	$I300$	{Westcoast-Apple, Dairyland-Milk, Wonder-Bread, Tasty-Pie}
04	$I400$	{Wonder-Bread, Sunset-Milk, Dairyland-Cheese}

(a) 在 item_category 粒度(例如 $item_1$ 可以是"Milk")，对于下面的规则模板

$$\forall x \in transaction, buys(X, imet_1) \land buys(X, imet_2) \Rightarrow buys(X, item_3) [s, c]$$

对最大的 k，列出频繁 k 项集和包含最大的 k 的频繁 k 项集的所有强关联规则(包括支持度 s 和置信度 c)。

(b) 在 brand-item_category 粒度(例如 $item_i$ 可以是"Sunset-Milk")，对于下面的规则模板：

$$\forall x \in transaction, buys(X, imet_1) \land buys(X, imet_2) \Rightarrow buys(X, item_3) [s, c]$$

对最大的 k，列出频繁 k 项集(但不输出任何规则)。

4. 关系表 People 是要挖掘的数据集，有三个属性(Age, Married, NumCars)。假如用户指定的 min_sup＝60％，min_conf＝80％，试挖掘表 3-15 中的数量关联规则。

表 3-15 关系表 People

RecordID	Age	Married	NumCars	RecordID	Age	Married	NumCars
100	23	No	0	400	34	Yes	2
200	25	Yes	1	500	38	Yes	2
300	29	No	1				

第 4 章 分 类 和 预 测

数据库蕴藏大量信息，可以用来作为作出明智决策的依据。分类和预测是两种数据分析形式，可以用于提取描述重要数据类或预测未来的数据趋势的模型。这种分析有助于更好地全面理解数据。分类是预测分类（离散、无序的）标号，而预测是建立连续值函数模型。例如，可以建立一个分类模型，对银行贷款应用的安全或风险进行分类；也可以建立预测模型，给定潜在顾客的收入和职业，预测他们在计算机设备上的花费。许多分类和预测方法已经由机器学习、模式识别和统计学方面的研究者提出。大部分算法是内存驻留算法，通常假定数据量很小。最近的数据挖掘研究建立在这些工作之上，开发了可伸缩的分类和预测技术，能够处理大的、驻留磁盘的数据。

本章将学习数据分类的基本技术，如建立基于距离的分类器、决策树分类器、贝叶斯分类器、贝叶斯信念网络和基于规则的分类器。除了支持向量机分类方法之外，本章还讨论神经网络技术。预测方法包括线性回归、非线性回归和其他基于回归的模型。将学习如何扩展这些技术，将它们应用到大型数据库的分类和预测。分类和预测具有大量应用，包括欺诈检测、针对销售、性能预测、制造和医疗诊断。

4.1 分类和预测的基本概念和步骤

银行贷款员需要分析数据，搞清楚哪些贷款申请者是"安全的"，银行的"风险"是什么。AllElectronics 的市场经理需要数据分析，以便帮助他猜测具有某些特征的顾客是否会购买一台新的计算机。医学研究者希望分析乳腺癌数据，预测病人应当接受三种具体治疗方案中的哪一种。在上面的每个例子中，数据分析任务都是分类（Classification），都需要构造一个模型或分类器（Classifier）来预测类属标号，如贷款应用数据中的"安全"或"风险"等级，销售数据的"是"或"否"，医疗数据的"疗法 A"、"疗法 B"或"疗法 C"。这些类属可以用离散值表示，其中值之间的序没有意义。例如，可以使用值 1、2 和 3 表示上面的疗法 A、B 和 C，其中这组治疗方案之间并不存在蕴涵的序。

假定上面提到的市场经理希望预测一位给定的顾客在 AllElectronics 的一次销售期间的花费。该数据分析任务就是数值预测（Numeric Prediction）的例子，其中所构造的模型预测一个连续值函数或有序值，与类属标号不同，这种模型是预测器（Predictor）。回归分析（Regression Analysis）是数值预测最常用的统计学方法。分类和数值预测是预测问题的两种主要类型，这两个术语即有一定的区别又有一定的联系。一般情况下，预测是特指数值预测。

数据分类是一个两步过程，如图 4-1 所示的贷款应用数据，第一步，建立描述预先定义的数据类或概念集的分类器。这是学习步（或训练阶段），其中分类算法通过分析或从训练集"学习"来构造分类器。训练集由数据库元组和它们的相关联的类标号组成。元组 X 用 n 维属性向量 $X = (x_1, x_2, \cdots, x_n)$ 表示，分别描述元组在 n 个数据库属性 $A_1, A_2, \cdots, A_n$

上的 n 个度量。假定每个元组 X 都属于一个预先定义的类,由称做类标号属性(class label attribute)的数据库属性确定。类标号属性是离散的和无序的,它的每个值充当一个类。构成训练数据集的元组称作训练元组,并从所分析的数据库中选取。在进行分类时,数据元组也称做样本、实例、数据点或对象。

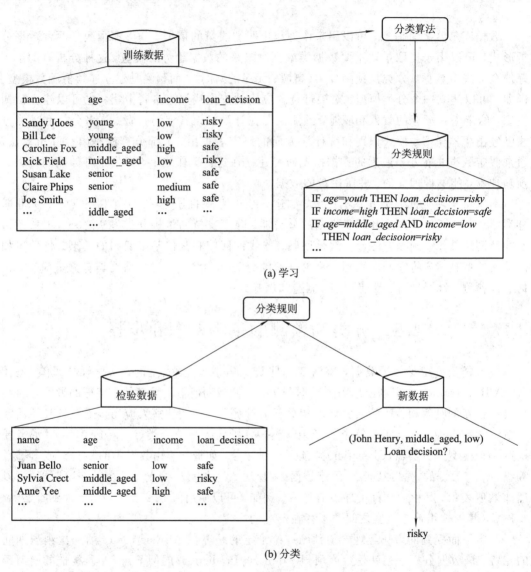

(a) 学习

(b) 分类

图 4-1　数据分类过程

　　由于提供了每个训练元组的类标号,这一步也称做监督学习(Supervised Learning),即分类器的学习在被告知每个训练元组属于哪个类的"监督"下进行。它不同于无监督学习(Unsupervised Learning)(或称聚类),每个训练元组的类标号是未知的,并且要学习的类的个数或集合也可能事先不知道。例如,如果没有用于训练集的 loan_decision 数据,可以使用聚类尝试确定"相似元组的组群",可能对应于贷款应用数据中的风险组群。

　　分类过程的第一步也可以看做是学习一个映射或函数 $y = f(X)$,以预测给定元组 X 的关联类标号 y。在这种观点下,希望学习分离数据类的映射或函数。通常,该映射以分类规则、决策树或数学公式的形式提供。在如图 4 - 1 所示的例子中，该映射用分类规则表示，这些规则识别贷款申请者是安全的、还是有风险的(见图 4 - 1(a))。这些规则可以用来对以后的数据元组分类，也能对数据库的内容提供更好的理解。它们也提供了数据的压缩表示。

在第二步(如图 4 - 1(b)所示)，使用模型进行分类。首先评估分类器的预测准确率。如果使用训练集来测量分类器的准确率，则评估可能是乐观的，因为分类器趋向于过分拟合(overfit)该数据(即在学习期间，它可能并入了训练数据中的某些特殊的异常点，这些异常点不在一般数据集中出现)。因此，需要使用由检验元组和相关联的类标号组成的检验集(test set)来检验分类器的准确率。这些元组随机地从一般数据集中选取。它们独立于训练元组，意指不使用它们构造分类器。

分类器在给定检验集上的准确率(Accuracy)是指分类器正确分类的检验元组所占的百分比。每个检验元组的关联的类标号与该元组的学习分类器的类预测进行比较，如果认为分类器的准确率可以接受，就可以用它对类标号未知的未来数据元组进行分类。类标号未知的这种数据在机器学习中也称为“未知的”或“先前未见到的”数据。例如，可以使用图 4 - 1(a)中通过分析先前的贷款应用数据学习到的分类规则来批准或拒绝新的或未来的贷款申请人。

数据预测是一个两步过程，类似于图 4 - 1 所描述的数据分类，其中图(a)用分类算法分析训练数据，类标号属性是 loan_decision，学习的模型或分类器以分类规则形式提供；图(b)检验数据用于评估分类规则的准确率。对于预测，没有“类标号属性”，因为要预测的属性值是连续值(有序的)，而不是分类的(离散值和无序的)。该属性简称预测属性。在我们的例子中，假设预测给贷款人贷款量(美元)对于银行是“安全”的，该数据挖掘任务就变成了预测，而不是分类，将用连续值属性 loan_amout 作为预测属性取代分类属性 loan_decision，并建立该任务的预测器。

注意，预测器也可以看做一个映射或函数 $y = f(X)$，其中 X 是输入(例如描述贷款申请人的元组)，而输出 y 是连续的或有序的值(如银行可以安全地贷给贷款人的贷款量)。也就是说，希望学习一个映射或函数，对 X 和 y 之间的联系建模。

预测和分类所用的构建模型的方法也不相同。与分类一样，不应当使用构造预测器的训练集来评估预测的准确率，而应当使用一个独立的检验集。预测器的准确率通过对每个检验元组 X 计算 y 的预测值与实际已知值的差来评估。预测器误差度量有多种不同的方法。

4.2　基于相似性的分类算法

基于相似性的分类算法的思路比较简单直观。假定数据库中的每个元组 t_i 为数值向量，每个类用一个典型数值向量来表示，则能通过分配每个元组到它最相似的类来实现分类。

定义 4.1　给定一个数据库 $D = \{t_1, t_2, \cdots, t_n\}$ 和一组类 $C = \{C_1, C_2, \cdots, C_m\}$。对于任意的元组 $t_i = \{t_{i1}, t_{i2}, \cdots, t_{ik}\} \in D \subseteq R^k$，如果存在一个 $C_i \in C$，使得：

$$\text{sim}(t_i, C_i) \geqslant \text{sim}(t_i, C_p), \qquad \forall C_p \in C, C_p \neq C_i \qquad (4.1)$$

则 t_i 被分配到类 C_i 中，其中 $\text{sim}(t_i, C_i)$ 称为相似性度量函数。

在实际的计算中往往用两向量间的距离或两向量的夹角来表征相似性。距离越近或夹角越小，相似性越大；距离越远或夹角越大，相似性越小。

为了计算相似性，需要首先得到表示每个类的向量。计算方法有多种，例如代表每个类的向量可以通过计算每个类的中心来表示。另外，在模式识别中，一个预先定义的图像用于代表每个类，分类就是把待分类的样例与预先定义的图像进行比较。

下面的算法 4.1 举例阐述了简单的基于相似性的方法，假定每个类 C_i 用类中心来表示，每个元组必须和各个类的中心来比较，从而可以找出最近的类中心，得到确定的类别标记。

算法 4.1   基于相似性的分类算法（每个类 C_i 对应一个中心点）。

输入：每个类的中心 C_1，C_2，…，C_m；待分类的元组 t。

输出：输出类别 c。

Dist$=\infty$；   //距离初始化，此处使用距离作为相似性度量

FOR $i=1$ to m

　　IF dis$(C_i,t)<$Dist THEN $\{$

　　　$c=i$；

　　　Dist$=$dis(C_i,t)；

　　$\}$

在算法 4.1 中类 $C=\{C_1$，C_2，…，$C_m\}$ 的数目为 m，则对待分类的元组 t 进行分类的复杂度为 $O(m)$。算法 4.1 要求每个类 C_i 仅有一个中心点，然而在现实中经常每个类 C_i 可能有多个中心点或代表样本点。算法 4.2 是与其对应的算法。

算法 4.2   基于相似性的分类算法（每个类 C_i 对应多个中心点）。

输入：训练样本数据 $D=\{t_1$，t_2，…，$t_n\}$ 和训练样本对应类属性值 $C=\{C_1$，C_2，…，$C_m\}$；待分类的元组 t。

输出：输出类别 c。

Dist$=\infty$；   //距离初始化，此处使用距离作为相似性度量

FOR $i=1$ to n

　　IF dis$(t_i,t)<$Dist THEN $\{$

　　　$c=C_i$；

　　　Dist$=$dis(t_i,t)；

　　$\}$

在算法 4.2 中训练样本数据 $D=\{t_1$，t_2，…，$t_n\}$ 的数目为 n，则对待分类的元组 t 进行分类的复杂度为 $O(n)$。

算法 4.1 和算法 4.2 两个基于相似性分类算法对个别异常训练数据或孤立点非常敏感，对于包含有个别异常训练数据或孤立点的数据集，使用算法 4.1 和算法 4.2 对未知类别标号的样本进行分类时，可能会做出错误的判断。克服这一缺陷的基于相似性的分类算法是 k-最临近方法（k-Nearest Neighbors，简称 kNN）。

假定每个类包含多个训练数据，且每个训练数据都有一个唯一的类别标记。k-最临近分类的主要思想就是计算每个训练数据到待分类元组的距离，取和待分类元组距离最近的 k 个训练数据，k 个数据中哪个类别的训练数据占多数，则待分类元组就属于哪个类别。下面给出 kNN 的具体描述。

算法 4.3 k-最临近算法。

输入：训练数据 T；最临近数目 k；待分类的元组 t

输出：输出类别 c

(1) $N=\Phi$；

(2) FOR each $d \in T$ DO {

(3)　　IF $\mid N \mid \leqslant k$ THEN $N=N \bigcup \{d\}$；

(4)　　ELSE IF $\exists u \in N$ such that $\mathrm{sim}(t,u) < \mathrm{sim}(t,d)$ THEN {

(5)　　　　$N=N-\{u\}$；

(6)　　　　$N=N \bigcup \{d\}$；

(7)　　}

(8) }

(9) $c=$ class related to such $u \in N$ which has the most number；

在算法 4.3 中，T 表示训练数据，假如 T 中有 q 个元组的话，则使用 T 对一个元组进行分类的复杂度为 $O(q)$。kNN 对一个数据元素进行分类时，是通过它和训练集的每个元组进行相似度计算和比较完成的。因此，对 n 个未知元素进行分类的复杂度为 $O(nq)$。

4.3　决策树分类算法

从数据中生成分类器的一个特别有效的方法是生成一个决策树（Decision Tree）。决策树表示方法是应用最广泛的逻辑方法之一，它从一组无次序、无规则的事例中推理出决策树表示形式的分类规则。决策树分类方法采用自顶向下的递归方式，在决策树的内部结点进行属性值的比较，根据不同的属性值判断从该结点向下的分支，在决策树的叶结点得到结论。所以，从决策树的根到叶结点的一条路径就对应着一条合取规则，整棵决策树就对应着一组析取表达式规则。

基于决策树的分类算法的一个最大的优点就是它在学习过程中不需要使用者了解很多背景知识，这同时也是它的最大缺点，只要训练例子能够用属性-结论式表示出来，就能使用该算法来学习。

决策树是一个类似于流程图的树结构，其中每个内部结点表示在一个属性上的测试，每个分支代表一个测试输出，而每个树叶结点代表类或类分布。树的最顶层结点是根结点。一棵典型的决策树如图 4-2 所示，它表示概念 buys_computer，预测顾客是否可能购买计算机。内部结点用矩形表示，而树叶结点用椭圆表示。为了对未知的样本分类，样本的属性值在决策树上测试。决策树从根到叶结点的一条路径就对应着一条合取规则，因此决策树容易转换成分类规则。

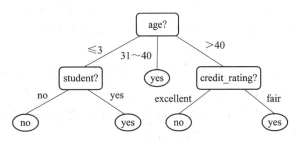

图 4-2　buys_computer 的决策树示意图

决策树是应用非常广泛的分类方法，目前有多种决策树方法，如 ID3、CN2、SLIQ、

SPRINT 等。下面介绍决策树分类的基本核心思想，然后详细介绍 ID3 和 C4.5 决策树方法。

4.3.1　决策树基本算法概述

决策树分类算法通常分为两个步骤：决策树生成和决策树修剪。

1. 决策树生成算法

决策树生成算法的输入是一组带有类别标记的例子，决策树是一棵二叉树或多叉树。二叉树的内部结点(非叶子结点)一般表示为一个逻辑判断，如形式为$(a_i = v_i)$的逻辑判断，其中 a_i 是属性，v_i 是该属性的某个属性值。树的边是逻辑判断的分支结果。多叉树的内部结点是属性，边是该属性的所有取值，有几个属性值，就有几条边。树的叶子结点都是类别标记。

构造决策树的方法是采用自上而下的递归方法。其思路是：

以代表训练样本的单个结点开始建树(对应算法 4.4 的步骤(1))；如果样本都在同一个类，则该结点成为树叶，并用该类标记(步骤(2)和(3))，否则，算法使用称为信息增益的基于熵的度量作为启发信息，选择能够最好地将样本分类的属性(步骤(4))，该属性成为该结点的"测试"或"判定"属性(步骤(5))。值得注意的是，在这类算法中，所有的属性都是取离散值的。连续值的属性必须离散化。对测试属性的每个已知的值，创建一个分支，并据此划分样本(步骤(6)～(9))。算法使用同样的过程，递归地形成每个划分上的样本决策树。一旦一个属性出现在一个结点上，就不必考虑该结点的任何后代(步骤(9))。

递归划分步骤，当下列条件之一成立时停止：

(1) 给定结点的所有样本属于同一类(步骤(2)和(3))。

(2) 没有剩余属性可以用来进一步划分样本，采用多数表决(步骤(3))。这涉及将给定的结点转换成树叶，并用 samples 中的多数所在的类别标记它。另一种方式，可以存放结点样本的类分布。

(3) 分支 test_attribute=ai 没有样本。在这种情况下，以 samples 中的多数类创建一个树叶(步骤(8))。

算法 4.4　Generate_decision_tree(决策树生成算法)。

输入：训练样本 samples，由离散值属性表示；候选属性的集合 attribute_list。

输出：一棵决策树(由给定的训练数据产生一棵决策树)。

(1) 创建结点 N；

(2) IF samples 都在同一个类 C THEN 返回 N 作为叶结点，以类 C 标记，并且 Return；

(3) IF attribute_list 为空 THEN 返回 N 作为叶结点，标记为 samples 中最普通的类，并且 Return；//多数表决

(4) 选择 attribute_list 中具有最高信息增益的属性 test_attribute；

(5) 标记结点 N 为 test_attribute；

(6) FOR each test_attribute 中的已知值 a_i，由结点 N 长出一个条件为 test_attribute = a_i 的分枝；

(7) 设 s_i 是 samples 中 test_attribute = a_i 的样本的集合；//一个划分

（8）IF s_i 为空 THEN 加上一个树叶，标记为 samples 中最普通的类；

（9）ELSE 加上一个由 Generate_decision_tree(s_i, attribute_list-test_attribute)返回的结点。

　　构造好的决策树的关键在于如何选择好的逻辑判断或属性。对于同样一组例子，可以有很多决策树符合这组例子。研究结果表明，一般情况下，树越小则树的预测能力越强。要构造尽可能小的决策树，关键在于选择合适的产生分支的属性。由于构造最小的树是NP-难问题，因此只能采用启发式策略来进行属性选择。属性选择依赖于对各种例子子集的不纯度（Impurity）度量方法。不纯度度量方法包括信息增益（Information Gain）、信息增益比（Gain Ratio）、Gini-index、距离度量（Distance Measure）、J-measure、G 统计、χ^2 统计、证据权重（Weight of Evidence）、最小描述长度（MLP）、正交法（Ortogonality Measure）、相关度（Relevance）和 Relief 等。不同的度量有不同的效果，特别是对于多值属性，选择合适的度量方法对于结果的影响是很大的。

2. 决策树修剪算法

　　现实世界的数据一般不可能是完美的，可能某些属性字段上缺值（Missing Values）；可能缺少必须的数据而造成数据不完整；可能数据不准确、含有噪声甚至是错误的。在此主要讨论噪声问题。

　　基本的决策树构造算法没有考虑噪声，因此生成的决策树完全与训练例子拟合。在有噪声情况下，完全拟合将导致过分拟合（Overfitting），即分类模型对训练数据的完全拟合反而使分类模型对现实数据的分类预测性能下降。剪枝是一种克服噪声的基本技术，同时它也能使树得到简化而变得更容易理解。

　　有两种基本的剪枝策略：

　　（1）预先剪枝（Pre-Pruning）：在生成树的同时决定是继续对不纯的训练子集进行划分还是停机。

　　（2）后剪枝（Post-Pruning）：一种拟合-化简（Fitting-and-simplifying）的两阶段方法。首先生成与训练数据完全拟合的一棵决策树，然后从树的叶子开始剪枝，逐步向根的方向剪。剪枝时要用到一个测试数据集合（Tuning Set 或 Adjusting Set），如果存在某个叶子剪去后测试集上的准确度或其他测度不降低（不变得更坏），则剪去该叶子；否则停机。

　　理论上讲，后剪枝好于预先剪枝，但计算复杂度大。

　　剪枝过程中一般要涉及一些统计参数或阈值（如停机阈值）。值得注意的是，剪枝并不是对所有的数据集都好，就像最小决策树并不是最好（具有最大的预测率）的决策树一样。当数据稀疏时，要防止过分剪枝（Over-Pruning）带来的副作用。从某种意义上讲，剪枝也是一种偏向（Bias），对有些数据效果好而对另外一些数据则效果差。

4.3.2　ID3 算法

1. 信息论简介

　　1948 年 Shannon 提出并发展了信息论，以数学的方法度量并研究信息，通过通信后对信源中各种符号出现的不确定程度的消除来度量信息量的大小。他提出了自信息量、信息熵、条件熵及平均互信息量等一系列概念。

（1）自信息量。在收到 a_i 之前，收信者对信源发出 a_i 的不确定性定义为信息符号 a_i 的自信息量 $I(a_i)$，即 $I(a_i)=-\mathrm{lb}p(a_i)$，其中 $p(a_i)$ 为信源发出 a_i 的概率。

（2）信息熵。自信息量只能反映符号的不确定性，而信息熵可以用来度量整个信源 X 整体的不确定性，定义如下：

$$H(X) = p(a_1)I(a_1) + p(a_2)I(a_2) + \cdots + p(a_r)I(a_r) = -\sum_{i=1}^{r} p(a_i)\mathrm{lb}p(a_i)$$

$$(4.2)$$

其中，r 为信源 X 所有可能的符号数，即用信源每发一个符号所提供的平均自信息量来定义信息熵。

（3）条件熵。如果信源 X 与随机变量 Y 不是相互独立的，收信者收到信息 Y，那么，用条件熵 $H(X\mid Y)$ 来度量收信者在收到随机变量 Y 之后，对随机变量 X 仍然存在的不确定性。设 X 对应信源符号 a_i，Y 对应信源符号 b_j，$p(a_i|b_j)$ 为当 Y 为 b_j 时，X 为 a_i 的概率，则有：

$$H(X|Y) = -\sum_{i=1}^{r} \sum_{j=1}^{s} p(a_i|b_j)\,\mathrm{lb}p(a_i|b_j)$$

$$(4.3)$$

（4）平均互信息量。平均互信息量表示信号 Y 所能提供的关于 X 的信息量的大小，用 $I(X,Y)$ 表示：

$$I(X, Y) = H(X) - H(X|Y)$$

$$(4.4)$$

2. 信息增益计算

在学习开始的时候只有一棵空的决策树，并不知道如何根据属性将实例进行分类，所要做的就是根据训练实例集构造决策树来预测如何根据属性对整个实例空间进行划分。设此时训练实例集为 X，目的是将训练实例分为 n 类。设属于第 i 类的训练实例为 C_i，X 中总的训练实例个数为 $\|X\|$，若记一个实例属于第 i 类的概率为 $P(C_i)$，则：

$$p(C_i) = \frac{\|C_i\|}{\|X\|}$$

$$(4.5)$$

此时，决策树对划分 C 的不确定程度为

$$H(X, C) = -\sum_{i=1}^{r} P(C_i)\mathrm{lb}P(C_i)$$

$$(4.6)$$

以后在无混淆的情况下将 $H(X, C)$ 简记为 $H(X)$。

$$\begin{aligned} H(X|a) &= -\sum_{i} \sum_{j} p(C_i; a=a_j)\,\mathrm{lb}p(C_i|a=a_j) \\ &= -\sum_{i} \sum_{j} P(a=a_j)p(C_i|a_j)\,\mathrm{lb}p(C_i|a=a_j) \\ &= -\sum_{j} P(a=a_j) \sum_{i} p(C_i|a_j)\,\mathrm{lb}p(C_i|a=a_j) \end{aligned}$$

$$(4.7)$$

决策树学习过程就是使得决策树对划分的不确定程度逐渐减小的过程。若选择测试属性 a 进行测试，在得知 $a=a_j$ 的情况下属于第 i 类的实例为 C_{ij}。记

$$p(C_i; a=a_j) = \frac{\|C_{ij}\|}{\|X\|}$$

$$(4.8)$$

即 $p(C_i; a=a_j)$ 为在测试属性 a 的取值为 a_j 时，它属于第 i 类的概率。此时，决策树对分类的不确定程度就是训练实例集对属性 X 的条件熵。

$$H(X_j) = \sum_i p(C_i | a_j) \; \mathrm{lb} p(C_i | a = a_j) \tag{4.9}$$

又因为在选择测试属性 a 后伸出的每个 $a = a_j$ 分支 X_j 对于分类信息的信息熵为

$$H(X | a) = \sum_j P(a = a_j) H(X_j) \tag{4.10}$$

属性 a 对于分类提供的信息增益 $I(X; a)$ 为：

$$I(X; a) = H(X) - H(X | a) \tag{4.11}$$

式(4.10)的值越小则式(4.11)的值越大，说明选择测试属性 a 对于分类提供的信息越大，选择 a 之后对分类的不确定程度越小。Quinlan 的 ID3 算法就是选择使得 $I(X; a)$ 最大的属性作为测试属性，即选择使得式(4.10)最小的属性 a。

3. ITD3 算法

算法 4.5　ID3 算法。

输入 T：table　　　　　　　　　//训练数据

　　　C：classification attribute　　//类别属性

输出 decisiontree　　　　　　　　//决策树

(1) BEGIN

(2) IF (T is empty) THEN return (null)；

(3) $N = $ a new node；　　　　　　　　　　　　　　　//创建结点 N

(4) IF (there are no predictive attributes in T) THEN　　//第一种情况

(5)　　label N with most common value of C in(deterministic tree) or with frequencies of C in T (probabilistic tree)；　//没有剩余属性来进一步划分 T，把给定的结点转换成树叶，用 T 中多数元组所在的类标记它

(6) ELSE IF (all instances in T have the same value V of C) THEN　　//第二种情况

(7)　　label N，"$X.C = V$ with probability 1"；

　　　//如果 T 中所有样本的类别都一样，标记 N，类别为 V

(8) ELSE BEGIN

(9)　　FOR each attribute A in T compute AVG ENTROPY(A, C, T)；

　　　//对 T 中每个属性 A 计算 AVG ENTROPY(A, C, T)

(10)　　$AS = $ the attribute for which AVG ENTROPY(A, C, T) is minimal；

　　　//把 AVG ENTROPY(A, C, T)最小的属性标记 AS

(11) IF (AVG ENTROPY(AS, C, T) is not substantially smaller than ENTROPY(C, T) THEN

　　　//第三种情况

(12)　　label N with most common value of C in T(deterministic tree) or with frequencies of C in T(probabilistic tree)；

　　　//如果 AVG ENTROPY(AS, C, T)不比 ENTROPY(C, T)小，用 T 中多数元组所在的类标记 N

(13) ELSE BEGIN

(14)　　label N with AS；

```
(15)    FOR each value V of AS DO BEGIN
(16)        N1＝ID3(SUBTABLE(T,A,V),C);            //递归调用
(17)        IF (N1! ＝null) THEN make an arc from N to Nl labelled V;
(18)        END
(19)    END
(20) END
(21) RETURN N;
(22) END
```

4. ID3 算法应用举例

【**例 4.1**】　表 4-1 给出了一个可能带有噪音的数据集合。它有四个属性：Outlook、Temperature、H umidity 和 Windy。它被分为 No 和 Yes 两类。通过 ID3 算法构造决策树将数据进行分类。

表 4-1　样 本 数 据 集

属性	Outlook	Temperature	Humidity	Windy	类
1	Overcast	Hot	High	Not	No
2	Overcast	Hot	High	Very	No
3	Overcast	Hot	High	Medium	No
4	Sunny	Hot	High	Not	Yes
5	Sunny	Hot	High	Medium	Yes
6	Rain	Mild	High	Not	No
7	Rain	Mild	High	Medium	No
8	Rain	Hot	Normal	Not	Yes
9	Rain	Cool	Normal	Medium	No
10	Rain	Hot	Normal	Very	No
11	Sunny	Cool	Normal	Very	Yes
12	Sunny	Cool	Normal	Medium	Yes
13	Overcast	Mild	High	Not	No
14	Overcast	Mild	High	Medium	No
15	Overcast	Cool	Normal	Not	Yes
16	Overcast	Cool	Normal	Medium	Yes
17	Rain	Mild	Normal	Not	No
18	Rain	Mild	Normal	Medium	No
19	Overcast	Mild	Normal	Medium	Yes
20	Overcast	Mild	Normal	Very	Yes
21	Sunny	Mild	High	Very	Yes
22	Sunny	Mild	High	Medium	Yes
23	Sunny	Hot	Normal	Not	Yes
24	Rain	Mild	High	Very	No

因为初始时刻属于 P 类和 N 类的实例个数均为 12 个，所以初始时刻的熵值为

$$H(X) = -\frac{12}{24}\text{lb}\,\frac{12}{24} - \frac{12}{24}\text{lb}\,\frac{12}{24} = 1$$

如果选取 Outlook 属性作为测试属性，根据式(4.10)，此时的条件熵为

$$H(X \mid \text{Outlook}) = \frac{9}{24}\Big(-\frac{4}{9}\text{lb}\,\frac{4}{9} - \frac{5}{9}\text{lb}\,\frac{5}{9}\Big) + \frac{8}{24}\Big(-\frac{1}{8}\text{lb}\,\frac{1}{8} - \frac{7}{8}\text{lb}\,\frac{7}{8}\Big)$$

$$+ \frac{7}{24}\Big(-\frac{7}{7}\text{lb}\,\frac{7}{7} - 0\Big) = 0.4643$$

如果选取 Temperature 属性作为测试属性，则有：

$$H(X \mid \text{Temp}) = \frac{8}{24}\Big(-\frac{4}{8}\text{lb}\,\frac{4}{8} - \frac{4}{8}\text{lb}\,\frac{4}{8}\Big) + \frac{11}{24}\Big(-\frac{4}{11}\text{lb}\,\frac{4}{11} - \frac{7}{11}\text{lb}\,\frac{7}{11}\Big)$$

$$+ \frac{5}{24}\Big(-\frac{4}{5}\text{lb}\,\frac{4}{5} - \frac{1}{5}\text{lb}\,\frac{1}{5}\Big) = 0.6739$$

如果选取 Humidity 属性作为测试属性，则有：

$$H(X \mid \text{Humidity}) = \frac{12}{24}\Big(-\frac{4}{12}\text{lb}\,\frac{4}{12} - \frac{8}{12}\text{lb}\,\frac{8}{12}\Big) + \frac{12}{24}\Big(-\frac{4}{12}\text{lb}\,\frac{4}{12} - \frac{8}{12}\text{lb}\,\frac{8}{12}\Big)$$

$$= 0.8183$$

如果选取 Windy 属性作为测试属性，则有：

$$H(X \mid \text{Windy}) = \frac{8}{24}\Big(-\frac{4}{8}\text{lb}\,\frac{4}{8} - \frac{4}{8}\text{lb}\,\frac{4}{8}\Big) + \frac{6}{24}\Big(-\frac{3}{6}\text{lb}\,\frac{3}{6} - \frac{3}{6}\text{lb}\,\frac{3}{6}\Big)$$

$$+ \frac{10}{24}\Big(-\frac{5}{10}\text{lb}\,\frac{5}{10} - \frac{5}{10}\text{lb}\,\frac{5}{10}\Big) = 1$$

可以看出 $H(X|\text{Outlook})$ 最小，即有关 Outlook 的信息对于分类有最大的帮助，提供最大的信息量，即 $I(X, \text{Outlook})$ 最大。所以应该选择 Outlook 属性作为测试属性。还可以看出 $H(X) = H(X|\text{Windy})$，即 $I(X, \text{Windy}) = 0$，有关 Windy 的信息不能提供任何分类信息。选择 Outlook 作为测试属性之后将训练实例集分为三个子集，生成三个叶结点，对每个叶结点依次利用上面过程则生成如图 4-3 所示的决策树。

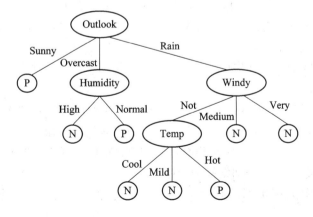

图 4-3 表 4-1 所训练生成的决策树

5. ID3 算法性能分析

ID3 算法可以描述成从一个假设空间中搜索一个拟合训练样例的假设。被 ID3 算法搜

索的假设空间就是可能的决策树的集合。ID3 算法以一种从简单到复杂的爬山算法遍历这个假设空间,从空的树开始,然后逐步考虑更加复杂的假设,目的是搜索到一个正确分类训练数据的决策树。引导这种爬山搜索的评估函数是信息增益度量。

通过观察 ID3 算法的搜索空间和搜索策略,可以深入认识这个算法的优势和不足。

ID3 算法的假设空间包含所有的决策树,它是关于现有属性的有限离散值函数的一个完整空间。因为每个有限离散值函数可表示为某个决策树,所以 ID3 算法避免了搜索不完整假设空间的一个主要风险:假设空间可能不包含目标函数。

当遍历决策树空间时,ID3 仅维护单一的当前假设,失去了表示所有一致假设所带来的优势。

ID3 算法在搜索过程中不进行回溯,每当在树的某一层次选择了一个属性进行测试,它不会再回溯重新考虑这个选择。所以,它易受无回溯的爬山搜索中的常见风险影响:收敛到局部最优的答案,而不是全局最优的。对于 ID3 算法,一个局部最优的答案对应着它在一条搜索路径上搜索时选择的决策树。然而,这个局部最优的答案可能不如沿着另一条分支搜索到的结果更令人满意。

ID3 算法在搜索的每一步都使用当前的所有训练样例,以统计为基础决定怎样精化当前的假设。这与那些基于单独的训练样例递增作出决定的方法不同。使用所有样例的统计属性(例如,信息增益)的一个优点是大大降低了对个别训练样例错误的敏感性。因此,通过修改 ID3 算法的终止准则以接受不完全拟合训练数据的假设,它可以很容易地扩展到处理含有噪声的训练数据。

ID3 算法只能处理离散值的属性。首先,学习到的决策树要预测的目标属性必须是离散的。其次,树的决策结点的属性也必须是离散的。C4.5 算法克服了 ID3 算法的这一缺陷,可以处理连续属性。

信息增益度量存在一个内在偏置,它偏袒具有较多值的属性。举一个极端的例子,如果有一个属性为日期,那么将有大量取值,太多的属性值把训练样例分割成非常小的空间。单独的日期就可能完全预测训练数据的目标属性,因此,这个属性可能会有非常高的信息增益。这个属性可能会被选作树的根结点的决策属性并形成一棵深度为一级但却非常宽的树,这棵树可以理想地分类训练数据。当然,这个决策树对于测试数据的分类性能可能会相当差,因为它过分完美地分割了训练数据,不是一个好的分类器。避免这个不足的一种方法是用其他度量而不是信息增益来选择决策树形。一个可以选择的度量标准是增益比率。增益比率在 C4.5 算法中将详细介绍。

ID3 算法增长树的每一个分支的深度,直到恰好能对训练样例完美地分类。然而这个策略并非总行得通。事实上,当数据中有噪声或训练样例的数量太少以至于不能产生目标函数的有代表性的采样时,这个策略便会遇到困难。在以上任何一种情况发生时,这个简单的算法产生的树会过度拟合训练样例。对于一个假设,当存在其他的假设对训练样例的拟合比它差,但事实上在实例的整个分布上表现得却更好时,说这个假设是过度拟合(Overfit)训练集。

有几种途径可被用来避免决策树学习中的过度拟合,它们分为两类:

(1)预先剪枝,及早停止树增长,在 ID3 算法完美分类训练数据之前就停止树增长。

(2)后剪枝,即允许树过度拟合数据,然后对这个树进行后修剪。

尽管第一种方法可能看起来更直接，但是对过度拟合的树进行后修剪的第二种方法，在实践中更成功。这是因为在第一种方法中精确地估计何时停止树增长是很困难的。

无论是通过及早停止还是后剪枝来得到正确规模的树，一个关键的问题是使用什么样的准则来确定最终正确树的规模。解决这个问题的方法包括：

（1）使用与训练样例截然不同的一套分离的样例来评估后修剪的决策树的分类效果。

（2）使用所有可用数据进行训练，但进行统计测试来估计扩展（或修剪）一个特定的结点是否有可能改善在训练集合外的实例上的性能。例如，Quinlan(1986)使用一种卡方法（Chi_square）测试来估计进一步扩展结点是否能改善在整个实例分布上的性能，还是仅仅改善了当前的训练数据上的性能。

4.3.3　C4.5 算法

ID3 算法在数据挖掘中占有非常重要的作用。但是在应用中，ID3 算法具有不能够处理连续属性、计算信息增益时偏向于选择取值较多的属性等缺点。C4.5 是在 ID3 基础上发展起来的决策树生成算法，由 J. R. Quinlan 在 1993 年提出。C4.5 克服了 ID3 在应用中存在的不足，主要体现在以下几个方面：

（1）用信息增益率来选择属性，它克服了用信息增益选择属性时偏向选择取值多的属性的不足。

（2）在树构造过程中或者构造完成之后，进行剪枝。

（3）能够完成对连续属性的离散化处理。

（4）能够对于不完整数据进行处理，例如能对未知的属性值进行处理。

（5）C4.5 采用的知识表示形式为决策树，并最终可以形成产生式规则。

1. 构造决策树

设 T 为数据集，类别集合为 $\{C_1, C_2, \cdots, C_k\}$，选择一个属性 V 把 T 分为多个子集。设 V 有互不重合的 n 个取值 $\{v_1, v_2, \cdots, v_n\}$，则 T 被分为 n 个子集 $T_1, T_2, \cdots, T_n$，这里 T_i 中的所有实例的取值均为 v_i。

令 $\|T\|$ 为数据集 T 的例子数，$\|T_i\|$ 为 $V=v_i$ 的例子数，$\|C_j\|=\mathrm{freq}(C_j, T)$ 为 C_j 类的例子数，$\|C_{jv}\|$ 是 $V=v_i$ 例子中，具有 C_j 类别例子数。则有：

① 类别 C_j 发生概率为

$$p(C_j) = \frac{\|C_j\|}{\|T\|} = \frac{\mathrm{freq}(C_j, T)}{\|T\|} \tag{4.12}$$

② 属性 $V=v_i$ 的发生概率为

$$p(T_i) = \frac{\|T_i\|}{\|T\|} \tag{4.13}$$

③ 属性 $V=v_i$ 的例子中，具有类别 C_j 的条件概率为

$$p(C_j \mid v_i) = \frac{\|C_{jv}\|}{\|T_i\|} \tag{4.14}$$

Quinlan 在 ID3 中使用信息论中的信息增益（gain）来选择属性，而 C4.5 采用属性的信息增益率（gain-ratio）来选择属性。

1）类别的信息熵

$$H(C) = -\sum_j P(C_j)\, \mathrm{lb}P(C_j) = -\sum_j \frac{\|C_j\|}{\|T\|}\, \mathrm{lb}\left(\frac{\|C_j\|}{\|T\|}\right)$$

$$= -\sum_j \frac{\mathrm{freq}(C_j, T)}{\|T\|}\, \mathrm{lb}\left(\frac{\mathrm{freq}(C_j, T)}{\|T\|}\right)$$

$$= \mathrm{info}(T) \tag{4.15}$$

2）类别条件熵

按照属性 V 把集合 T 分割，分割后的类别条件熵为

$$H(C|V) = -\sum_i p(v_i)\sum_j P(C_j|v_i)\, \mathrm{lb}(C_j|v_i)$$

$$= -\sum_i \frac{\|T_i\|}{\|T\|}\sum_j \frac{\|C_{jv}\|}{\|T_i\|}\, \mathrm{lb}\left(\frac{\|C_{jv}\|}{\|T_i\|}\right)$$

$$= -\sum_i \frac{\|T_i\|}{\|T\|} \times \mathrm{info}(T_i) = \mathrm{info}_v(T) \tag{4.16}$$

3）信息增益（gain）

信息增益，即互信息。可表示为

$$I(C,V) = H(C) - H(C|V) = \mathrm{info}(T) - \mathrm{info}_v(T)$$

$$= \mathrm{gain}(V) \tag{4.17}$$

4）属性 V 的信息熵

$$H(V) = -\sum_i P(v_i)\, \mathrm{lb}P(v_i)$$

$$= -\sum_{i=1}^n \frac{\|T_i\|}{\|T\|} \times \mathrm{lb}\left(\frac{\|T_i\|}{\|T\|}\right)$$

$$= \mathrm{split\_info}(V) \tag{4.18}$$

5）信息增益率

$$\mathrm{gain\_ratio}(V) = \frac{I(C, V)}{H(V)} = \frac{\mathrm{gain}(V)}{\mathrm{split\_info}(V)} \tag{4.19}$$

理论和实验表明，采用"信息增益率"（C4.5 方法）比采用"信息增益"（ID3 方法）更好，主要是克服了 ID3 方法选择偏向取值多的属性。

2. 连续属性的处理

在 ID3 中没有处理连续属性的功能。在 C4.5 中，设在集合 T 中，连续属性 A 的取值为 $\{v_1, v_2, \cdots, v_m\}$，则任何在 v_i 和 v_{i+1} 之间的任意取值都可以把实例集合分为两部分，即

$$T_1 = \{t\,|\,A \leqslant v_i\}, \quad T_2 = \{t\,|\,A > v_i\} \tag{4.20}$$

可以看到一共有 $m-1$ 种分割情况。

对属性 A 的 $m-1$ 种分割的任意一种情况，作为该属性的两个离散取值，重新构造该属性的离散值，再按照上述公式计算每种分割所对应的信息增益率 $\mathrm{gain\_ratio}(v_i)$，在 $m-1$ 种分割中，选择最大增益率的分割作为属性 A 的分枝，即

$$\mathrm{thrhold}(V) = v_k \tag{4.21}$$

其中 $\mathrm{gain\_ratio}(v_k) = \max_i[\mathrm{gain\_ratio}(v_i)]$ 或 $v_k = \arg\{\max_i[\mathrm{gain\_ratio}(v_i)]\}$。

则连续属性 A 可以分割如图 4-4 所示。

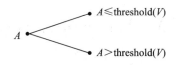

图 4-4 连续属性分割示意图

3. 决策树剪枝

由于噪声和随机因素的影响，决策树一般会很复杂，因此需要进行剪枝操作。

1）剪枝策略

有两种剪枝策略：

① 在树生成过程中判断是否还继续扩展决策树，若停止扩展，则相当于剪去该结点以下的分枝；

② 对于生成好的树剪去某些结点和分枝。

C4.5 采用第二种方法。剪枝之后的决策树的叶结点不再只包含一类实例。结点有一个类分布描述，即该叶结点属于某类的概率。

2）基于误差的剪枝

决策树的剪枝通常是用叶结点替代一个或者多个子树，然后选择出现概率最高的类作为该结点的类别。在 C4.5 中，还允许用其中的树枝来替代子树。

如果使用叶结点或者树枝代替原来的子树之后，误差率若能够下降，则使用此叶结点或者树枝代替原来的子树。图 4-5 所示为用一个叶子节点替换子树示意图。

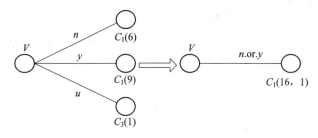

图 4-5 用一个叶子节点替换子树示意图

3）误差率的判断

设一个叶结点覆盖 N 个实例，其中 E 个为错误的。对于具有信任 CF 的实例，计算一个二项分布 $U_{CF}(E, N)$，该二项分布即实例的误判概率，那么 N 个实例判断错误的数目为 $N \times U_{CF}(E, N)$。子树的错误数目为所有叶结点的总和。例如：

上例中：括号中为覆盖的实例。

设 $CF = 0.25$，则该子树的实例判断错误数目为

$$6 \times U_{0.25}(0,6) + 9 \times U_{0.25}(0,9) + 1 \times U_{0.25}(0,1)$$
$$= 6 \times 0.206 + 9 \times 0.143 + 1 \times 0.750$$
$$= 3.273$$

若以一个叶结点 C_1 代替该子树，则 16 个实例中有一个错误 (C_3)，误判实例数目为

$$16 \times U_{0.25}(1,16) = 16 \times 0.171 = 2.736$$

由于判断错误数目小于上述子树，则以该叶结点代替子树。

4.4 贝叶斯分类算法

贝叶斯分类是统计分类方法。在贝叶斯学习方法中实用性很高的一种称为朴素贝叶斯分类方法。在某些领域，其性能与神经网络、决策树相当。本节介绍朴素贝叶斯分类方法的原理和工作过程，并给出一个具体的例子。

4.4.1 贝叶斯定理

定义 4.2 设 X 是类标号未知的数据样本，设 H 为某种假定，如数据样本 X 属于某特定的类 C。对于分类问题，希望确定 $P(H|X)$，即给定观测数据样本 X，假定 H 成立的概率。贝叶斯定理给出了如下计算 $P(H|X)$ 的简单有效的方法：

$$P(H|X) = \frac{P(X|H)P(H)}{P(X)} \tag{4.22}$$

其中 $P(H)$ 是先验概率(Prior Probability)，或称 H 的先验概率。$P(X|H)$ 代表假设 H 成立的情况下，观察到 X 的概率。$P(H|X)$ 是后验概率(Posterior Probability)，或称条件 X 下 H 的后验概率。

例如，假定数据样本域由水果组成，用它们的颜色和形状来描述。假定 X 颜色是红色的，形状呈圆形，H 表示假设：X 是苹果，则 $P(H|X)$ 反映当看到 X 是红色并是圆的时，对 X 是苹果的确信程度。

从直观上看，$P(H|X)$ 随着 $P(H)$ 和 $P(X|H)$ 的增长而增长，同时也可看出 $P(H|X)$ 随着 $P(X)$ 的增加而减小。这是很合理的，因为如果 X 独立于 H 时被观察到的可能性越大，那么 X 对 H 的支持度越小。

从理论上讲，与其他所有分类算法相比，贝叶斯分类具有最小的出错率。然而，实践中并非如此。这是由于对其应用的假设(如类条件独立假设)的不准确性，以及缺乏可用的概率数据造成的。研究结果表明，贝叶斯分类器对两种数据具有较好的分类效果：一种是完全独立(Completely Independent)的数据，另一种是函数依赖(Functionally Dependent)的数据。

4.4.2 朴素贝叶斯分类

朴素贝叶斯分类的工作过程如下：

(1) 每个数据样本用一个 n 维特征向量 $X = \{x_1, x_2, \cdots, x_n\}$ 表示，分别描述具有 n 个属性 $A_1, A_2, \cdots, A_n$ 的样本的 n 个度量。

(2) 假定有 m 个类 $C_1, C_2, \cdots, C_m$，给定一个未知的数据样本 X(即没有类标号)，分类器将预测 X 属于具有最高后验概率(条件 X 下)的类。也就是说，朴素贝叶斯分类将未知的样本分配给类 $C_i (1 \leqslant i \leqslant m)$，当且仅当 $P(C_i|X) > P(C_j|X)$，$j=1, 2, \cdots, m$，$j \neq i$。这样，最大的 $P(C_i|X)$ 对应的类 C_i 称为最大后验假定，而 $P(C_i|X)$ 可以根据下面的贝叶斯定理来确定：

$$P(C_i|X) = \frac{P(X|C_i)P(C_i)}{P(X)} \tag{4.23}$$

（3）由于 $P(X)$ 对于所有类为常数，只需要 $P(X|C_i)P(C_i)$ 最大即可。如果 C_i 类的先验概率未知，则通常假定这些类是等概率的，即 $P(C_1)=P(C_2)=\cdots=P(C_m)$，因此问题就转换为对 $P(X|C_i)$ 的最大化。$P(X|C_i)$ 常被称为给定 C_i 时数据 X 的似然度，而使 $P(X|C_i)$ 最大的假设 C_i 称为最大似然假设。否则，需要最大化 $P(X|C_i)P(C_i)$。注意，假设不是等概率，那么类的先验概率可以用 $P(C_i)=s_i/s$ 计算，其中 s_i 是类 C_i 中的训练样本数，而 s 是训练样本总数。

（4）给定具有许多属性的数据集，计算 $P(X|C_i)$ 的开销可能非常大。为降低计算 $P(X|C_i)$ 的开销，可以做类条件独立的朴素假定。给定样本的类标号，假定属性值相互条件独立，即在属性间不存在依赖关系。这样

$$P(X|C_i) = \prod_{k=1}^{n} P(x_k|C_i) \tag{4.24}$$

其中，概率 $P(x_1|C_i)$，$P(x_2|C_i)$，$\cdots$，$P(x_k|C_i)$ 可以由训练样本估值。

如果 A_k 是离散属性，则 $P(x_k|C_i)=s_{ik}/s_i$，其中 s_{ik} 是在属性 A_k 上具有值 x_k 的类 C_i 的训练样本数，而 s_i 是 C_i 中的训练样本数。

如果 A_k 是连续值属性，则通常假定该属性服从高斯分布，即

$$P(x_k|C_i) = g(x_k, u_{c_i}, \sigma_{c_i}) = \frac{1}{\sqrt{2\pi}\sigma_{c_i}} e^{-\frac{(x_k - u_{c_i})^2}{2\sigma_{c_i}^2}} \tag{4.25}$$

其中 $g(x_k, u_{c_i}, \sigma_{c_i})$ 是高斯分布函数，而 u_{c_i}，σ_{c_i} 分别为平均值和标准差。

上面给出了朴素贝叶斯方法的主要思想，下面用一个具体例子来说明使用过程。

【例 4.2】 对于表 4-2 给出的训练数据，使用朴素贝叶斯方法进行分类学习。

表 4-2 样 本 数 据 集

RID	age	income	student	cerdit_rating	buy_computer
1	≤30	High	No	Fair	No
2	≤30	High	No	Excellent	No
3	31~40	High	No	Fair	Yes
4	>40	Medium	No	Fair	Yes
5	>40	Low	Yes	Fair	Yes
6	>40	Low	Yes	Excellent	No
7	31~40	Low	Yes	Excellent	Yes
8	≤30	Medium	No	Fair	No
9	≤30	Low	Yes	Fair	Yes
10	>40	Medium	Yes	Fair	Yes
11	≤30	Medium	Yes	Excellent	Yes
12	31~40	Medium	No	Excellent	Yes
13	31~40	High	Yes	Fair	Yes
14	>40	Medium	No	Excelleat	No

解 数据样本用属性 age，income，student 和 credit_rating 描述。类标号属性 buys_computer 具有两个不同值（即{yes，no}）。

设 C_1 对应于类 buys_computer＝"Yes"，而 C_2 对应于类 buys_computer＝"No"。希望

分类的未知样本为

$X=(age="≤30", income="medium", student="Yes", credit\_rating="fair")$。

需要最大化 $P(X|C_i)P(C_i)$，$i=1，2$。每个类的先验概 $P(C_i)$ 可以根据训练样本计算：

- $P(buys\_computer="Yes")=9/14=0.643$。
- $P(buys\_computer="No")=5/14=0.357$。

为计算 $P(P(X|C_i))$，$i=1、2$，计算下面的条件概率

- $P(age≤30|buys\_computer="Yes")=2/9=0.222$。
- $P(age≤30|buys\_computer="No")=3/5=0.600$。
- $P(income="medium"|buys\_computer="yes")=4/9=0.444$。
- $P(income="medium"|buys\_computer="no")=2/5=0.400$。
- $P(student="yes"|buys\_computer="yes")=6/9=0.677$。
- $P(student="yes"|buys\_computer="no")=1/5=0.200$。
- $P(credit\_rating="fair"|buys\_computer="yes")=6/9=0.667$。
- $P(credit\_rating="fair"|buys\_computer="no")=2/5=0.400$。

假设条件独立性，使用以上概率，得到：

- $P(X|buys\_computer="yes")=0.222×0.444×0.667×0.667=0.044$。
- $P(X|buys\_computer="no")=0.600×0.400×0.200×0.400=0.019$。
- $P(X|buys\_computer="yes")×P(buys\_computer="yes")=0.044×0.643=0.028$。
- $P(X|buys\_computer="no")×P(buys\_computer="no")=0.019×0.357=0.007$。

因此，对于样本 X，朴素贝叶斯分类预测 $buys\_computer="yes"$。

至此，通过在全部时间基础上观察某事件出现的比例来估计概率。例如，在上例中，估计 $P(age≤30|buys\_computer="yes")$ 使用的是比值行 n_c/n，其中 $n=9$ 为所有 $buys\_computer="yes"$ 的训练样本数目，而 $n_c=2$ 是在其中 $age≤30$ 的数目。

显然，在多数情况下，观察到的比例是对概率的一个良好估计，但当 n_c 很小时估计较差。设想 $P(age≤30|buys\_computer="yes")$ 的值为 0.08，而样本中只有 9 个样本为 $buys\_computer="yes"$，那么对于 n_c 最有可能的值只有 0。这产生了两个难题：

(1) n_c/n 产生了一个有偏的过低估计(Underestimate)概率。

(2) 当此概率估计为 0 时，如果将来的查询包括 $age≤30$，此概率项会在贝叶斯分类器中占有统治地位。原因在于，其他概率项乘以 0 值后得到的最终结果为 0。

为避免这些难题，可以采用一种估计概率的贝叶斯方法，即如下定义的 m-估计：

$$m-估计 = \frac{n_c+mP}{n+m} \tag{4.26}$$

这里，n_c 和 n 与前面定义相同，P 是将要确定的概率的先验估计，而 m 是一个称为等效样本大小的常量，它起到对于观察到的数据如何衡量 P 的作用。m 被称为等效样本大小的原因是：上式可被解释为将 n 个实际的观察扩大，加大 m 个按 P 分布的虚拟样本。在缺少其他信息时，选择 P 的一种典型的方法是假定均匀的先验概率，也就是，如果某属性有 k 个可能值，那么设置 $P=1/k$。例如，为估计 $P(age≤30|buys\_computer="yes")$，注意到属性 age 有三个可能值，因此均匀的先验概率为 $P=0.33$。如果 m 为 0，m 估计等效于简单的比例 n_c/n。如果 n 和 m 都非 0，那么观测到的比例 n_c/n 和先验概率 P 可按照权 m

合并。

4.4.3 贝叶斯信念网

朴素贝叶斯分类器的条件独立假设似乎太严格了，特别是对那些属性之间有一定相关性的分类问题。本节介绍一种更灵活的类条件概率 $P(X|Y)$ 的建模方法。该方法不要求给定类的所有属性都条件独立，而是允许指定哪些属性条件独立。先讨论怎样表示和建立该概率模型，接着举例说明怎样使用模型进行推理。

1. 模型表示

贝叶斯信念网络(Bayesian Belief Networks，BBN)，简称贝叶斯网络，用图形表示一组随机变量之间的概率关系。贝叶斯网络有两个主要成分：

(1) 一个有向无环图(dag)，表示变量之间的依赖关系。

(2) 一个概率表，把各结点和它的直接父结点关联起来。

考虑三个随机变量 A、B 和 C，其中 A 和 B 相互独立，并且都直接影响第三个变量 C。三个之间的关系可以用图 4-6(a)中的有向无环图概括。图中每个结点表示一个变量，每条弧表示变量之间的依赖关系。如果从 X 到 Y 有一条有向弧，则 X 是 Y 的父母，Y 是 X 的子女。另外，如果网络中存在一条从 X 到 Z 的有向路经，则 X 是 Z 的祖先，而 Z 是 X 的后代。例如，在 4.6(b)中，A 是 D 的后代，D 是 B 的祖先，而且 B 和 D 都不是 A 的后代结点。

贝叶斯网络的重要性质表述如下：

性质 1　条件独立　贝叶斯网络中的一个结点，如果它的父母结点已知，则它条件独立于它的所有非后代结点。

图 4-6(b)中，给定 C，A 条件独立于 B 和 D，因为 B 和 D 都是 A 的非后代结点。朴素贝叶斯分类器中的条件独立假设也可以用贝叶斯网络来表示。如图 4-5(c)所示，其中 y 是目标类，$\{X_1, X_2, \cdots, X_d\}$ 是属性集。

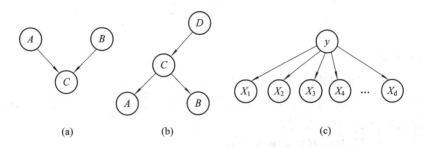

图 4-6　使用有向无环图表示概率关系

除了网络拓扑结构要求的条件独立性外，每个结点还关联一个概率表。

如果结点 X 没有父母结点，则表中只包含先验概率 $P(X)$。

如果结点 X 只有一个父母结点 Y，则表中包含条件概率 $P(X|Y)$。

如果结点 X 有多个父母结点 $\{Y_1, Y_2, \cdots, Y_k\}$，则表中包含条件概率 $P(X|Y_1, Y_2, \cdots, Y_k)$。

图 4-7 所示是贝叶斯网络的一个例子，对心脏病或心口痛患者建模。假设图中每个变量都是二值的。心脏病结点(HD)的父母结点对应于影响该疾病的危险因素，例如锻炼(E)

和饮食(D)等。心脏病结点的子结点对应于该病的症状，如胸痛(CP)和高血压(BP)等。如图 4-7 所示，心口痛(Hb)可能源于不健康的饮食，同时又可能导致胸痛。

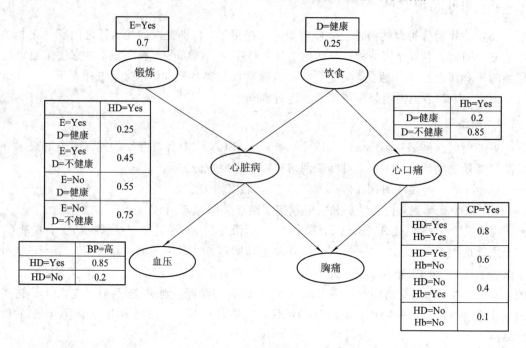

图 4-7　发现心脏病和心口痛病人的贝叶斯网

影响疾病的危险因素对应的结点只包含先验概率，而心脏病、心口痛以及它们的相应症状所对应的结点都包含条件概率。为了节省空间，图中省略了一些概率。注意 $P(X=\bar{x})=1-P(X=x)$，$P(X=\bar{x}|Y)=1-P(X=x|Y)$，其中 $\bar{x}$ 表示与 x 相反的结果。因此，省略的概率可以很易求得。例如，条件概率：

$$P(心脏病=No|锻炼=No,饮食=健康)=1-P(心脏病=Yes|锻炼=No,饮食=健康)$$
$$=1-0.55$$
$$=0.45$$

2. 建立模型

贝叶斯网络的建模包括两个步骤：创建网络结构；估计每一个结点的概率表中的概率值。网络拓扑结构可以通过对主观的领域专家知识编码获得。算法 4.5 给出了归纳贝叶斯网络拓扑结构的一个系统的过程。

算法 4.5　贝叶斯网络拓扑结构的生成算法。

(1) 设 $T=(X_1, X_2, \cdots, X_d)$ 表示变量的一个总体次序；

(2) FOR $j=1$ to d DO

(3)　　令 $X_T(j)$ 表示 T 中第 j 个次序最高的变量；

(4)　　令 $\pi(X_T(j))=\{X_1,X_2,\cdots,X_T(j-1)\}$ 表示排在 $X_T(j)$ 前面的变量的集合；

(5)　　从 $\pi(X_T(j))$ 中去掉对 X_j 没有影响的变量（使用先验知识）；

(6)　　在 $X_T(j)$ 和 $\pi(X_T(j))$ 中剩余的变量之间画弧；

(7) END FOR

　　例 4.3　考虑图 4-7 中的变量。执行步骤 1 后，设变量次序为(E，D，HD，Hb，CP，BP)。从变量 D 开始，经过步骤 2 到 7，得到如下条件概率：

- $P(D|E)$ 化简为 $P(D)$。
- $P(HD|E, D)$ 不能化简。
- $P(Hb|HD, E, D)$ 化简为 $P(Hb|D)$。
- $P(CP|Hb, HD, E, D)$ 化简为 $P(CP|Hb, HD)$。
- $P(BP|CP, Hb, HD, E, D)$ 化简为 $P(BP|HD)$。

　　基于以上条件概率，创建结点之间的弧(E，HD)、(D，HD)、(D，Hb)、(HD，CP)、(Hb，CP)和(HD，BP)。这些弧构成了图 4-7 所示的网络结构。

　　算法 4.5 保证生成的拓扑结构不包含环。这一点的证明也很简单。如果存在环，那么至少有一条弧从低序结点指向高序结点，并且至少存在另一条弧从高序结点指向低序结点。由于算法 4.5 不允许从低序结点到高序结点的弧存在，因此拓扑结构中不存在环。

　　然而，如果对变量采用不同的排序方案，得到的网络拓扑结构可能会有变化。某些拓扑结构可能质量很差，因为它在不同的结点对之间产生了很多条弧。从理论上讲，可能需要检查所有 d! 种可能的排序才能确定最佳的拓扑结构，这是一项计算开销很大的任务。一种替代的方法是把变量分为原因变量和结果变量，然后从各原因变量向其对应的结果变量画弧。这种方法简化了贝叶斯网络结构的建立。

　　一旦找到了合适的拓扑结构，与各结点关联的概率表就确定了。对这些概率的估计比较容易，与朴素贝叶斯分类器中所用的方法类似。

3. 使用 BBN 进行推理举例

　　使用图 4-7 所示的 BBN 来诊断一个人是否患有心脏病。下面阐释在不同的情况下如何做出诊断。

　　情况一：没有先验信息。

　　在没有任何先验信息的情况下，可以通过计算先验概率 $P(HD=Yes)$ 和 $P(HD=No)$ 来确定一个病人是否可能患心脏病。为了表述方便，设 $\alpha \in \{Yes, No\}$ 表示锻炼的两个值，$\beta \in \{健康，不健康\}$ 表示饮食的两个值。

$$P(HD = Yes) = \sum_{\alpha} \sum_{\beta} P(HD = Yes | E = \alpha, D = \beta) P(E = \alpha, D = \beta)$$
$$= \sum_{\alpha} \sum_{\beta} P(HD = Yes | E = \alpha, D = \beta) P(E = \alpha) P(D = \beta)$$
$$= 0.25 \times 0.7 \times 0.25 + 0.45 \times 0.7 \times 0.75$$
$$\quad + 0.55 \times 0.3 \times 0.25 + 0.75 \times 0.3 \times 0.75$$
$$= 0.49$$

　　因为 $P(HD=No)=1-P(HD=Yes)=0.51$，所以，此人不得心脏病的机率略微大一点。

　　情况二：高血压。

　　如果一个人有高血压，可以通过比较后验概率 $P(HD=Yes|BP=高)$ 和 $P(HD=No|BP=高)$ 来诊断他是否患有心脏病。为此，必须先计算 $P(BP=高)$：

$$P(BP = 高) = \sum_{\gamma} P(BP = 高 | HD = \gamma) P(HD = \gamma)$$
$$= 0.85 \times 0.49 + 0.20 \times 0.51 = 0.5185$$

其中 $\gamma \in \{Yes, No\}$。因此，此人患心脏病的后验概率是：

$$P(HD = Yes \mid BP = 高) = \frac{P(BP = 高 \mid HD = Yes)P(HD = Yes)}{P(BP = 高)}$$

$$= \frac{0.85 \times 0.49}{0.5185} = 0.8033$$

同理，$P(HD=No \mid BP=高)=1-P(HD=Yes \mid BP=高)=1-0.8033=0.1967$。因此，当一个人有高血压时，他患心脏病的危险就增加了。

情况三：高血压、饮食健康、经常锻炼身体。

假设得知此人经常锻炼身体并且饮食健康。加上这些新信息，此人患心脏病的后验概率为

$$P(HD = Yes \mid BP = 高, D = 健康, E = Yes)$$

$$= \left[\frac{P(BP = 高 \mid HD = Yes, D = 健康, E = Yes)}{P(BP = 高 \mid D = 健康, E = Yes)} \right] \times P(HD = Yes \mid D = 健康, E = Yes)$$

$$= \frac{P(BP = 高 \mid HD = Yes)P(HD = Yes \mid D = 健康, E = Yes)}{\sum_{\gamma} P(BP = 高 \mid HD = \gamma)P(HD = \gamma \mid D = 健康, E = Yes)}$$

$$= \frac{0.85 \times 0.25}{0.85 \times 0.25 + 0.2 \times 0.75} = 0.5862$$

而此人不患心脏病的概率是：

$$P(HD = No \mid BP = 高, D = 健康, E = Yes)$$

$$= 1 - P(HD = Yes \mid BP = 高, D = 健康, E = Yes)$$

$$= 1 - 0.5862 = 0.4138$$

因此模型暗示健康的饮食和有规律的体育锻炼可以降低患心脏病的危险。

4. BBN 的特点

下面是 BBN 模型的一般特点：

（1）BBN 提供了一种用图形模型来捕获特定领域的先验知识的方法。网络还可以用来对变量间的因果依赖关系进行编码。

（2）构造网络可能既费时又费力。然而，一旦网络结构确定下来，添加新变量就十分容易。

（3）贝叶斯网络很适合处理不完整的数据。对有属性遗漏的实例可以通过对该属性的所有可能取值的概率求和或求积分来加以处理。

（4）因为数据和先验知识以概率的方式结合起来了，所以该方法对模型的过分拟合问题是非常鲁棒的。

4.5 人工神经网络(ANN)

4.5.1 人工神经网络的基本概念

大脑的一个重要成分是神经网络。神经网络由相互关联的神经元组成。每一个神经元由内核(Body)、轴突(Axon)和晶枝(Dendrite)组成。晶枝形成一个非常精密的"毛刷"环绕

在内核周围。轴突可以想象为一根又长又细的管道，其终点分为众多细小分支，将内核的信息传递给其他内核的晶枝。这些细小分支的头，即那些又长又细管道的终点，称为突触（synapse），它们的主要功能是接触其他内核的晶枝。

　　图 4－8 所示为生物学中神经网络的简图。

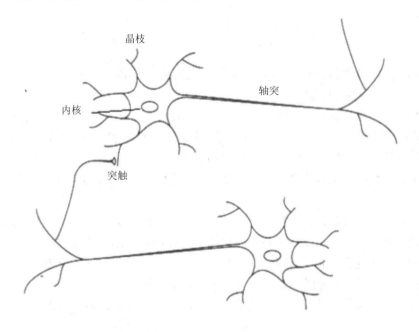

图 4－8　生物学中神经网络的简图

　　一个神经元根据晶枝接收到的信息，通过内核进行信息处理，再通过它所控制的突触送给其他的神经元。神经元可分为两种："抑制"性的或"兴奋"性的。当一个神经元的晶枝接收的兴奋性信息累计超出某一值时，神经元被激活并传递出一个信息给其他神经元，这个值称为阈值(Threshold)。这种传递信息的神经元为"兴奋"性的。第二种情况是神经元虽然接收到其他神经元传递的信息，但没有向外传递信息，此时，称这个神经元为"抑制"性的。

　　简单模拟上面原理的人工神经网络是 McCulloch-Pitts 认知网络。假设一个神经元通过晶枝接收到 n 个信息，McCulloch-Pitts 认知网络如图 4－9 所示。

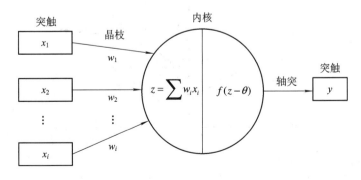

图 4－9　McCulloch－Pitts 认知网络

　　在图 4－9 中，w_i 为关联权，表示神经元对第 i 个晶枝接收到信息的感知能力。f 称为输出函数或激活函数（Activation Function），$y = f(z - \theta)$ 为输出神经元的输出值。McCulloch-Pitts 输出函数定义为

$$y = f(z - \theta) = \text{sign}(\sum_{i=1}^{n} w_i x_i - \theta) \tag{4.27}$$

其中，

$$\text{sign}(x) = \begin{cases} 1, & x \geqslant 0 \\ 0, & \text{其他} \end{cases} \tag{4.28}$$

$\theta \geqslant 0$ 时，θ 称为阈值；$\theta < 0$ 时，称为神经元的外部刺激值；一般称 θ 为神经元的激励值。

从方程（4.27）可以看出，当 $w_i (i = 1, 2, \cdots, n)$ 和 θ 为给定值时，对一组输入 $(x_1, x_2, \cdots, x_n)^{\text{T}}$，很容易计算得到输出值。最终的目标就是对于给定的输入，尽可能使方程（4.27）的计算输出同实际值吻合。这就要求确定参数 $w_i (i = 1, 2, \cdots, n)$ 和 θ。

人工神经网络的建立和应用可以归结为三个步骤：网络结构的确定、关联权的确定和工作阶段。

（1）网络结构的确定。主要内容包含网络的拓扑结构和每个神经元激活函数的选取。

拓扑结构是一个神经网络的基础。前向型人工神经网络的特点是将神经元分为层，每一层内的神经元之间没有信息交流，信息由后向前一层一层地传递。反馈型神经网络则将整个网络看成一个整体，神经元相互作用，计算是整体性的。

激活函数的类型比较多，主要有线性函数（式（4.29））和 Sigmoid 函数（式（4.30））。

$$f(x) = ax + b \tag{4.29}$$

其中，a 和 b 是实常数。

$$f(x) = \frac{1}{1 + e^{-x}} \tag{4.30}$$

识别和归类问题中，如果采用阶跃函数，当输出值为 1 时，可以肯定地说出输入的归类。阶跃函数的缺点是数学性质较差，如在 $x = 0$ 点不光滑。Sigmoid 函数弥补了这一方面的不足，使得函数值在 $(0, 1)$ 区间连续变化。Sigmoid 函数又称 S 形函数，如图 4 - 10 所示。

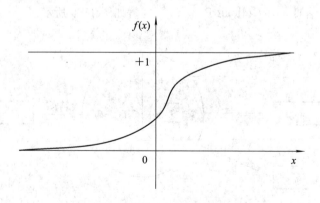

图 4 - 10　Sigmoid 函数

为了取得其他区间的函数输出，需对阶跃函数或 S 形函数进行简单的修改。如需要

$\{-1, +1\}$的输出，阶跃函数为$2\mathrm{sign}(x)-1$，S形函数为$2f(x)-1$。

(2) 关联权和θ的确定。关联权和θ是通过学习(训练，train)得到的，学习分为有指导学习和无指导学习两类。在一组正确的输入输出结果的条件下，人工神经网络依据这些数据，调整并确定权数w_i和θ，使得网络输出同理想输出偏差尽量小的方法称为有指导学习。在只有输入数据而不知输出结果的前提下，确定权数w_i和θ的方法称无指导学习。在学习过程中，不同的目标函数得到不同的学习规则。

(3) 工作阶段(Simulate)。在权数w_i和θ确定的基础上，用带有确定权数的神经网络去解决实际问题的过程称为工作。

当然，学习和工作并不是绝对地分为两个阶段，它们相辅相成。可以通过学习、工作、再学习、再工作的循环过程，逐渐提高人工神经网络的应用效果。

图4-11是前向型人工神经网络的计算流程。第一个阶段如图4-11(a)所描述，它的主要步骤是在选择网络结构模型和学习规则后，根据已知的输入和理想输出数据，通过学习规则确定神经网络的权数。犹如一个医学院的学生，通过教科书中病例的发病症状和诊断结果，来学习诊断。第二个阶段如图4-11(b)描述，它的主要步骤是根据第一个阶段确定的模型和得到的权数w_i和θ，在输入实际问题的输入数据后，给出一个结论。犹如一个医学院的毕业生，在遇到病人后，根据医学院学到的诊断方法，给病人一个诊断。

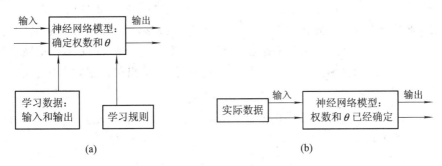

(a)　　　　　　　　　　　　(b)

图4-11　前向型人工神经网络的计算流

4.5.2　感知器

考虑图4-12中的图和表。图(a)所示的表显示一个数据集，包含三个布尔变量(x_1, x_2, x_3)和一个输出变量y，当三个输入中至少有两个是0时，y取-1，而至少有两个大于0时，y取1。

图4-11(b)展示了一个简单的神经网络结构——感知器。感知器包含两种结点：输入结点，用来表示输入属性；一个输出结点，用来提供模型输出。神经网络结构中的结点通常叫做神经元或单元。在感知器中，每个输入结点都通过一个加权的链连接到输出结点。这个加权的链用来模拟神经元间神经键连接的强度。像生物神经系统一样，训练一个感知器模型就相当于不断调整链的权值，直到能拟合训练数据的输入输出关系为止。

感知器对输入加权求和，再减去偏置因子θ，然后考察结果的符号，得到输出值y。图4-12(b)中的模型有三个输入结点，各结点到输出结点的权值都等于0.3，偏置因子$\theta=0.4$。

X_1	X_2	X_3	y
1	0	0	-1
1	0	1	1
1	1	0	1
1	1	1	1
0	0	1	-1
0	1	0	-1
0	1	1	1
0	0	0	-1

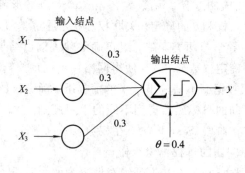

(a) 数据集　　　　　　　**(b) 感知器**

图 4-12　使用感知器模拟一个布尔函数

模型的输出计算公式如下：

$$\hat{y} = \begin{cases} +1, & (0.3x_1 + 0.3x_2 + 0.3x_3 - 0.4) > 0 \\ -1, & (0.3x_1 + 0.3x_2 + 0.3x_3 - 0.4 < 0) \end{cases} \tag{4.31}$$

例如，如果 $x_1=1$，$x_2=1$，$x_3=0$，那么 $\hat{y}=+1$，因为 $0.3x_1 + 0.3x_2 + 0.3x_3 - 0.4 > 0$。另外，如果 $x_1=0$，$x_2=1$，$x_3=0$，那么 $\hat{y}=-1$，因为加权和减去偏置因子值为负。

注意感知器的输入结点和输出结点之间的区别。输入结点简单地把接收到的值传送给输出链，而不作任何转换。输出结点则是一个数学装置，计算输入的加权和，减去偏置项，然后根据结果的符号产生输出。更具体地，感知器模型的输出可以用如下数学方式表示：

$$\hat{y} = \text{sign}(w_d x_d + w_{d-1} x_{d-1} + \cdots + w_2 x_2 + w_1 x_1 - \theta) \tag{4.32}$$

其中，w_1，w_2，$\cdots$，w_d 是输入链的权值，而 x_1，x_2，$\cdots$，x_d 是输入属性值。符号函数作为输出神经元的激活函数（Activation Function），当参数为正时输出 +1，参数为负时输出 -1。感知器模型可以写成下面更简洁的形式：

$$\hat{y} = \text{sign}(w_d x_d + w_{d-1} x_{d-1} + \cdots + w_2 x_2 + w_1 x_1 + w_0 x_0) = \text{sign}(W \cdot X) \tag{4.33}$$

其中，$w_0 = -\theta$，$x_0 = 1$，$W \cdot X$ 是权值向量 W 和输入属性向量 X 的点积。

在感知器模型的训练阶段，权值参数 W 不断调整，直到输出和训练样例的实际输出一致。算法 4.6 中给出了感知器学习算法的概述。

算法 4.6　感知器学习算法。

(1) 令 $D = \{(x_i, y_i) \mid i = 1, 2, \cdots, N\}$ 是训练样本集；

(2) 随机初始化权值向量 $\mathbf{W}^{(0)}$；

(3) repeat

(4) 　　for 每个训练样本 $(x_i, y_i) \in D$ do

(5) 　　　　计算预测输出 $\overset{\wedge}{y_i}{}^k$；

(6) 　　　　for 每个权值 w_j do

(7) 　　　　　　更新权值 $w_j{}^{(k+1)} = w_j{}^{(k)} + \lambda(y_i - \overset{\wedge}{y_i})x_{ij}$；

(8) 　　　　end for

(9) 　　end for

(10) until 满足终止条件

算法的主要计算是第(7)步中的权值更新公式：

$$w_j^{(k+1)} = w_j^{(k)} + \lambda(y_i - \hat{y}_i)x_{ij} \tag{4.34}$$

其中，$w_j^{(k)}$ 是第 k 次循环后第 i 个输入链上的权值，参数 λ 为学习率(Learning Rate)，x_{ij} 是训练样本 x_i 的第 j 个属性值。

从公式(4.34)可以看出，新权值 $W^{(k+1)}$ 等于旧权值 $W^{(k)}$ 加上一个正比于预测误差 $(y-\hat{y})$ 的项。如果预测正确，那么权值保持不变。否则，按照如下方法更新：

(1) 如果 $y=+1$，$\hat{y}=-1$，那么预测误差 $(y-\hat{y})=2$。为了补偿这个误差，需要通过提高所有正输入链的权值、降低所有负输入链的权值来提高预测输出值。

(2) 如果 $y=-1$，$\hat{y}=+1$，那么预测误差 $(y-\hat{y})=-2$。为了补偿这个误差，需要通过降低所有正输入链的权值、提高所有负输入链的权值来减少预测输出值。

在权值更新公式中，对误差项影响最大的链需要的调整最大。然而，权值不能改变太大，因为仅仅对当前训练样例计算了误差项。否则，以前的循环中所作的调整就会失效。学习率 λ 的值在 0～1 之间，可以用来控制每次循环时的调整量。如果 λ 接近 0，那么新权值主要受旧权值的影响；相反，如果 λ 接近 1，则新权值对当前循环中的调整量更加敏感。在某些情况下，可以使用一个自适应的 λ 值：λ 在前几次循环时值相对较大，而在接下来的循环中逐渐减小。

公式(4.33)中所示的感知器模型是关于参数 W 和属性 X 的线性模型。设 $\hat{y}=0$，得到的感知器的决策边界是一个把数据分为 -1 和 $+1$ 两个类的线性超平面。图 4-13 显示了把感知器学习算法应用到图 4-12 中的数据集上所得到的决策边界。对于线性可分的分类问题，感知器学习算法保证收敛到一个最优解(只要学习率足够小)。如果问题不是线性可分的，那么算法就不会收敛。图 4-14 给出了一个由 XOR 函数得到的非线性可分数据的例子。感知器找不到该数据的正确解，因为没有线性超平面可以把训练实例完全分开。

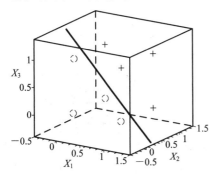

图 4-13　图 4-12 中的数据的感知器决策边界

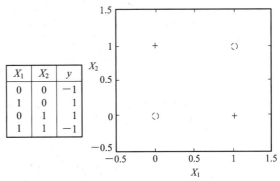

X_1	X_2	y
0	0	-1
1	0	1
0	1	1
1	1	-1

图 4-14　XOR

4.5.3　多层人工神经网络

人工神经网络结构比感知器模型更复杂。这些额外的复杂性来源于多个方面：

(1) 网络的输入层和输出层之间可能包含多个中间层，这些中间层叫做隐藏层

（Hidden Layer），隐藏层中的结点称为隐藏结点（Hidden Node）。这种结构称为多层神经网络（见图 4 - 15）。在前馈（feed-forward）神经网络中，每一层的结点仅和下一层的结点相连。感知器就是一个单层的前馈神经网络，因为它只有一个结点层——输出层——进行复杂的数学运算。在递归（recurrent）神经网络中，允许同一层结点相连或一层的结点连到前面各层中的结点。

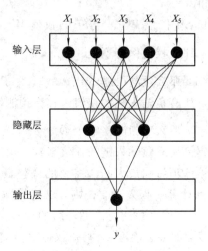

图 4 - 15　多层前馈人工神经网络（ANN）举例

（2）除了符号函数外，网络还可以使用其他激活函数，如图 4 - 16 所示的线性函数、S 型（逻辑斯缔）函数、双曲正切函数等。这些激活函数允许隐藏结点和输出结点的输出值与输入参数呈非线性关系。

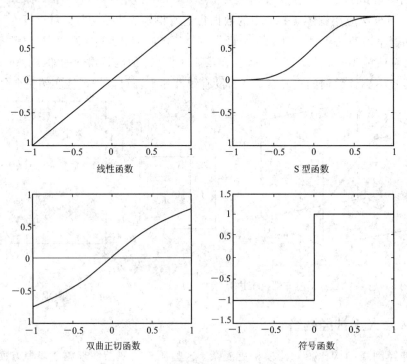

图 4 - 16　人工神经网络激活函数的类型

这些附加的复杂性使得多层神经网络可以对输入和输出变量间更复杂的关系建模。例如，考虑上一节中描述的 XOR 问题。实例可以用两个超平面进行分类，这两个超平面把输入空间划分到各自的类，如图 4-17(a)所示。因为感知器只能构造一个超平面，所以它无法找到最优解。该问题可以使用两层前馈神经网络加以解决，见图 4-17(b)。直观上，可以把每个隐藏结点看做一个感知器，每个感知器构造两个超平面中的一个，输出结点简单地综合各感知器的结果，得到的决策边界如图 4-17(a)所示。

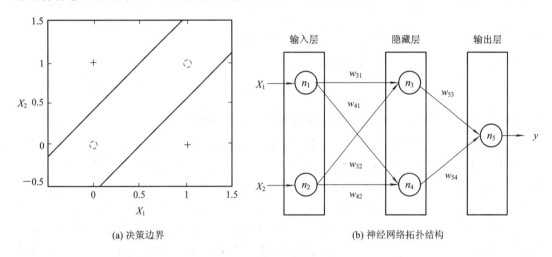

(a) 决策边界   (b) 神经网络拓扑结构

图 4-17 XOR 问题的两层前馈神经网络

要学习 ANN 模型的权值，需要一个有效的算法，该算法在训练数据充足时可以收敛到正确的解。一种方法是把网络中的每个隐藏结点或输出结点看做一个独立的感知器单元，使用与公式(4.33)相同的权值更新公式显然行不通，因为缺少隐藏结点的真实输出的先验知识。这使得很难确定各隐藏结点的误差项$(y-\hat{y})$。下面介绍一种基于梯度下降的神经网络权值学习方法。

1. 学习 ANN 模型

ANN 学习算法的目的是确定一组权值 W，最小化误差的平方和：

$$E(W) = \frac{1}{2} \sum_{i=1}^{N} (y_i - \hat{y}_i)^2 \tag{4.35}$$

注意，误差平方和依赖于 W，因为预测类 $\hat{y}$ 是关于隐藏结点和输出结点的权值的函数。图 4-18 显示了一个误差曲面的例子，该曲面是两个参数 w_1 和 w_2 的函数。当 $\hat{y}_i$ 是参数 w 的线性函数时，通常得到这种类型的误差曲面。如果将 $\hat{y} = W \cdot X$ 代入公式(4.35)，则误差函数变成参数的二次函数，就可以很容易找到全局最小解。

大多数情况下，由于激活函数的选择(如 S 型或双曲正切函数)，ANN 的输出是参数的非线性函数。这样，推导出 W 的全局最优解变得不那么直接了。像基于梯度下降的方法等贪心算法可以很有效地求解优化问题。梯度下降方法使用的权值更新公式可以写成：

$$w_j \leftarrow w_j - \lambda \frac{\partial E(W)}{\partial w_j} \tag{4.36}$$

其中，λ 是学习率。式中第二项说的是权值应该沿着使总体误差项减小的方向增加。然而，

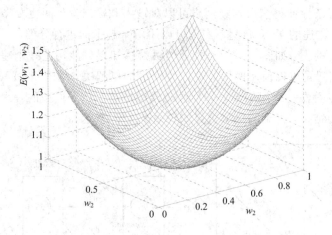

图 4 - 18　两个参数模型的误差曲面 $E(W_1, W_2)$

由于误差函数是非线性的，因此，梯度下降方法可能会陷入局部最小值。

梯度下降方法可以用来学习神经网络中输出结点和隐藏结点的权值。对于隐藏结点，学习的计算量并不小，因为在不知道输出值的情况下，很难估计结点的误差项$\partial E/\partial w_j$。一种称为反向传播(Back-propagation)的技术可以用来解决该问题。算法的每一次迭代包括两个阶段：前向阶段和后向阶段。在前向阶段，使用前一次迭代所得到的权值计算网络中每一个神经元的输出值。计算是向前进行的，即先计算第 k 层神经元的输出，再计算第 $k+1$ 层的输出。在后向阶段，以相反的方向应用权值更新公式，即先更新 $k+1$ 层的权值，再更新第 k 层的权值。使用反向传播方法，可以用第 $k+1$ 层神经元的误差来估计第 k 层神经元的误差。

2. ANN 学习中的设计问题

在训练神经网络来学习分类任务之前，应该先考虑以下设计问题：

（1）确定输入层的结点数目。每一个数值输入变量或二元输入变量对应一个输入结点。如果输入变量是分类变量，则可以为每一个分类值创建一个结点，也可以用「lb$k$」个输入结点对 k 元变量进行编码。

（2）确定输出层的结点数目。对于2-类问题，一个输出结点足矣；而对于k-类问题，则需要 k 个输出结点。

（3）选择网络拓扑结构，例如，隐藏层数和隐藏结点数，前馈还是递归网络结构。注意，目标函数表示取决于链上的权值、隐藏结点数和隐藏层数、结点的偏置以及激活函数的类型。找出合适的拓扑结构不是一件容易的事。一种方法是开始的时候使用一个有足够多的结点和隐藏层的全连接网络，然后使用较少的结点重复该建模过程。这种方法非常耗时。另一种方法是不重复建模过程，而是删除一些结点，然后重复模型评价过程来选择合适的模型复杂度。

（4）初始化权值和偏置。随机赋值常常是可取的。

（5）去掉有遗漏值的训练样例，或者用最合理的值来代替。

3. 人工神经网络的特点

人工神经网络的一般特点概括如下：

（1）至少含有一个隐藏层的多层神经网络是一种普适近似（Universal Approximator），即可以用来近似任何目标函数。由于 ANN 具有丰富的假设空间，因此对于给定的问题，选择合适的拓扑结构来防止模型的过分拟合是很重要的。

（2）ANN 可以处理冗余特征，因为权值在训练过程中自动学习。冗余特征的权值非常小。

（3）神经网络对训练数据中的噪声非常敏感。处理噪声问题的一种方法是使用确认集来确定模型的泛化误差；另一种方法是每次迭代把权值减少一个因子。

（4）ANN 权值学习使用的梯度下降方法经常会收敛到局部最小值。避免局部最小值的方法是式中加上一个动量项（Momentum Term）。

（5）训练 ANN 是一个很耗时的过程，特别是当隐藏结点数量很大时。然而，测试样例分类时非常快。

4.6　支 持 向 量 机

支持向量机（Support Vector Machine，SVM）已经成为一种备受关注的分类技术。这种技术具有坚实的统计学理论基础，并在许多实际应用（如手写数字的识别、文本分类等）中展示了大有可为的实践效用。此外，SVM 可以很好地应用于高维数据，避免了维灾难问题。这种方法具有一个独特的特点：它使用训练实例的一个子集来表示决策边界。该子集称做支持向量（Support Vector）。

为了解释 SVM 的基本思想，首先介绍最大边缘超平面（Maximal Margin Hyperplane）的概念以及选择它的基本原理。然后，描述在线性可分的数据上怎样训练一个线性的 SVM，从而明确地找到这种最大边缘超平面。最后，介绍如何将 SVM 方法扩展到非线性可分数据上。

4.6.1　最大边缘超平面

图 4-19 显示了一个数据集，包含属于两个不同类的样本，分别用方块和圆圈表示。这个数据集是线性可分的，即可以找到这样一个超平面，使得所有的方块位于这个超平面

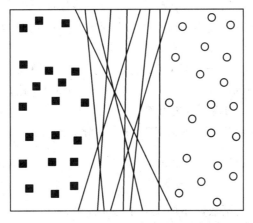

图 4-19　一个线性可分数据集上的可能决策边界

的一侧，而所有的圆圈位于它的另一侧。然而，正如图 4-19 所示，可能存在无穷多个那样的超平面。虽然它们的训练误差都等于零，但是不能保证这些超平面在未知实例上运行得同样好。根据在检验样本上的运行效果，分类器必须从这些超平面中选择一个来表示它的决策边界。

为了更好地理解不同的超平面对泛化误差的影响，考虑两个决策边界 B_1 和 B_2，如图 4-20 所示。这两个决策边界都能准确无误地将训练样本划分到各自的类中。每个决策边界 B_i，都对应着一对超平面，分别记为 b_{i1} 和 b_{i2}。其中，b_{i1} 是这样得到的：平行移动一个和决策边界平行的超平面，直到触到最近的方块为止。类似地，平行移动一个和决策边界平行的超平面，直到触到最近的圆圈，可以得到 b_{i2}。这两个超平面之间的间距称为分类器的边缘。通过图 4-20 中的图解，注意到 B_1 的边缘显著大于 B_2 的边缘。在这个例子中，B_1就是训练样本的最大边缘超平面。

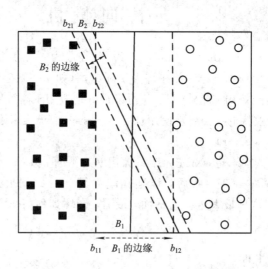

图 4-20　决策边界的边缘

最大边缘的基本原理：具有较大边缘的决策边界比那些具有较小边缘的决策边界具有更好的泛化误差。直觉上，如果边缘比较小，决策边界任何轻微的扰动都可能对分类产生显著的影响。因此，那些决策边界边缘较小的分类器对模型的过分拟合更加敏感，从而在未知的样本上的泛化能力很差。

统计学习理论给出了线性分类器边缘与其泛化误差之间关系的形式化解释，称这种理论为结构风险最小化(Structural Risk Minimization，SRM)理论。该理论根据分类器的训练误差 R_e、训练样本数 N 和模型的复杂度（即它的能力(Capacity)）h，给出了分类器的泛化误差的一个上界 R。更明确地，在概率 $1-\eta$ 下，分类器的泛化误差 φ 在最坏情况下满足下列公式：

$$R \leqslant R_e + \varphi\left(\frac{h}{N}, \frac{\log(\eta)}{N}\right) \tag{4.37}$$

其中，φ 是能力 h 的单调增函数。SRM 是泛化误差，体现了训练误差和模型复杂度之间的折中。

　　线性模型的能力与它的边缘逆相关。具有较小边缘的模型具有较高的能力，因为与具有较大边缘的模型不同，具有较小边缘的模型更灵活、能拟合更多的训练集。然而，依据 SRM 原理，随着能力增加，泛化误差的上界也随之提高。因此，需要设计最大化决策边界边缘的线性分类器，以确保最坏情况下的泛化误差最小。

4.6.2　线性支持向量机：可分情况

　　一个线性 SVM 是这样一个分类器，它寻找具有最大边缘的超平面，因此它也经常被称为最大边缘分类器（Maximal Margin Classifier）。为了深刻理解 SVM 是如何学习这样的边界的，首先对线性分类器的决策边界和边缘进行一些初步的讨论。

1. 线性决策边界

　　考虑一个包含 N 个训练样本的二元分类问题。每个样本表示为一个二元组 (x_i, y_i)（$i = 1, 2, \cdots, N$），其中 $x_i = (x_{i1}, x_{i2}, \cdots, x_{id})^\mathrm{T}$，对应于第 i 个样本的属性集。为方便计，令 $y_i \in \{-1, 1\}$ 表示它的类标号。一个线性分类器的决策边界可以写成如下形式：

$$\omega \cdot x + b = 0 \tag{4.38}$$

其中，ω 和 b 是模型的参数。

　　图 4-21 显示了包含圆圈和方块的二维训练集。图中的实线表示决策边界，它将训练样本一分为二，划入各自的类中。任何位于决策边界上的样本都必须满足公式(4.37)。例如，如果 x_a 和 x_b 是两个位于决策边界上的点，则

$$\omega \cdot x_a + b = 0$$
$$\omega \cdot x_b + b = 0$$

两个方程相减便得到：

$$\omega \cdot (x_a - x_b) = 0$$

其中，$x_a - x_b$ 是一个平行于决策边界的向量，它的方向是从 x_a 到 x_b。由于点积的结果为零，因此 ω 的方向必然垂直于决策边界，如图 4-21 所示。

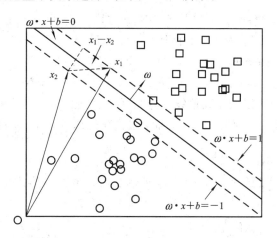

图 4-21　SVM 的决策边界和边缘

　　对于任何位于决策边界上方的方块 x_s，可以证明：

$$\omega \cdot x_s + b = k \tag{4.39}$$

其中，$k>0$。类似地，对于任何位于决策边界下方的圆圈 x_c，可以证明：

$$\omega \cdot x_c + b = k' \tag{4.40}$$

其中，$k'<0$。如果标记所有的方块的类标号为 $+1$，标记所有的圆圈的类标号为 -1，则可以用以下的方式预测任何测试样本 z 的类标号 y：

$$y = \begin{cases} +1, & \omega \cdot z + b > 0 \\ -1, & \omega \cdot z + b < 0 \end{cases} \tag{4.41}$$

2. 线性分类器的边缘

考虑那些离决策边界最近的方块和圆圈。由于该方块位于决策边界的上方，因此对于某个正值 k，它必然满足公式(4.38)；而对于某个负值 k，圆圈必须满足公式(4.40)。调整决策边界的参数 ω 和 b，两个平行的超平面 b_{i1} 和 b_{i2} 可以表示如下：

$$b_{i1}: \omega \cdot x + b = +1 \tag{4.42}$$

$$b_{i2}: \omega \cdot x + b = -1 \tag{4.43}$$

决策边界的边缘由这两个超平面之间的距离给定。为了计算边缘，令 x_1 是 b_{i1} 上的一个数据点，x_2 是 b_{i2} 上的一个数据点，如图 4-21 所示。将 x_1 和 x_2 分别代入公式(4.42)和(4.43)中，则边缘 d 可以通过两式相减得到：

$$\omega \cdot (x_1 - x_2) = 2$$
$$\|\omega\| \times d = 2$$
$$d = \frac{2}{\|\omega\|} \tag{4.44}$$

3. 学习线性 SVM 模型

SVM 的训练阶段包括从训练数据中估计决策边界的参数 ω 和 b。选择的参数必须满足下面两个条件：

$$\begin{aligned} \omega \cdot x_i + b \geqslant +1, & \quad y_i = +1 \\ \omega \cdot x_i + b \leqslant -1, & \quad y_i = -1 \end{aligned} \tag{4.45}$$

这些条件要求所有类标号为 1 的训练实例(即方块)都必须位于超平面 $\omega \cdot x + b = +1$ 上或位于它的上方，而那些类标号为 -1 的训练实例(即圆圈)都必须位于超平面 $\omega \cdot x + b = -1$ 上或位于它的下方。这两个不等式可以概括为如下更紧凑的形式：

$$y_i(\omega \cdot x_i + b) \geqslant 1, \quad i = 1, 2, \cdots, N \tag{4.46}$$

尽管前面的条件也可以用于其他线性分类器(包括感知器)，但是 SVM 增加了一个要求：其决策边界的边缘必须是最大的。然而，最大化边缘等价于最小化下面的目标函数：

$$f(\omega) = \frac{\|\omega\|^2}{2} \tag{4.47}$$

定义 4.3 线性 SVM(可分情况)：SVM 的学习任务可以形式化地描述为以下被约束的优化问题：

$$\min_{\omega} \frac{\|\omega\|^2}{2}$$
$$\text{S. T. } y_i(\omega \cdot x_i + b) \geqslant 1, \quad i = 1, 2, \cdots, N$$

由于目标函数是二次的，而约束在参数 ω 和 b 上是线性的，因此这个问题是一个凸(Convex)优化问题，可以通过标准的拉格朗日乘子(Lagrange Multiplier)方法解决。下面简要介绍一下解决这个优化问题的主要思想。

首先，必须改写目标函数，考虑施加在解上的约束。新目标函数称为该优化问题的拉格朗日算子：

$$L_p = \frac{1}{2}\|\omega\|^2 - \sum_{i=1}^{N}\lambda_i[y_i(\omega \cdot x_i + b) - 1] \tag{4.48}$$

其中，参数 λ_i 称为拉格朗日乘子。拉格朗日算子中的第一项与原目标函数相同，而第二项则捕获了不等式约束。为了理解改写原目标函数的必要性，考虑公式(4.47)给出的原目标函数。容易证明当 $\omega=0$（即零向量，它的每一个分量均为 0）时函数取得最小值。然而，这样的解违背了定义 4.3 中给出的约束条件，因为 b 没有可行解。事实上，如果 ω 和 b 的解违反不等式约束，即如果 $y_i(\omega \cdot x_i + b) - 1 < 0$，则解是不可行的。公式(4.48)给出的拉格朗日算子通过从原目标函数减去约束条件的方式合并了约束条件。假定 $\lambda_i \geqslant 0$，则任何不可行解仅仅是增加了拉格朗日算子的值。

为了最小化拉格朗日算子，必须对 L_p 关于 ω 和 b 求偏导，并令它们等于零：

$$\frac{\partial L_p}{\partial \omega} = 0 \Rightarrow \omega = \sum_{i=1}^{N}\lambda_i y_i x_i \tag{4.49}$$

$$\frac{\partial L_p}{\partial b} = 0 \Rightarrow \sum_{i=1}^{N}\lambda_i y_i = 0 \tag{4.50}$$

因为拉格朗日乘子是未知的，因此仍然不能得到 ω 和 b 的解。如果定义 4.3 只包含等式约束，而不是不等式约束，则可以利用从该等式约束中得到的 N 个方程，加上方程(4.49)和(4.50)，从而得到 ω，b 和 λ_i 的可行解。注意等式约束的拉格朗日乘子是可以取任意值的自由参数。

处理不等式约束的一种方法就是把它变换成一组等式约束。只要限制拉格朗日乘子非负，这种变换便是可行的。这种变换导致如下拉格朗日乘子约束，称做 Karuch-Kuhn-Tucher(KKT)条件：

$$\lambda_i \geqslant 0 \tag{4.51}$$

$$\lambda_i[y_i(\omega \cdot x_i + b) - 1] = 0 \tag{4.52}$$

乍一看，好像拉格朗日乘子的数目和训练样本的数目一样多。事实上，应用方程(4.52)给定的约束后，许多拉格朗日乘子都变为零。该约束表明，除非训练实例满足方程 $y_i(\omega \cdot x_i + b) = 1$，否则拉格朗日乘子 λ_i 必须为零。那些 $\lambda_i > 0$ 的训练实例位于超平面 b_{i1} 或 b_{i2} 上，称为支持向量。不在这些超平面上的训练实例肯定满足 $\lambda_i = 0$。方程(4.49)和(4.50)还表明，定义决策边界的参数 ω 和 b 仅依赖于这些支持向量。

对前面的优化问题求解仍是一项十分棘手的任务，因为它涉及大量参数：ω、b 和 λ_i。通过将拉格朗日算子变换成仅包含拉格朗日乘子的函数（称做对偶问题），可以简化该问题。为了变换成对偶问题，首先将公式(4.49)和(4.50)代入到公式(4.48)中。这将导致该优化问题的如下对偶公式：

$$L_D = \sum_{i=1}^{N}\lambda_i - \frac{1}{2}\sum_{i,j}\lambda_i\lambda_j y_i y_j x_i x_j \tag{4.53}$$

对偶拉格朗日算子和原拉格朗日算子的主要区别如下：

(1) 对偶拉格朗日算子仅涉及拉格朗日乘子和训练数据，而原拉格朗日算子除涉及拉格朗日乘子外，还涉及决策边界的参数。尽管如此，这两个优化问题的解是等价的。

（2）公式（4.53）中的二次项前有个负号，这说明原来涉及拉格朗日算子 L_P 的最小化问题已经变换成了涉及对偶拉格朗日算子 L_D 的最大化问题。

对于大型数据集，对偶优化问题可以使用数值计算技术来求解，如使用二次规划。一旦找到一组 λ_i 就可以通过公式（4.49）和（4.52）来求得 ω 和 b 的可行解。

决策边界可以表示成：

$$\left(\sum_{i=1}^{N}\lambda_i y_i x\right)+b=0 \tag{4.54}$$

b 可以通过支持向量方程（4.52）得到。由于 λ_i 是通过数值计算得到的，因此可能存在数值误差，计算出的 b 值可能不唯一。它依赖于公式（4.52）中使用的支持向量。实践中，使用 b 的平均值作为决策边界的参数。

【例 4.4】 考虑图 4-22 给出的二维数据集，它包含 8 个训练实例。使用二次规划方法，可以求解公式（4.53）给出的优化问题，得到每一个训练实例的拉格朗日乘子 λ_i，如图 4-22(a)的表的最后一列所示。

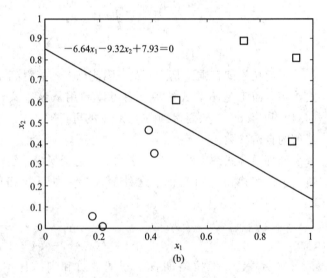

x_1	x_2	y	拉格朗日乘子
0.3858	0.4687	1	65.5261
0.4871	0.611	−1	65.5261
0.9218	0.4103	−1	0
0.7382	0.8936	−1	0
0.1763	0.0579	1	0
0.4057	0.3529	1	0
0.9355	0.8132	−1	0
0.2146	0.0099	1	0

(a)

(b)

图 4-22 一个线性可分数据集的例子

令 $\omega=(\omega_1,\omega_2)$，$b$ 为决策边界的参数。使用公式（4.48），可以按如下方法求解 ω_1 和 ω_2：

$$\omega_1=\sum_{i=1}^{8}\lambda_i y_i x_{i1}=64.5261\times1\times0.3858+64.5261\times(-1)\times0.4871=-6.64$$

$$\omega_2=\sum_{i=1}^{8}\lambda_i y_i x_{i2}=64.5261\times1\times0.4687+64.5261\times(-1)\times0.6110=-9.32$$

偏倚项 b 可以使用公式（4.51）对每个支持向量进行计算：

$$b^{(1)}=1-\omega\cdot x_1=1-(-6.64)(0.3858)-(-9.32)(0.4687)=7.9300$$

$$b^{(2)}=1-\omega\cdot x_2=-1-(-6.64)(0.4871)-(-9.32)(0.6110)=7.9289$$

对 b 取平均值，得到 $b=7.93$。对应于这些参数的决策边界显示在图 4-22 中。

一旦确定了决策边界的参数，检验实例 z 可以按以下的公式来分类：

$$f(z) = \text{sign}(\omega \cdot z + b) = \text{sign}(\sum_{i=1}^{N} \lambda_i y_i x_i \cdot z + b)$$

如果 $f(z)=1$，则检验实例被分为到正类，否则分到负类。

4.6.3 线性支持向量机：不可分情况

图 4-23 给出了一个和图 4-20 相似的数据集，不同处在于它包含了两个新样本 P 和 Q。尽管决策边界 B_1 误分类了新样本，而 B_2 正确分类了它们，但是这并不意味着 B_2 是一个比 B_1 好的决策边界，因为这些新样本可能只是训练数据集中的噪声。B_1 可能仍然比 B_2 更可取，因为它具有较宽的边缘，从而对过分拟合不太敏感。然而，上一节给出的 SVM 公式只能构造没有错误的决策边界。这一节考察如何修正公式，利用一种称为软边缘（Soft Margin）的方法，学习允许一定训练错误的决策边界。更为重要的是，本节给出的方法允许 SVM 在一些类线性不可分的情况下构造线性的决策边界。为了做到这一点，SVM 学习算法必须考虑边缘的宽度与线性决策边界允许的训练错误数目之间的折中。

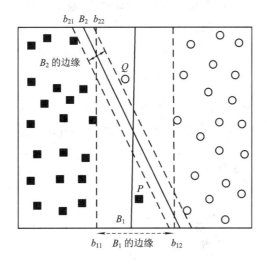

图 4-23 不可分情况下 SVW 的决策边界

尽管公式（4.46）给定的原目标函数仍然是可用的，但是决策边界 B_1 不再满足公式（4.45）给定的所有约束。因此，必须放松不等式约束，以适应非线性可分数据，可以通过在优化问题的约束中引入正值的松弛变量（Slack Variable）ξ 实现，如下式所示：

$$\omega \cdot x_i + b \geqslant +1 - \xi_i, \quad y_i = +1$$
$$\omega \cdot x_i + b \leqslant -1 + \xi_i, \quad y_i = -1 \tag{4.55}$$

其中，$\forall i: \xi_i > 0$。

图 4-24 可以帮助理解松弛变量 ξ_i 的意义。圆圈 P 是一个实例，它违反公式（4.45）给定的约束。设 $\omega \cdot x + b = +1 - \xi$ 是一条经过点 P，且平行于决策边界的直线。可以证明它与超平面 $\omega \cdot x + b = +1$ 之间的距离为多 $\xi / \|\omega\|$。因此，ξ 提供了决策边界在训练样本 P 上的误差估计。

理论上，可以使用和前面相同的目标函数，然后加上公式（4.55）给定的约束来确定决策边界。然而，由于在决策边界误分样本的数量上没有限制，学习算法可能会找到这样的

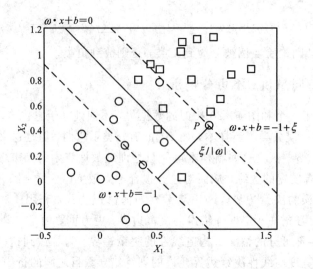

图 4-24 不可分离数据的松弛变量

决策边界：它的边缘很宽，但是误分了许多训练实例，如图 4-25 所示。为了避免这个问题，必须修改目标函数，以惩罚那些松弛变量值很大的决策边界。修改后的目标函数如下：

$$f(\omega) = \frac{\|\omega\|}{2} + C \left(\sum_{i=1}^{N} \xi_i \right)^k$$

其中，C 和 k 是用户指定的参数，表示对误分训练实例的惩罚。为了简化该问题，在本节的剩余部分假定 $k=1$。参数 C 可以根据模型在确认集上的性能选择。

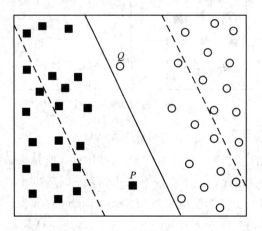

图 4-25 一个具有宽边缘但训练误差很高的决策边界

由此，被约束的优化问题的拉格朗日算子可以记作如下形式：

$$L = \frac{1}{2} \|W\|^2 - C \sum_{i}^{N} \xi_i - \sum_{i=1}^{N} \lambda_i (y_i (\omega \cdot x_i + b) - 1 + \xi_i) - \sum_{i}^{N} \mu_i \xi_i \qquad (4.56)$$

其中，前面两项是需要最小化的目标函数，第三项表示与松弛变量相关的不等式约束，而最后一项是要求当 ξ_i 的值非负的结果。此外，利用如下的 KKT 条件，可以将不等式约束变换成等式约束：

$$\xi_i \geqslant 0, \quad \lambda_i \geqslant 0, \quad \mu_i \geqslant 0 \qquad (4.57)$$

$$\lambda_i(y_i(\omega \cdot x_i + b) - 1 + \xi_i) \tag{4.58}$$

$$\mu_i\xi_i = 0 \tag{4.59}$$

注意，公式(4.58)中，当且仅当训练实例位于直线 $\omega \cdot x_i + b = \pm 1$ 上或 $\xi_i > 0$ 时，拉格朗日乘子 λ_i 是非零的。另一方面，对于许多误分类的训练实例(即满足 $\xi_i > 0$)，公式(4.59)中的拉格朗日乘子 μ_i 都为零。

令 L 关于 ω、b 和 ξ 的一阶导数为零，就得到如下公式：

$$\frac{\partial L}{\partial \omega_i} = \omega_i - \sum_{i=1}^{N}\lambda_i y_i x_{ij} = 0 \Rightarrow \omega_i = \sum_{i=1}^{N}\lambda_i y_i x_{ij} \tag{4.60}$$

$$\frac{\partial L}{\partial b} = -\sum_{i=1}^{N}\lambda_i y_i = 0 \Rightarrow \sum_{i=1}^{N}\lambda_i y_i = 0 \tag{4.61}$$

$$\frac{\partial L}{\partial \xi_i} = C - \lambda_i - \mu_i = 0 \Rightarrow \lambda_i + \mu_i = C \tag{4.62}$$

将公式(4.60)、(4.61)和(4.62)代入拉格朗日算子中，得到如下的对偶拉格朗日算子：

$$L_D = \frac{1}{2}\sum_{i,j}\lambda_i\lambda_j y_i y_j x_i x_j + C\sum_i \xi_i - \sum_i \lambda_i\left\{y_i\left(\sum_j \lambda_j y_j x_i x_j + b\right) - 1 + \xi_i\right\} - \sum_i(C - \lambda_i)\xi_i$$

$$= \sum_{i=1}^{N}\lambda_i - \frac{1}{2}\sum_{i,j}\lambda_i\lambda_j y_i y_j x_i x_j \tag{4.63}$$

它与线性可分数据上的对偶拉格朗日算子相同(参见公式(4.53))。尽管如此，施加于拉格朗日乘子 λ_i 上的约束与线性可分情况下略微不同。在线性可分情况下，拉格朗日乘子必须是非负的，即 $\lambda_i \geqslant 0$。另一方面，公式(4.62)表明 λ_i 不应该超过 C(由于 μ_i 和 λ_i 都是非负的)。因此，非线性可分数据的拉格朗日乘子被限制在 $0 \leqslant \lambda_i \leqslant C$。

然后，可以使用二次规划技术，求对偶问题的数值解，得到拉格朗日乘子 λ_i。可以将这些乘子代入公式(4.60)和 KKT 条件中，从而得到决策边界的参数。

4.6.4　非线性支持向量机

上一节描述的 SVM 公式构建一个线性的决策边界，从而把训练实例划分到它们各自的类中。本节提出了一种把 SVM 应用到具有非线性决策边界数据集上的方法。这里的关键在于将数据从原先的坐标空间 x 变换到一个新的坐标空间 $\Phi(x)$ 中，从而可以在变换后的坐标空间中使用一个线性的决策边界来划分样本。进行变换后，就可以应用上一节介绍的方法在变换空间中找到一个线性的决策边界。

1. 属性变换

为了说明怎样进行属性变换可以导致一个线性的决策边界，考察图 4-26(a)给出的二维数据集，它包含方块(类标号 $y=1$)和圆圈(类标号 $y=-1$)。数据集是这样生成的：所有的圆圈都聚集在图的中心附近，而所有的方块都分布在离中心较远的地方。可以使用下面的公式对数据集中的实例分类：

$$y(x_1, x_2) = \begin{cases} +1, & \sqrt{(x_1 - 0.5)^2 + (x_2 - 0.5)^2} > 0.2 \\ -1, & \sqrt{(x_1 - 0.5)^2 + (x_2 - 0.5)^2} \leqslant 0.2 \end{cases} \tag{4.64}$$

因此，数据集的决策边界可以表示如下：

$$\sqrt{(x_1 - 0.5)^2 + (x_2 - 0.5)^2} = 0.2$$

这可以进一步简化为下面的二次方程：

$$x_1^2 - x_1 + x_2^2 - x_2 + 0.46 = 0$$

需要一个非线性变换 Φ 将数据从原先的特征空间映射到一个新的空间，决策边界在这个空间下成为线性的。假定选择下面的变换：

$$\Phi:(x_1, x_2) \rightarrow (x_1^2, x_2^2, \sqrt{2}x_1, \sqrt{2}x_2, \sqrt{2}x_1x_2, 1) \tag{4.65}$$

在变换空间中，找到参数 $\omega = (\omega_1, \omega_2, \omega_3, \omega_4, \omega_5)$，使得：

$$\omega_5 x_1^2 + \omega_4 x_2^2 + \omega_4 \sqrt{2}x_1 + \omega_3 \sqrt{2}x_2 + \omega_2 \sqrt{2}x_1x_2 + \omega_0 = 0$$

例如，对于前面给定的数据，以 $x_1^2 - x_1$ 和 $x_2^2 - x_2$ 为坐标绘图。图 4-26(b)显示在变换空间中，所有的圆圈都位于图的左下方。因此，可以构建一个线性的决策边界从而把数据划分到各自所属的类中。

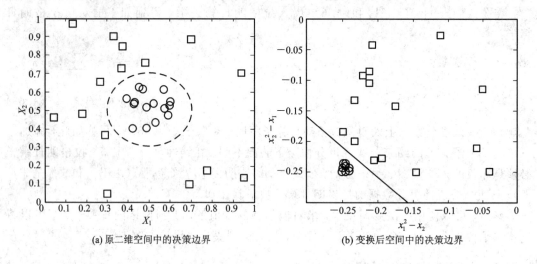

(a) 原二维空间中的决策边界　　(b) 变换后空间中的决策边界

图 4-26　分类具有非线性决策边界的数据

这种方法的一个潜在问题是，对于高维数据可能产生维灾难，在本节稍后，将介绍非线性 SVM 如何避免这个问题（使用一种称为核技术的方法）。

2. 学习非线性 SVM 模型

尽管属性变换方法看上去大有可为，但是存在一些实现问题。首先，不清楚应当使用什么类型的映射函数，确保可以在变换后空间构建线性决策边界。一种可能的选择是把数据变换到无限维空间中，但是这样的高维空间可能很难处理。其次，即使知道合适的映射函数，在高维特征空间中解决被约束的优化问题仍然是计算代价很高的任务。

为了解释这些问题并考察处理它们的方法，假定存在一个合适的函数 $\Phi(x)$ 来变换给定的数据集。变换后，需要构建一个线性的决策边界，把样本划分到它们各自所属的类中。在变换空间中，线性决策边界具有以下形式

$$\omega \cdot \Phi(x) + b = 0$$

定义 4.4　非线性 SVM　一个非线性 SVM 的学习任务可以形式化表达为以下的优化问题：

$$\min_{\omega} \frac{\|\omega\|^2}{2}$$

S. T. $y_i(\omega \cdot \Phi(x_i) + b) \geqslant 1, \quad i = 1, 2, \cdots, N$

注意，非线性 SVM 的学习任务和线性 SVM(参见定义 4.3)很相似。主要的区别在于，学习任务是在变换后的属性 $\Phi(x)$，而不是在原属性 x 上执行的。采用 4.6.2 和 4.6.3 节介绍的线性 SVM 所使用的方法，可以得到该受约束的优化问题的对偶拉格朗日算子:

$$L_D = \sum_{i=1}^{N} \lambda_i - \frac{1}{2} \sum_{i,j} \lambda_i \lambda_j y_i y_j \Phi(x_i) \Phi(x_j) \tag{4.66}$$

使用二次规划技术得到 λ_i 后，就可以通过下面的方程导出参数 ω 和 b:

$$\omega = \sum_{i=1}^{N} \lambda_i y_i \Phi(x_i) \tag{4.67}$$

$$\lambda_i \left\{ y_i \left(\sum_{j=1}^{N} \lambda_j y_j \Phi(x_j) \Phi(x_i) + b \right) - 1 \right\} = 0 \tag{4.68}$$

这类似于公式(4.49)和(4.50)的线性 SVM。最后，可以通过下式对检验实例 z 进行分类:

$$f(z) = \text{sign}(\omega \cdot \Phi(z) + b) = \text{sign}(\sum_{i=1}^{N} \lambda_i y_i \Phi(x_i) \cdot \Phi(z) + b) \tag{4.69}$$

注意，除了公式(4.67)外，其余的计算公式(4.68)和(4.69)都涉及计算变换空间中向量对之间的点积 $\Phi(x) \cdot \Phi(x)$(即相似度)。这种运算是相当麻烦的，可能导致维灾难问题。这个问题的一种突破性解决方案是一种称为核技术(Kernel Trick)的方法。

3. 核技术

点积经常用来度量两个输入向量间的相似度。例如，余弦相似度可以定义为规范化后具有单位长度的两个向量间的点积。类似地，点积 $\Phi(x) \cdot \Phi(x)$ 可以看做两个实例 x_i 和 x_j 在变换空间中的相似性度量。

核技术是一种使用原属性集计算变换空间中的相似度的方法。考虑公式(4.65)中的映射函数 Φ。两个输入向量 u 和 v 在变换空间中的点积可以写成如下形式:

$$\Phi(u) \cdot \Phi(v) = \left(u_1{}^2, u_2{}^2, \sqrt{2}u_1, \sqrt{2}u_2, \sqrt{2}u_1 u_2, 1 \right) \left(v_1{}^2, v_2{}^2, \sqrt{2}v_1, \sqrt{2}v_2, \sqrt{2}v_1 v_2, 1 \right)$$
$$= u_1{}^2 v_1{}^2 + u_2{}^2 v_2{}^2 + 2u_1 v_1 + 2u_2 v_2 + 2u_1 u_2 v_1 v_2 + 1 = (u \cdot v + 1)^2 \tag{4.70}$$

该分析表明，变换空间中的点积可以用原空间中的相似度函数表示:

$$k(u,v) = \Phi(u) \cdot \Phi(v) = (u \cdot v + 1)^2 \tag{4.71}$$

这个在原属性空间中计算的相似度函数 k 称为核函数(Kernel Function)。核技术有助于处理如何实现非线性 SVM 的一些问题。首先，由于在非线性 SVM 中使用的核函数必须满足一个称为 Mercer 定理的数学原理，因此不需要知道映射函数 Φ 的确切形式。Mercer 原理确保核函数总可以用某高维空间中两个输入向量的点积表示。SVM 核的变换后空间也称为再生核希尔伯特空间(Reproducing Kernel Hilbert Space，RKHS)。其次，相对于使用变换后的属性集 $\Phi(x)$，使用核函数计算点积的开销更小。第三，既然计算在原空间中进行，维灾难问题就可以避免。

图 4-27 显示了一个非线性决策边界，它是通过使用公式(4.71)给出的多项式核函数

的 SVM 获得的。检验实例 z 可以通过下式分类：

$$f(z) = \text{sign}\Big(\sum_{i=1}^{N}\lambda_i y_i \Phi(x_i) \cdot \Phi(z) + b\Big)$$

$$= \text{sign}\Big(\sum_{i=1}^{N}\lambda_i y_i k(x_i, z) + b\Big)$$

$$= \text{sign}\Big(\sum_{i=1}^{N}\lambda_i y_i (x_i \cdot z + 1)^2 + b\Big) \tag{4.72}$$

其中，b 是使用公式(4.68)得到的参数。非线性 SVM 得到的决策边界与图 4-26(a)中显示的真实决策边界非常相似。

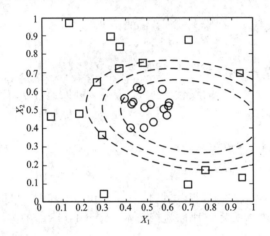

图 4-27　具有多项式核的非线性 SVM 产生的决策边界

4. Mercer 定理

对非线性 SVM 使用的核函数主要的要求是，必须存在一个相应的变换，使得计算一对向量的核函数等价于在变换空间中计算这对向量的点积。这个要求可以用 Mercer 定理形式化地陈述。

定理 4.1　Mercer 定理　核函数 k 可以表示为：

$$k(u, v) = \Phi(u) \cdot \Phi(v)$$

当且仅当对于任意满足 $\int g(x)^2 \, \mathrm{d}x < \infty$ 的函数 $g(x)$，则

$$\int k(x, y)g(x)g(y)\mathrm{d}x \, \mathrm{d}y \geqslant 0$$

满足定理 4.1 的核函数称为正定(Positive Definite)核函数。下面给出一些这种函数的例子：

$$k(x, y) = (x \cdot y + 1)^p \tag{4.73}$$

$$k(x, y) = \mathrm{e}^{\frac{\|x-y\|^2}{2\sigma^2}} \tag{4.74}$$

$$k(x, y) = \tanh(kx \cdot y - \delta)（双曲正切函数） \tag{4.75}$$

4.6.5　支持向量机的特征

SVM 具有许多很好的性质，已经成为最广泛使用的分类算法之一。下面简要总结一

下 SVM 的一般特征：

(1) SVM 学习问题可以表示为凸优化问题，因此可以利用已知的有效算法发现目标函数的全局最小值，而其他的分类方法(如基于规则的分类器和人工神经网络)都采用一种基于贪心学习的策略来搜索假设空间，这种方法一般只能获得局部最优解。

(2) SVM 通过最大化决策边界的边缘来控制模型的能力。尽管如此，用户必须提供其他参数，如使用的核函数类型、为了引入松弛变量所需的代价函数 C 等。

(3) 通过对数据中每个分类属性值引入一个哑变量，SVM 可以应用于分类数据。例如，如果婚姻状况有三个值{单身，已婚，离异}，可以对每一个属性值引入一个二元变量。

(4) 本节所给出的 SVM 公式表述是针对二类问题的，SVM 可扩展到多类问题。

4.7 预 测

数值预测是对于给定的输入预测连续值或有序值。例如，可能希望预测具有 10 年工作经验的大学毕业生的工资，或者给定新产品的价格，预测它的潜在销售量。到目前为止，最广泛使用的数值预测(此后称预测)方法是回归(Regression)。回归是 Frances Galton (1822～1911)爵士提出的一种统计学方法。Frances Galton 是一位数学家，也是查尔斯·达尔文(Charles Darwin)的堂弟。事实上，许多教科书将术语"回归"和"数值预测"作为同义词使用。神经网络、支持向量机和 k-最近邻分类法既可以用于分类，也可以用于预测。遗传规划算法也可用于预测。本节讨论使用回归技术进行预测。

回归分析可以用来对一个或多个独立预测变量和一个(连续值的)依赖或响应变量之间的联系建模。在数据挖掘环境下，预测变量是描述元组的感兴趣的属性(即形成属性向量)。一般预测变量的值是已知的。响应变量是要预测的——预测属性。给定预测变量描述的元组，想预测响应变量的相关联的值。当所有预测变量也是连续值时，回归分析是一个好的选择。许多问题可以用线性回归解决，并且更多的问题可以通过对变量进行变换，将非线性问题转换为线性问题来处理。受篇幅限制，不能给出回归的全部处理细节。

求解回归问题的软件包有 SAS(http：//www.sas.com)、SPSS(http：//www.spss.com)、MATLAB(http://www.mathworks.com)。

4.7.1 线性回归

直线回归分析涉及一个响应变量 y 和一个预测变量 x。它是最简单的回归形式，并用 x 的线性函数对 y 建模，即

$$y = b + wx \tag{4.76}$$

其中，y 的方差假定为常数，b 和 w 是回归系数，分别表示直线的 Y 轴截距和斜率。回归系数 b 和 w 也可以看作权重，可以等价地记作

$$y = w_0 + w_1 x \tag{4.77}$$

这些系数可以用最小二乘方法求解，它将最佳拟合直线估计为最小化实际数据与直线的估计值之间的误差的直线。设 D 是训练集，由预测变量 x 的值和与它们相关联的响应变量 y 的值组成。训练集包含 $\|D\|$ 个形如 (x_1, y_1)，(x_2, y_2)，…，$(x_{\|D\|}, y_{\|D\|})$ 的数据点。回归系数可以用下式估计：

$$w_1 = \frac{\sum_{i=1}^{\|D\|}(x_i - \bar{x})(y_i - \bar{y})}{\sum_{i=1}^{\|D\|}(x_i - \bar{x})^2} \tag{4.78}$$

$$w_0 = \bar{y} - w_1 \bar{x} \tag{4.79}$$

其中，$\bar{x}$ 是 $x_1, x_2, \cdots, x_{\|D\|}$ 的均值，而 $\bar{y}$ 是 $y_1, y_2, \cdots, y_{\|D\|}$ 的均值。系数 w_0 和 w_1 通常给出其他复杂的回归方程的很好的近似。

[**例 4.5**]　使用最小二乘法的直线回归。

表 4-3 给出了一组成对的数据。其中 x 表示大学毕业后工作的年数，而 y 是对应的年薪。这些二维数据可以用散布图，如图 4-28 所示。该图暗示两个变量 x 和 y 之间存在线性关系。用方程 $y = w_0 + w_1 x$ 对年薪和工作年数之间的关系建模。

表 4-3　年 薪 数 据

X 工作年数	Y 年薪（单位：1000 美元）	X 工作年数	Y 年薪（单位：1000 美元）
3	30	6	43
8	57	11	59
9	64	21	90
13	72	1	20
3	36	16	83

从图 4-28 中可以看出，尽管 $(x_1, y_1), (x_2, y_2), \cdots, (x_{\|D\|}, y_{\|D\|})$ 这些点不在一条直线上，但总体模式表现出 x（工作年数）和 y（年薪）之间的线性关系。

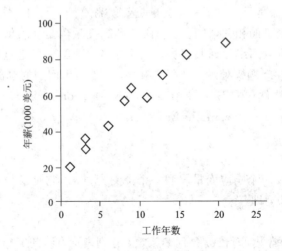

图 4-28　例 4.5 中的表 4-2 的数据图示

给定以上数据，计算出 $\bar{x} = 9.1$，$\bar{y} = 54.4$。将这些值代入式（4.78）和式（4.79），得到 $w_1 = 3.5$，$w_0 = 23.6$。这样，最小二乘直线的方程估计为 $y = 23.6 + 3.5x$。使用该方程可以预测有 10 年工作经验的大学毕业生的年薪为 58 600 美元。

多元线性回归是直线回归的扩展，涉及多个预测变量。它允许响应变量 y 用描述元组 X 的 n 个预测变量或属性 $A_1, A_2, \cdots, A_n$ 的线性函数建模，其中 $X = (x_1, x_2, \cdots, x_n)$。

训练数据集 D 包含形如 (X_1, y_1)，(X_2, y_2)，$\cdots$，$(X_{\|D\|}, y_{\|D\|})$ 的数据，其中 X_i 是 n 维训练元组，y_i 是与 X_i 相关联的响应变量值。一个基于两个预测属性或变量 A_1 和 A_2 的多元线性回归模型的例子是：

$$y = w_0 + w_1 x_1 + w_2 x_2 \tag{4.80}$$

其中，x_1 和 x_2 分别是 X 中属性 A_1 和 A_2 的值。

可以扩充上面介绍的最小二乘方法来求解 w_0、w_1 和 w_2。然而，其方程组的手工求解较为复杂。多元回归问题通常使用诸如 SAS、SPSS 和 MATLAB 等统计软件包求解。

4.7.2　非线性回归

直线线性回归的依赖响应变量 y 作为单个独立预测变量 x 的线性函数建模。如果使用非线性模型，如抛物线或其他高次多项式，可以得到更准确的模型。在只有一个预测变量时，常常对多项式回归感兴趣。通过在基本线性模型上添加多项式项建模。通过对变量进行变换，可以将非线性模型转换成线性的，然后用最小二乘方法求解。

【例 4.6】　多项式回归模型到线性回归模型的变换。考虑下式给出的三次多项式关系：

$$y = w_0 + w_1 x + w_2 x^2 + w_3 x^3 \tag{4.81}$$

为了将该方程转换成线性的，定义如下新变量：

$$x_1 = x, \qquad x_2 = x^2, \qquad x_3 = x^3$$

方程 (4.81) 可以转换成线性形式，结果为

$$y = w_0 + w_1 x_1 + w_2 x_2 + w_3 x_3$$

使用回归分析软件，它容易用最小二乘方法求解。注意，多项式回归是多元回归的特例。也就是说增加诸如 x^2，x^3 等高次项（它们是单变量 x 的简单函数）等价于增加新的独立变量。

有些模型是难处理的非线性（如指数项和的形式），并且不能转换成线性模型。对于这些情况，可以通过对更复杂的公式进行综合计算，得到最小二乘法估计。

4.7.3　其他基于回归的方法

线性回归用于对连续值函数进行建模的使用广泛，主要是由于它的简洁性。广义线性模型提供了将线性回归用于分类响应变量建模的理论基础。与线性回归不同，在广义线性模型中，响应变量 y 的方差是 y 的均值的函数。而在线性回归中的方差为常数。广义线性模型的常见形式包括逻辑斯谛回归和泊松回归。逻辑斯谛回归模型将某个事件发生的概率看做预测变量集的线性函数。计数数据常常呈现泊松分布，并通常使用泊松回归建模。

对数线性模型近似离散的多维概率分布，可以使用它们估计与数据立方体单元相关联的概率值。例如，假设给定属性 city、item、year 和 sales 的数据。在对数线性方法中，所有的属性必须是分类的，因此连续值属性（如 sales）必须先离散化，然后使用该方法，根据 city 和 item，city 和 year，city 和 sales 的 2-D 方体，item、year 和 sales 的 3-D 方体估计给定属性的 4-D 基本方体中每个单元的概率。这样，可以使用迭代技术，由低阶的数据立方体建立高阶的数据立方体。这种技术具有很好的可伸缩性，允许许多维。除预测之外，对数线性模型对于数据压缩（由于较低阶的方体的全部也比基本方体占用的空间少）和数据光滑（由于较低阶方体的单元估计比较基本方体具有更少的抽样方差）也是有用的。

可以采用决策树归纳使之预测连续(有序)值,而不是类标号。主要有两种类型的预测树——回归树和模型树。回归树是作为 CART 学习系统的一部分提出的缩写词 CART 表示分类与回归树。回归树的每个树叶存放一个连续值预测,实际上是到达该树叶的训练元组的预测属性的平均值。由于术语"回归"和"数值预测"在统计学作为同义词使用,尽管不使用任何回归方程组,结果树仍然称做"回归树"。相比之下,在模型树(Model Tree)中,每个树叶存放一个回归模型——预测属性的多元线性方程。当数据不能用简单的线性模型表示时,回归树和模型树一般比线性回归更准确。

4.8　预测和分类中的准确率、误差的度量

4.8.1　分类器准确率度量

由于学习算法对数据的过于拟合,使用训练数据导出分类器或预测器,然后评估结果学习模型的准确率可能错误地导致过于乐观的估计。准确率最好在检验集上评估。检验集由在训练模型时未使用的类标记的元组组成。分类器在给定检验集的准确率是分类器正确分类的检验集元组所占的百分比。在模式识别文献中,也称分类器的总体识别率(Recognition Rate),即反映分类器对各类元组的识别情况。

分类器 M 的误差率或误分类率是 $1-\mathrm{Acc(M)}$,其中 $\mathrm{Acc(M)}$ 是 M 的准确率。如果使用训练集评估模型的误差率,则该量称为再代入误差(Resubstitution Error)。这种误差估计是实际误差率的乐观估计(类似地,对应的准确率估计也是乐观的),因为并未在没有见过的任何样本上对模型进行检验。

混淆矩阵是分析分类器识别不同类元组情况的一种有用工具。两个类的混淆矩阵显示在表 4-4 中。给定 m 个类,混淆矩阵(Confusion Matrix)至少是 $m\times m$ 的表。m 行 m 列的表目 CM_{ij} 表示类 i 用分类器分到类 j 的元组数。理想地,对于具有高准确率的分类器,大部分元组应当用混淆矩阵对角线上的表目(从 CM_{11} 到 CM_{mm})表示,而其他表目接近于零。该表还可以有一些附加的行或列,提供每个类的合计或识别率。

表 4-4　buys_computer＝yes 和 buys_computer＝no 的混淆矩阵

类	buys_computer＝yes	buys_computer＝no	合计	识别率(%)
buys_computer＝yes	6954	46	7000	99.34
buys_computer＝no	412	2588	3000	86.27
合计	7366	2634	10 000	94.82

给定两类,可以使用术语正元组(感兴趣的主类的元组,如 buys_computer＝yes)和负元组(如 buys_computer＝no)。真正(True Positives)指分类器正确标记的正元组,而真负(True Negatives)是分类器正确标记的负元组。假正(False Positives)是错误标记的负元组(如,类 buys_computer＝no 的元组,分类器预测为 buys_computer＝yes)。类似地,假负(False Negatives)是错误标记的正元组(如,类 buys_computer＝yes 的元组,分类器预测为 buys_computer＝no)。这些术语在分析分类器的能力时是有用的,并汇总在

图 4 - 29 中。

	C_1	C_2	预测的类
C_1	真正	假负	
C_2	假正	真负	

实际的类

图 4 - 29　正、负元组的混淆矩阵

　　假设已经训练的分类器将医疗数据元组分类为"cancer"或"not_cancer"。90％的准确率使该分类器看上去相当准确，但是，如果实际只有 3％～4％的训练元组是"cancer"，显然，90％的准确率是不能接受的，比如，该分类器只能正确地对"not_cancer"的元组分类。换一种方式，希望能够评估分类器识别"cancer"元组（称做正元组）的情况和识别"not_cancer"元组（称做负元组）的情况。为此，可以分别使用灵敏性（Sensitivity）和特效性（Specificity）度量。灵敏度也称真正率（即正确识别的正元组的百分比），而特效性是真负率（即正确识别的负元组的百分比）。此外，可以使用精度（Precision）标记为"cancer"，实际是"cancer"的元组的百分比。这些度量定义为

$$\text{Sensitivity} = \frac{t\_pos}{pos} \tag{4.82}$$

$$\text{Specificity} = \frac{t\_neg}{neg} \tag{4.83}$$

$$\text{Precisicion} = \frac{t\_pos}{t\_pos + f\_pos} \tag{4.84}$$

其中，t_pos 是真正（正确地分类的"cancer"元组）数，pos 是正（"cancer"）元组数，t_neg 是真负（正确地分类的"not_cancer"元组）数，neg 是负（"not_cancer"）元组数，而 f_pos 是假正（错误地标记为"cancer"的"not_cancer"元组）数。可以证明正确率是灵敏性和特效性的函数：

$$\text{Accuracy} = \text{sensivity} \times \frac{pos}{(pos + neg)} + \text{specificity} \times \frac{neg}{(pos + neg)} \tag{4.85}$$

　　真正、真负、假正和假负也可以用于评估与分类模型相关联的代价和收益（或风险和增益）。分类模型与假负（如错误地预测癌症患者未患癌症）相关联的代价比与假正（不正确地、但保守地将非癌症患者分类为癌症患者）大得多。在这种情况下，通过赋予每种错误不同的代价，可以使一种类型的错误比另一种更重要。这些代价可以看做对病人的危害、导致治疗的高费用和其他医院开销。类似地，与真正决策相关联的收益也可能不同于真负。到目前为止，为计算分类器的准确率，一直假定真正与真负具有相等的代价，并用真正和真负之和除以检验元组总数。作为选择，通过计算每种决策的代价（或收益），可以纳入代价和收益。涉及代价-收益分析的其他应用包括贷款申请决策和针对销售广告邮寄。例如，贷款给一个拖欠者的代价远超过拒绝贷款给一个非拖欠者导致的商机损失的代价。类似地，在试图识别可能响应促销邮寄广告的家庭的应用中，向大量不理睬广告的家庭邮寄广告的代价可能比不向本来可能响应的家庭邮寄广告导致的商机损失的代价更重要。在总体分析中考虑的其他代价包括收集数据和开发分类工具的开销。

　　在分类问题中，通常假定所有的元组都是唯一可分类的，即每个训练元组只能属于一

类。然而，由于大型数据库中的数据非常多样化，假定所有的对象都唯一可分类并非总是合理的。假定每个元组属于多个类是更可行的。度量大型数据库分类器的准确率使用准确率度量是不合适的，因为它没考虑元组属于多个类的可能性。

不返回类标号，而返回类分布概率是有用的。这样，准确率度量可以采用二次猜测（second guess）试探：一个类预测是正确的，如果它与最可能的或次可能的类一致。尽管这在某种程度上确实考虑了元组的非唯一分类，但它不是完全解。

4.8.2　预测器误差度量

设 D 是形如$(X_1, y_1), (X_2, y_2), \cdots, (X_{\|D\|}, y_{\|D\|})$的检验集，其中 X_i 是 n 维检验元组，在响应变量 y 上具有已知值 y_i，$\|D\|$ 是 D 中的元组数。由于预测器返回连续值，而不是分类标号，很难准确地说 X_i 的预测值 y_i' 是否正确。使用损失函数（Loss Function）度量实际值 y_i 与预测值 y_i' 之间的误差来检测 y_i' 与 y_i 的差异。

最常见的损失函数是：

绝对误差：$\qquad\qquad\qquad |y_i - y_i'| \qquad\qquad\qquad\qquad$ (4.86)

平方误差：$\qquad\qquad\qquad (y_i - y')^2 \qquad\qquad\qquad\qquad$ (4.87)

基于上式，检验误差（率）或泛化误差（Generalization Error）是整个检验集的平均损失。这样，得到如下误差率：

均值绝对误差：
$$\frac{\sum_{i=1}^{\|D\|} |y_i - y_i'|}{\|D\|} \qquad\qquad\qquad (4.88)$$

均方误差：
$$\frac{\sum_{i=1}^{\|D\|} (y_i - y')^2}{\|D\|} \qquad\qquad\qquad (4.89)$$

均方误差放大了离群点的存在，而均值绝对误差不会。如果取均方误差的平方根，则结果误差度量称做均方根误差（Root Mean Squared Error）。这是有用的，因为它使误差的度量与被预测的量为同一量级。

有时，可能希望误差是相对的，相对于从训练数据 D 预测 y 的均值 $\bar{y}$。换句话说，可以除以由预测均值导致的总损失来规范化总损失。相对误差度量包括两类：

相对绝对误差：
$$\frac{\sum_{i=1}^{\|D\|} |y_i - y_i'|}{\sum_{i=1}^{\|D\|} |y_i - \bar{y}|} \qquad\qquad\qquad (4.90)$$

相对平方误差：
$$\frac{\sum_{i=1}^{\|D\|} (y_i - y')^2}{\sum_{i=1}^{\|D\|} (y_i - \bar{y})^2} \qquad\qquad\qquad (4.91)$$

其中，$\bar{y}$ 是训练数据中 y 的均值，即 $\bar{y} = \sum_{i=1}^{\|D\|} y_i / \|D\|$。可以取相对平方误差的根，得到相对平方根误差（Root Relative Squared Error），使得结果误差与被预测的量为同一量级。

4.9 评估分类器或预测器的准确率

保持、随机子抽样、交叉确认和自助法都是基于给定数据的随机抽样划分、评估准确率的常用技术。这些估计准确率的技术的使用增加了总体计算时间,但是对于模型选择是有用的。

4.9.1 保持方法和随机子抽样

(1) 保持(Holdout)方法。保持方法是目前为止讨论准确率时特指的方法。给定数据中,随机地划分成两个独立的集合:训练集和检验集。通常三分之二的数据分配到训练集,其余三分之一分配到检验集。使用训练集导出模型,其准确率用检验集估计(见图 4-30)。估计是悲观的,因为只有一部分初始数据用于导出模型。

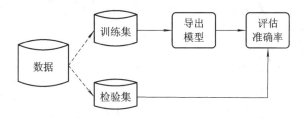

图 4-30 用保持方法估计准确率

(2) 随机子抽样(Random Subsampling)。随机子抽样是保持方法的一种变形,它将保持方法重复 k 次。总准确率估计取每次迭代准确率的平均值。对于预测,可以取预测器误差率的平均值。

4.9.2 交叉确认

在 k 折交叉确认(k-fold cross-validation)中,初始数据随机划分成 k 个互不相交的子集或"折"D_1,D_2,$\cdots$,D_k,每个折的大小大致相等。训练和检验进行 k 次。在第 i 次迭代,划分 D_i 用做检验集,其余的划分一起用来训练模型。也就是说,在第一次迭代,子集 D_2,D_3,$\cdots$,D_k 一起作为训练集,得到第一个模型,并在 D_1 上检验;第二次迭代在子集 D_1,D_3,$\cdots$,D_k 上训练,并在 D_2 上检验;如此下去。与保持和随机子抽样方法不同,这里每个样本用于训练的次数相同,并且用于检验一次。对于分类,准确率估计是 k 次迭代正确分类的总数除以初始数据中的元组总数。对于预测,误差估计可以用 k 次迭代的总损失除以初始元组总数来计算。

留一(leave-one-out)是 k 折交叉确认的特殊情况,其中 k 设置为初始元组数。也就是说,每次只给检验集"留出"一个样本。在分层交叉确认(Stratified Cross Validation)中,折被分层,使得每个折中元组的类分布与在初始数据中的大致相同。

一般建议使用分层 10 折交叉确认估计准确率(即使计算能力允许更多的折),因为它具有相对较低的偏倚和方差。

4.9.3 自助法

与准确率估计方法不同,自助法(Bootstrap Method)从给定训练元组中有放回地均匀抽样。也就是说，每当选中一个元组，它等可能地被再次选中并再次添加到训练集中。例如，想像一台从训练集中随机选择元组的机器，在有放回的抽样中，允许机器多次选择同一个元组。

自助方法有多种，常用的一种是 0.632 自助法，其方法如下：设给定的数据集包含 d 个元组。该数据集有放回地抽样 d 次，产生 d 个样本的自助样本集或训练集。原数据元组中的某些元组很可能在该样本集中出现多次。没有进入该训练集的数据元组最终形成检验集。假设进行这样的抽样多次。其结果是，在平均情况下，63.2% 的原数据元组将出现在自助样本中，而其余 36.8% 的元组将形成检验集（因此称 0.632 自助法）。

假定每个元组被选中的概率是 $1/d$，因此未被选中的概率是 $(1-1/d)$。要挑选 d 次，一个元组在全部 d 次挑选都未被选中的概率是 $(1-1/d)^d$。如果 d 很大，该概率近似为 $e^{-1}=0.368$。这样，36.8% 的元组未被选为训练集而留在检验集中，其余的 63.2% 将形成训练集。

可以重复抽样过程 k 次，每次迭代，使用当前的检验集得到从当前自助样本得到的模型的准确率估计。模型的总体准确率则用下式估计：

$$\text{Acc}(M) = \sum_{i=1}^{k} (0.632 \times \text{Acc}(M_i)_{\text{test\_set}} + 0.368 \times \text{Acc}(M_i)_{\text{train\_set}}) \tag{4.92}$$

其中 $\text{Acc}(M_i)_{\text{test\_set}}$ 是自助样本 i 得到的模型用于检验集 i 的准确率。$\text{Acc}(M_i)_{\text{train\_set}}$ 是自助样本 i 得到的模型用于原数据元组集的准确率。对于小数据集，自助法效果很好。

4.10 小　结

分类和预测是两种数据分析形式，可以用来提取模型，描述重要数据类或预测未来的数据趋势。分类预测分类标号（类），而预测建立连续值函数模型。

分类和预测准备阶段的数据预处理可能涉及数据清理（减少噪声或处理缺失值）、相关分析（删除不相关或冗余属性）和数据变换（如泛化数据到较高的概念层，或对数据规范化）。

预测的准确率、计算速度、鲁棒性、可伸缩性和可解释性是评估分类和预测方法的五条标准。

ID3、C4.5 和 CART 是决策树归纳的核心算法。每种算法都使用一种属性选择度量，为树中每个非树叶节点选择测试属性。剪枝算法试图通过剪去反映数据中噪声的分枝，提高准确率。早期的决策树算法通常假定数据驻留内存——对大型数据库的数据挖掘是一种限制。已经提出了一些可伸缩的算法来解决这一问题，如 SUA、SPRINT 和雨林算法。

朴素贝叶斯分类和贝叶斯信念网络基于后验概率的贝叶斯定理。与贝叶斯分类（假定类条件独立）不同，贝叶斯信念网络允许在变量子集之间定义类条件独立性。

基于规则的分类器使用 IF-THEN 规则分类。规则可以从决策树提取，还可以直接从训练数据采用顺序覆盖法和关联分类法产生。

后向传播是一种用于分类的神经网络算法，使用梯度下降方法。它搜索一组权重，这组权重可以对数据建模，使得数据元组的网络类预测和实际类标号之间的均方距离最小。可以由训练过的神经网络提取规则，帮助改进学习网络的可解释性。

支持向量机(SVM)是一种用于线性和非线性数据的分类算法。它将原数据变换到较高维空间，使用称做支持向量的基本训练元组，从中发现分离数据的超平面。

决策树分类法、贝叶斯分类法、后向传播分类、支持向量机和基于关联的分类方法都是急切学习方法的例子。使用训练元组构造泛化模型，从而为新元组的分类做好准备。这与诸如最近邻分类法和基于案例的推理分类法等惰性学习方法或基于实例的方法相反，后者将所有训练元组存储在模式空间中，一直等到检验元组出现才进行泛化。因此，惰性学习方法需要有效的索引技术。

线性、非线性和广义线性回归模型都可以用于预测。许多非线性问题都可以通过预测器变量的变换，转换成线性问题。与决策树不同，回归树和模型树都可以用于预测。在回归树中，每个树叶都存放连续值预测。在模型树中，每个树叶都存放一个回归模型。

分层 k 折交叉确认是一种推荐的评估准确率的方法。对于分类，灵敏性、特效性和精度都是准确性度量的有用的选择，当感兴趣的主类为少数类时尤其如此。有许多预测器误差度量，如均方误差、均值绝对误差、相对平方误差和相对绝对误差。

已有许多不同的分类和预测方法的比较，并且该问题仍然是一个研究课题。尚未发现有一种方法对所有数据集都优于其他方法。如准确性、训练时间、鲁棒性、可解释性和可伸缩性都必须考虑，并且可能涉及比较评定，使得寻求更好方法进一步复杂化。实验研究表明，许多算法的准确性非常类似，其差别不是统计显著的，而训练时间可能显著不同。对于分类，大部分神经网络和涉及样条的统计方法与大部分决策树方法相比，趋向于更加计算密集。

习　　　题

4.1　简述决策树分类的主要步骤。

4.2　计算决策树算法在最坏情况下的计算复杂度是重要的。给定数据集 D，具有 n 个属性和 $|D|$ 个训练元组，证明决策树生长的计算时间最多为 $n \times |D| \times \log(|D|)$。

4.3　给定 k 和描述每个元组的属性数 n，写一个 k 最近邻分类算法。

4.4　比较急切分类(如决策树、贝叶斯、神经网络)相对于惰性分类(如 k-最近邻、基于案例推理)的优缺点。

4.5　试把如图 4-31 所示的决策树转换成分类规则(假定决策属性为 buys_computer)。

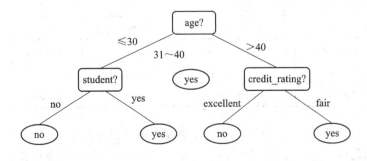

图 4-31　一个决策树

4.6　表 4-5 给出了一个关于配眼镜的决策分类所需要的数据。数据集包含 5 个属性：

(1) age:{young, pre-presbyopic, presbyopic};

(2) astigmatism:{no, yes};

(3) spectacle-prescrip:{myope, hypermetrope};

(4) tear-prod-rate:{reduced, normal};

(5) contact-lenses:{soft, none, hard};

contact-lenses 是决策属性，通过手动模拟 ID3 算法来实现决策过程。

表 4 - 5　训 练 数 据 集

No.	age	spectacle-presc	astigmatism	tar-dorp-ract	contact-lenses
1	young	myope	no	reduced	none
2	young	myope	no	normal	soft
3	young	myope	yes	reduced	none
4	young	myope	yes	normal	hard
5	young	hypermetrope	no	reduced	none
6	young	hypermetrope	no	normal	soft
7	young	hypermetrope	yes	reduced	none
8	young	hypermetrope	yes	normal	hard
9	pre-presbyopic	myope	no	reduced	none
10	pre-presbyopic	myope	no	normal	soft
11	pre-presbyopic	myope	yes	reduced	none
12	pre-presbyopic	myope	yes	normal	hard
13	pre-presbyopic	hypermetrope	no	reduced	none
14	pre-presbyopic	hypermetrope	no	normal	soft
15	pre-presbyopic	hypermetrope	yes	reduced	none
16	pre-presbyopic	hypermetrope	yes	normal	none
17	presbyopic	myope	no	reduced	none
18	presbyopic	myope	no	normal	none
19	presbyopic	myope	yes	reduced	none
20	presbyopic	myope	yes	normal	hard
21	presbyopic	hypermetrope	no	reduced	none
22	presbyopic	hypermetrope	no	normal	soft
23	presbyopic	hypermetrope	yes	reduced	none
24	presbyopic	hypermetrope	yes	normal	none

4.7　使用你熟悉的语言实现 ID3 算法，并测试 4.6 题的结果。

4.8　下面的例子分为 3 类：{Short, Tall, Medium}，Height 为连续属性，假定该属性服从高斯分布，数据集如表 4 - 6 所示，请用贝叶斯分类方法对例子 t = (Adam，M，1.95 m)进行分类。

表 4 - 6 训 练 数 据 集

No.	name	Gender	Height	Output
1	Kristina	F	1.60m	Short
2	Jim	M	2.00m	Tall
3	Maggie	F	1.90m	Medium
4	Martha	F	1.88m	Medium
5	Stephanie	F	1.70m	Short
6	Bob	M	1.85m	Medium
7	Kathy	F	1.60m	Short
8	Dave	M	1.70m	Short
9	Worth	M	2.20m	Tall
10	Steven	M	2.10m	Tall
11	Debbie	F	1.80m	Medium
12	Todd	M	1.95m	Medium
13	Kim	F	1.90m	Medium
14	Amy	F	1.80m	Medium
15	Wynette	F	1.75m	Medium

4.9 表 4 - 7 给出课程数据库中学生的期中和期末考试成绩。

(a) 绘制数据图。x 和 y 看上去具有线性联系吗？

(b) 使用最小二乘方法，由学生的课程期中成绩预测学生的期末成绩的方程式。

(c) 预测期中成绩为 86 分的学生的期末成绩。

表 4 - 7 考 试 成 绩

期中考试(x)	期末考试(y)
72	84
50	63
81	77
74	78
94	90
86	75
59	49
83	79
65	77
33	52
88	74
81	90

第5章　聚　类　方　法

"物以类聚，人以群分"，聚类是人类的一项最基本的认识活动。聚类的用途非常广泛。在生物学中，聚类可以辅助进行动、植物分类方面的研究，以及通过对基因数据的聚类，找出功能相似的基因；在地理信息系统中，聚类可以找出具有相似用途的区域，辅助进行石油开采；在商业上，聚类可以帮助市场分析人员对消费者的消费记录进行分析，从而概括出每一类消费者的消费模式，实现消费群体的区分。

聚类就是将数据对象分成多个类或簇（Cluster），划分的原则是在同一个簇中的对象之间具有较高的相似度，而不同簇中的对象差别较大。与分类不同的是，聚类操作中要划分的类是事先未知的，类的形成完全是由数据驱动的，属于一种无指导的学习方法。

本章首先对聚类方法进行一个简要、全面的概述，包括对聚类的概念、算法的分类方法、相似性度量等；其次详细介绍几种典型的聚类方法，包括划分方法 k-平均（k-means）和 k-中心点（k-medoids）、层次聚类方法、密度聚类方法 DBSCAN 和基于网格的聚类方法；再次介绍异常检测方面的算法；最后进行一个简单的小结。

5.1　概　　述

聚类分析源于许多研究领域，包括数据挖掘、统计学、机器学习、模式识别等。它是数据挖掘中的一个功能，但也能作为一个独立的工具来获得数据分布的情况，概括出每个簇的特点，或者集中注意力对特定的某些簇作进一步的分析。此外，聚类分析也可以作为其他分析算法（如关联规则、分类等）的预处理步骤，这些算法在生成的簇上进行处理。

数据挖掘技术的一个突出的特点是处理巨大的、复杂的数据集，这对聚类分析技术提出了特殊的挑战，要求算法具有可伸缩性、处理不同类型属性、发现任意形状的类、处理高维数据的能力等。根据潜在的各项应用，数据挖掘对聚类分析方法提出了不同要求。典型要求可以通过以下几个方面来刻画。

（1）可伸缩性：指聚类算法不论对于小数据集还是对于大数据集，都应是有效的。在很多聚类算法当中，数据对象小于几百个的小数据集合上鲁棒性很好，而对于包含上万个数据对象的大规模数据库进行聚类时，将会导致不同的偏差结果。研究大容量数据集的高效聚类方法是数据挖掘必须面对的挑战。

（2）具有处理不同类型属性的能力：指既可处理数值型数据，又可处理非数值型数据，既可以处理离散数据，又可以处理连续域内的数据，如布尔型、序数型、枚举型或这些数据类型的混合。

（3）能够发现任意形状的聚类。许多聚类算法经常使用欧几里得距离来作为相似性度量方法，但基于这样的距离度量的算法趋向于发现具有相近密度和尺寸的球状簇。对于一个可能是任意形状的簇的情况，提出能发现任意形状簇的算法是很重要的。

（4）输入参数对领域知识的弱依赖性。在聚类分析当中，许多聚类算法要求用户输入一定的参数，如希望得到的簇的数目等。聚类结果对于输入的参数很敏感，通常参数较难确定，尤其是对于含有高维对象的数据集更是如此。要求用人工输入参数不但加重了用户的负担，也使得聚类质量难以控制。一个好的聚类算法应该对这个问题给出一个好的解决方法。

（5）对于输入记录顺序不敏感。一些聚类算法对于输入数据的顺序是敏感的。例如，对于同一个数据集合，以不同的顺序提交给同一个算法时，可能产生差别很大的聚类结果。研究和开发对数据输入顺序不敏感的算法具有重要的意义。

（6）挖掘算法应具有处理高维数据的能力，既可处理属性较少的数据，又能处理属性较多的数据。很多聚类算法擅长处理低维数据，一般只涉及两维到三维，人类对两、三维数据的聚类结果很容易直观地判断聚类的质量。但是，高维数据聚类结果的判断就不那样直观了。数据对象在高维空间的聚类是非常具有挑战性的，尤其是考虑到这样的数据可能高度偏斜并且非常稀疏。

（7）处理噪声数据的能力。在现实应用中，绝大多数的数据都包含了孤立点、空缺、未知数据或者错误的数据。如果聚类算法对于这样的数据敏感，将会导致质量较低的聚类结果。

（8）基于约束的聚类。在实际应用当中可能需要在各种约束条件下进行聚类。既要找到满足特定的约束，又要具有良好聚类特性的数据分组是一项具有挑战性的任务。

（9）挖掘出来的信息是可理解的和可用的。这点很容易理解，但在实际挖掘中往往不能令人满意。

5.1.1　聚类分析在数据挖掘中的应用

聚类分析在数据挖掘中的应用主要有以下几个方面：

（1）聚类分析可以作为其他算法的预处理步骤。

利用聚类进行数据预处理，可以获得数据的基本概况，在此基础上进行特征抽取或分类就可以提高精确度和挖掘效率。也可将聚类结果用于进一步关联分析，以进一步获得有用的信息。

（2）可以作为一个独立的工具来获得数据的分布情况。

聚类分析是获得数据分布情况的有效方法。例如，在商业上，聚类分析可以帮助市场分析人员从客户基本资料数据库中发现不同的客户群，并且用购买模式来刻画不同的客户群的特征。通过观察聚类得到的每个簇的特点，可以集中对特定的某些簇作进一步分析。这在诸如市场细分、目标顾客定位、业绩估评、生物种群划分等方面具有广阔的应用前景。

（3）聚类分析可以完成孤立点挖掘。

许多数据挖掘算法试图使孤立点影响最小化，或者排除它们。然而孤立点本身可能是非常有用的，如在欺诈探测中，孤立点可能预示着欺诈行为的存在。

5.1.2　聚类分析算法的概念与基本分类

1. 聚类概念

定义 5.1　聚类分析的输入可以用一组有序对 (X, s) 或 (X, d) 表示，这里 X 表示一组样本，s 和 d 分别是度量样本间相似度或相异度（距离）的标准。聚类系统的输出是对数据的区分结果，即 $C = \{C_1, C_2, \cdots, C_k\}$，其中 $C_i (i = 1, 2, \cdots, k)$ 是 X 的子集，且满足如下条件：

(1) $C_1 \bigcup C_2 \bigcup \cdots \bigcup C_k = X$;

(2) $C_i \bigcap C_j = \Phi$，$i \neq j$。

C 中的成员 C_1，C_2，$\cdots$，C_k 称为类或者簇。每一个类可以通过一些特征来描述。通常有如下几种表示方式：

- 通过类的中心或类的边界点表示一个类。
- 使用聚类树中的结点图形化地表示一个类。
- 使用样本属性的逻辑表达式表示类。

用类的中心表示一个类是最常见的方式。当类是紧密的或各向分布同性时，用这种方法非常好。然而，当类是伸长的或各向分布异性时，这种方式就不能正确地表示它们了。

2. 聚类分析算法的分类

聚类分析是一个活跃的研究领域，已经有大量的、经典的和流行的算法涌现，例如 k-平均、k-中心点、PAM、CLARANS、BIRTH、CURE、OPTICS、DBSCAN、STING 等。采用不同的聚类算法，对于相同的数据集可能有不同的划分结果。很多文献从不同角度对聚类分析算法进行了分类。

1) 按聚类的标准划分

按照聚类的标准，聚类算法可分为如下两种：

(1) 统计聚类算法。统计聚类算法基于对象之间的几何距离进行聚类。统计聚类分析包括系统聚类法、分解法、加入法、动态聚类法、有序样品聚类、有重叠聚类和模糊聚类。这种聚类算法是一种基于全局比较的聚类，它需要考察所有的个体才能决定类的划分。因此，它要求所有的数据必须预先给定，而不能动态地增加新的数据对象。

(2) 概念聚类算法。概念聚类算法基于对象具有的概念进行聚类。这里的距离不再是传统方法中的几何距离，而是根据概念的描述来确定的。典型的概念聚类或形成方法有 COBWEB、OLOC 和基于列联表的方法。

2) 按聚类算法所处理的数据类型划分

按照聚类算法所处理的数据类型，聚类算法可分为三种：

(1) 数值型数据聚类算法。数值型数据聚类算法所分析的数据的属性为数值数据，因此可对所处理的数据直接比较大小。目前，大多数的聚类算法都是基于数值型数据的。

(2) 离散型数据聚类算法。由于数据挖掘的内容经常含有非数值的离散数据，近年来人们在离散型数据聚类算法方面做了许多研究，提出了一些基于此类数据的聚类算法，如 k-模(k-mode)、ROCK、CACTUS、STIRR 等。

(3) 混合型数据聚类算法。混合型数据聚类算法是能同时处理数值数据和离散数据的聚类算法，这类聚类算法通常功能强大，但性能往往不尽人意。混合型数据聚类算法的典型算法为 k-原型(k-prototypes)算法。

3) 按聚类的尺度划分

按照聚类的尺度，聚类算法可被分为以下三种：

(1) 基于距离的聚类算法。距离是聚类分析常用的分类统计量。常用的距离定义有欧氏距离和马氏距离。许多聚类算法都是用各式各样的距离来衡量数据对象之间的相似度，如 k-平均、k-中心点、BIRCH、CURE 等算法。算法通常需要给定聚类数目 k，或区分两个类的最小距离。基于距离的算法聚类标准易于确定、容易理解，对数据维度具有伸缩性，但只适用于欧几里得空间和曼哈坦空间,对孤立点敏感,只能发现圆形类。为克服这些缺点,提高算法性能,k-中心点、BIRCH、CURE 等算法采取了一些特殊的措施。如 CURE 算法使用固定数目的多个数据点作为类代表,这样可提高算法处理不规则聚类的能力,降低对孤立点的敏感度。

(2) 基于密度的聚类算法。从广义上说,基于密度和基于网格的算法都可算作基于密度的算法。此类算法通常需要规定最小密度门限值。算法同样适用于欧几里得空间和曼哈坦空间,对噪声数据不敏感,可以发现不规则的类,但当类或子类的粒度小于密度计算单位时,会被遗漏。

(3) 基于互连性的聚类算法。基于互连性(Linkage-Based)的聚类算法通常基于图或超图模型。它们通常将数据集映像为图或超图,满足连接条件的数据对象之间画一条边,高度连通的数据聚为一类。属于此类的算法有:ROCK、CHAMELEON、ARHP、STIRR、CACTUS 等。此类算法可适用于任意形状的度量空间,聚类的质量取决于链或边的定义,不适合处理太大的数据集。当数据量大时,通常忽略权重小的边,使图变稀疏,以提高效率,但会影响聚类质量。

4) 按聚类算法的思路划分

按照聚类分析算法的主要思路,聚类算法可以归纳为如下几种:

(1) 划分法(Partitioning Methods)。给定一个 n 个对象或者元组的数据库,划分方法构建数据的 k 个划分,每个划分表示一个簇,并且 $k \leqslant n$。也就是说,它将数据划分为 k 个组,同时满足如下的要求:每个组至少包含一个对象;每个对象必须属于且只能属于一个组。

属于该类的聚类算法有:k-平均、k-模、k-原型、k-中心点、PAM、CLARA、CLARANS 等。

(2) 层次法(Hierarchical Methods)。层次方法对给定数据对象集合进行层次的分解。根据层次的分解方法,层次方法又可以分为凝聚的和分裂的。

分裂的方法也称为自顶向下的方法,一开始将所有的对象置于一个簇中,在迭代的每一步中,一个簇被分裂成更小的簇,直到每个对象在一个单独的簇中,或者达到一个终止条件。如 DIANA 算法属于此类。

凝聚的方法也称为自底向上的方法,一开始就将每个对象作为单独的一个簇,然后相继地合并相近的对象或簇,直到所有的簇合并为一个,或者达到终止条件。如 AGNES 算法属于此类。

(3) 基于密度的算法(Density-based Methods)。基于密度的算法与其他方法的一个根本区别是:它不是用各式各样的距离作为分类统计量,而是看数据对象是否属于相连的密度域,属于相连密度域的数据对象归为一类。如 DBSCAN 属于密度聚类算法。

(4) 基于网格的算法(Grid-based Methods)。基于网格的算法首先将数据空间划分成为有限个单元(Cell)的网格结构,所有的处理都是以单个单元为对象的。这样处理的一个突出优点是处理速度快,通常与目标数据库中记录的个数无关,只与划分数据空间的单元数有关。但此算法处理方法较粗放,往往影响聚类质量。代表算法有 STING、CLIQUE、WaveCluster、DBCLASD、OptiGrid 算法。

(5) 基于模型的算法(Model-Based Methods)。基于模型的算法给每一个簇假定一个模型,然后去寻找能够很好地满足这个模型的数据集。这样一个模型可能是数据点在空间中的密度分布函数或者其他函数。它的一个潜在的假定是：目标数据集是由一系列的概率分布所决定的。通常有两种尝试方案：统计的方案和神经网络的方案。基于统计学模型的算法有 COBWEB、Autoclass，基于神经网络模型的算法有 SOM。

5.1.3　距离与相似性的度量

一个聚类分析过程的质量取决于对度量标准的选择，因此必须仔细选择度量标准。

为了度量对象之间的接近或相似程度，需要定义一些相似性度量标准。本章用 $s(x, y)$ 表示样本 x 和样本 y 的相似度。当 x 和 y 相似时，$s(x, y)$ 的取值是很大的；当 x 和 y 不相似时，$s(x, y)$ 的取值是很小的。相似性的度量具有自反性，即 $s(x, y) = s(y, x)$。对于大多数聚类算法来说，相似性度量标准被标准化为 $0 \leqslant s(x, y) \leqslant 1$。

在通常情况下，聚类算法不计算两个样本间的相似度，而是用特征空间中的距离作为度量标准来计算两个样本间的相异度的。对于某个样本空间来说，距离的度量标准可以是度量的或半度量的，以便用来量化样本的相异度。相异度的度量用 $d(x, y)$ 来表示，通常称相异度为距离。当 x 和 y 相似时，距离 $d(x, y)$ 的取值很小；当 x 和 y 不相似时，$d(x, y)$ 的取值很大。

下面对这些度量标准作简要介绍。

按照距离公理，在定义距离测度时需要满足距离公理的四个条件：自相似性、最小性、对称性以及三角不等性。常用的距离函数有如下几种。

1. 明可夫斯基距离（Minkowski）

假定 x_i、y_i 分别是样本 x、y 的第 i 个特征，$i = 1, 2, \cdots, n$，n 是特征的维数。x 和 y 的明可夫斯基距离度量的定义如下：

$$d(x, y) = \left[\sum_{i=1}^{n} |x_i - y_i|^r \right]^{\frac{1}{r}} \tag{5.1}$$

当 r 取不同的值时，上述距离度量公式演化为一些特殊的距离测度：

（1）当 $r = 1$ 时，明可夫斯基距离演变为绝对值距离：

$$d(x, y) = \sum_{i=1}^{n} |x_i - y_i|$$

（2）当 $r = 2$ 时，明可夫斯基距离演变为欧氏距离：

$$d(x, y) = \left[\sum_{i=1}^{n} |x_i - y_i|^2 \right]^{\frac{1}{2}}$$

2. 二次型距离（Quadratic）

二次型距离测度的形式如下：

$$d(x, y) = ((x - y)^T A (x - y))^{\frac{1}{2}} \tag{5.2}$$

当 A 取不同的值时，上述距离度量公式演化为一些特殊的距离测度：

（1）当 A 为单位矩阵时，二次型距离演变为欧氏距离。

（2）当 A 为对角阵时，二次型距离演变为加权欧氏距离，即

$$d(x, y) = \left[\sum_{i=1}^{n} a_{ii} |x_i - y_i|^2 \right]^{\frac{1}{2}} \tag{5.3}$$

（3）当 A 为协方差矩阵时，二次型距离演变为马氏距离。

3. 余弦距离

余弦距离的度量形式如下：

$$d(x, y) = \frac{\sum_{i=1}^{n} x_i y_i}{\sqrt{\sum_{i=1}^{n} x_i^2 \sum_{i=1}^{n} y_i^2}} \tag{5.4}$$

4. 二元特征样本的距离度量

前面几种距离度量对于包含连续特征的样本是很有效的，但对于包含部分或全部不连续特征的样本，计算样本间的距离是比较困难的。因为不同类型的特征是不可比的，只用一个标准作为度量标准是不合适的。下面介绍几种二元类型数据的距离度量标准。假定 x 和 y 分别是 n 维特征，x_i 和 y_i 分别表示每维特征，且 x_i 和 y_i 的取值为二元类型数值 $\{0, 1\}$。则 x 和 y 的距离定义的常规方法是先求出如下几个参数，然后采用 SMC、Jaccard 系数或 Rao 系数。

假设：

(1) a 是样本 x 和 y 中满足 $x_i = 1$，$y_i = 1$ 的二元类型属性的数量。

(2) b 是样本 x 和 y 中满足 $x_i = 1$，$y_i = 0$ 的二元类型属性的数量。

(3) c 是样本 x 和 y 中满足 $x_i = 0$，$y_i = 1$ 的二元类型属性的数量。

(4) d 是样本 x 和 y 中满足 $x_i = 0$，$y_i = 0$ 的二元类型属性的数量。

则简单匹配系数 SMC(Simple Match Coefficient)定义为

$$S_{\text{smc}}(x, y) = \frac{a + b}{a + b + c + d} \tag{5.5}$$

Jaccard 系数定义为

$$S_{\text{jc}}(x, y) = \frac{a}{a + b + c} \tag{5.6}$$

Rao 系数定义为

$$S_{\text{rc}}(x, y) = \frac{a}{a + b + c + d} \tag{5.7}$$

5.2 划分聚类方法

划分聚类方法是最基本的聚类方法。像 k-平均、k-模、k-原型、k-中心点、PAM、CLARA 以及 CLARANS 都属于划分聚类方法。

本节首先介绍划分聚类方法的主要思想，然后介绍经典的划分聚类方法 k-平均和 PAM 算法，最后介绍其他聚类方法。

1. 划分聚类方法的主要思想

定义 5.2 给定一个有 n 个对象的数据集，划分聚类技术将构造数据进行 k 个划分，每一个划分就代表一个簇，$k \leqslant n$。也就是说，它将数据划分为 k 簇，而且这 k 个划分满足下列条件：① 每一个簇至少包含一个对象；② 每一个对象属于且仅属于一个簇。

对于给定的 k，算法首先给出一个初始的划分方法，以后通过反复迭代的方法改变划分，使得每一次改进之后的划分方案都较前一次更好。所谓好的标准，就是同一簇中的对象越近越好，而不同簇中的对象越远越好。目标是最小化所有对象与其参照点之间的相异度之和。这里的远近或者相异度/相似度实际上是聚类的评价函数。

2. 评价函数

大多数为聚类设计的评价函数着重考虑两个方面：每个簇应该是紧凑的；各个簇间的距离应该尽量远。实现这种概念的一种直接方法就是观察聚类 C 的类内差异（Within cluster variation）$w(C)$和类间差异（Between cluster variation）$b(C)$。类内差异衡量类内的紧凑性，类间差异衡量不同类之间的距离。

类内差异可以用多种距离函数来定义，最简单的就是计算类内的每一个点到它所属类中心的距离的平方和，即

$$w(C) = \sum_{i=1}^{k} w(C_i) = \sum_{i=1}^{k} \sum_{x \in C_i} d(x, \bar{x}_i)^2 \tag{5.8}$$

类间差异定义为类中心间的距离，即

$$b(C) = \sum_{1 \leqslant j < i \leqslant k} d(\bar{x}_j, \bar{x}_i)^2 \tag{5.9}$$

式（5.8）和式（5.9）中的 $\bar{x}_i$、$\bar{x}_j$ 分别是 C_i、C_j 类的类中心（平均值）。

聚类 C 的总体质量可被定义为 $w(C)$ 和 $b(C)$ 的一个单调组合，比如 $w(C)/b(C)$。

下面讨论的 k-平均算法就是用类内的均值作为聚类中心、用欧氏距离定义 d，并使 $w(C)$ 最小化。

5.2.1　k-平均算法

k-平均（k-Means）也被称为 k-均值，是一种得到最广泛使用的聚类算法。k-平均算法以 k 为参数，把 n 个对象分为 k 个簇，以使簇内具有较高的相似度。相似度的计算根据一个簇中对象的平均值来进行。

算法首先随机地选择 k 个对象，每个对象初始地代表了一个簇的平均值或中心。对剩余的每个对象根据其与各个簇中心的距离，将它赋给最近的簇，然后重新计算每个簇的平均值。这个过程不断重复，直到准则函数收敛。

k-平均算法的准则函数定义为

$$E = \sum_{i=1}^{k} \sum_{x \in C_i} \| x - \bar{x}_i \|^2 \tag{5.10}$$

其中 x 是空间中的点，表示给定的数据对象，$\bar{x}_i$ 是簇 C_i 的平均值。这个准则可以保证生成的簇尽可能的紧凑和独立。

1. 算法描述

算法 5.1　k-平均算法。

输入：簇的数目 k；包含 n 个对象的数据集 D。

输出：k 个簇的集合。

方法：

（1）从 D 中任意选择 k 个对象作为初始簇中心；

（2）repeat；

(3) 根据簇中对象的均值,将每个对象指派到最相似的簇;

(4) 更新簇均值,即计算每个簇中对象的均值;

(5) 计算准则函数 E;

(6) until 准则函数 E 不再发生变化;

2. 算法的性能分析

1) 优点

(1) k-平均算法是解决聚类问题的一种经典算法,算法简单、快速。

(2) 对处理大数据集,该算法是相对可伸缩的和高效率的,因为它的复杂度大约是 $O(nkt)$,其中 n 是所有对象的数目,k 是簇的数目,t 是迭代的次数。通常地 $k \ll n$。这个算法经常以局部最优结束。

(3) 算法尝试找出使平方误差函数值最小的 k 个划分。当簇是密集的、球状或团状的,而簇与簇之间区别明显时,它的聚类效果较好。

2) 缺点

(1) k-平均方法只有在簇的平均值被定义的情况下才能使用,不适用于某些应用,如涉及有分类属性的数据不适用。

(2) 要求用户必须事先给出要生成的簇的数目 k。

(3) 对初值敏感,对于不同的初始值,可能会导致不同的聚类结果。

(4) 不适合于发现非凸面形状的簇,或者大小差别很大的簇。

(5) 对于"噪声"和孤立点数据敏感,少量的该类数据能够对平均值产生极大影响。

3) 改进措施

为了实现对离散数据的快速聚类,k-模算法被提出,它保留了 k-平均算法效率的同时,将 k-平均的应用范围扩大到离散数据。k-原型可以对离散与数值属性两种混合的数据进行聚类,在 k-原型中定义了一个对数值与离散属性都计算的相异性度量标准。

k-平均算法对于孤立点是敏感的。为了解决这个问题,不采用簇中的平均值作为参照点,可以选用簇中位置最靠近中心的对象,即中心点作为参照点。k-中心点算法的基本思路是:首先为每个簇任意选择一个代表对象;剩余的对象根据其与代表对象的距离分配给最近的一个簇。然后反复地用非代表对象来代替代表对象,以改进聚类的质量。这样的划分方法仍然是基于最小化所有对象与其参照点之间的相异度之和的原则来执行的。

5.2.2 k-中心点算法

k-平均值算法对离群点是敏感的,因为具有很大的极端值的对象可能显著地扭曲数据的分布。平方误差函数的使用更是严重恶化了这一影响(见式(5.10))。

改进的方法:不采用簇中对象的均值作为参照点,而是在每个簇中选出一个实际的对象来代表该簇。其余的每个对象聚类到与其最相似的代表性对象所在的簇中。划分方法仍然基于最小化所有对象与其对应的参照点之间的相异度之和的原则来执行。准则函数使用绝对误差标准(Absolute-Error Criterion),其定义如下:

$$E = \sum_{j=1}^{k} \sum_{P \in C_j} \| p - o_j \| \tag{5.11}$$

其中,E 是数据集中所有对象的绝对误差之和;P 是空间中的点,代表簇 C 中一个给定对象；O_j 是簇 C_j 中的代表对象。通常，该算法重复迭代，直到每个代表对象都成为它的簇的实际中心点，或最靠中心的对象。这是将 n 个对象划分到 k 个簇的 k-中心点方法的基础。

　　k-中心点聚类首先随意选择初始代表对象（或种子），只要能够提高聚类结果的质量，迭代过程就继续用非代表对象替换代表对象。聚类结果的质量用代价函数来评估，该函数度量对象与其簇的代表对象之间的平均相异度。为了确定非代表对象 O_{random} 是否是当前代表对象 O_j 的好的替代，对于每一个非代表对象 P，考虑四种情况，如图 5-1 所示。

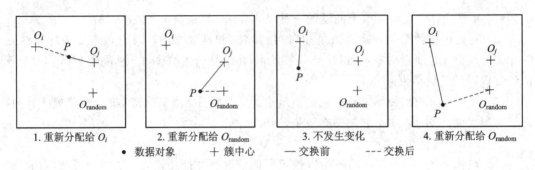

1. 重新分配给 O_i　　　2. 重新分配给 O_{random}　　　3. 不发生变化　　　4. 重新分配给 O_{random}

● 数据对象　　　＋ 簇中心　　　— 交换前　　　--- 交换后

图 5-1　k-中心点聚类代价函数的四种情况

　　（1）第一种情况：P 当前隶属于代表对象 O_j。如果 O_j 被 O_{random} 所取代作为代表对象，并且 P 离其他代表对象 $O_i(i \neq j)$ 最近，则 P 重新分配给 O_i。

　　（2）第二种情况：P 当前隶属于代表对象 O_j。如果 O_j 被 O_{random} 所代替作为代表对象，并且 P 离 O_{random} 最近，则 P 重新分配给 O_{random}。

　　（3）第三种情况：P 当前隶属于代表对象 O_i，$i \neq j$。如果 O_j 被 O_{random} 所代替作为代表对象，并且 P 仍然离 O_i 最近，则对象的隶属不发生变化。

　　（4）第四种情况：P 当前隶属于代表对象 O_i，$i \neq j$。如果 O_j 被 O_{random} 所代替作为代表对象，并且 P 离 O_{random} 最近，则 P 重新分配给 O_{random}。

　　每当重新分配发生时，绝对误差 E 的差对代价函数有影响。因此，如果当前的代表对象被非代表对象所取代，代价函数就计算绝对误差值的差。交换的总代价是所有非代表对象所产生的代价之和。如果总代价是负的，实际的绝对误差 E 将会减小，O_j 可以被 O_{random} 取代或交换；如果总代价是正的，则当前的代表对象 O_j 是可接受的，在本次迭代中没有变化发生。

　　PAM(Partitioning Around Medoids，围绕中心点的划分)是最早提出的 k-中心点算法之一。它试图确定 n 个对象的 k 个划分。在随机选择 k 个初始代表对象之后，该算法反复地试图选择簇的更好的代表对象。分析所有可能的对象对，每对中的一个对象看做是代表对象，而另一个不是。对于每个这样的组合，计算聚类结果的质量。对象 O_j 被那个可以使误差值减少最多的对象所取代。在一次迭代中产生的每个簇中最好的对象集合成为下次迭代的代表对象。最终集合中的代表对象便是簇的代表中心点。每次迭代的复杂度是 $O(k(n-k)^2)$，当 n 和 k 的值较大时，计算代价相当高。

　　在 PAM 算法中，可以把过程分为两个步骤。

　　（1）建立：随机选择 k 个中心点作为初始的簇中心点。

　　（2）交换：对所有可能的对象对进行分析，找到交换后可以使误差减少的对象，代替原中心点。

算法 5.2 PAM(k-中心点算法)。

输入：簇的数目 k 和包含 n 个对象的数据库。

输出：k 个簇，使得所有对象与其最近中心点的相异度总和最小。

方法：

(1) 任意选择 k 个对象作为初始的簇中心点；

(2) REPEAT

(3)　 指派每个剩余的对象给离它最近的中心点所代表的簇；

(4)　 REPEAT

(5)　　 选择一个未被选择的中心点 O_i；

(6)　　 REPEAT

(7)　　　 选择一个未被选择过的非中心点对象 O_{random}；

(8)　　　 计算用 O_{random} 代替 O_i 的总代价并记录在 S 中；

(9)　　 UNTIL 所有的非中心点都被选择过；

(10)　　 UNTIL 所有的中心点都被选择过；

(11) IF 在 S 中的所有非中心点代替所有中心点后计算出的总代价有小于 0 的存在，THEN 找出 S 中的用非中心点替代中心点后代价最小的一个，并用该非中心点替代对应的中心点，形成一个新的 k 个中心点的集合；

(12) UNTIL 没有再发生簇的重新分配，即所有的 S 都大于 0。

k-中心点算法的性能分析：

(1) k-中心点算法消除了 k-平均算法对孤立点的敏感性。

(2) 当存在"噪声"和孤立点数据时，k-中心点方法比 k-平均方法更健壮，这是因为中心点不像平均值那么容易被极端数据影响，但 k-中心点方法的执行代价比 k-平均方法高。

(3) 算法必须指定聚类的数目 k，k 的取值对聚类质量有重大影响。

(4) PAM 算法对于小的数据集非常有效(例如 100 个对象聚成 5 类)，但对于大数据集其效率不高。因为在替换中心点时，每个点的替换代价都可能计算，因此，当 n 和 k 值较大时，计算代价相当高。

5.2.3 基于遗传算法的 k-中心点聚类算法

k-平均值聚类对"噪声"和孤立点数据敏感，收敛到局部最优值。k-中心点克服了 k-平均值聚类的这些缺点，但算法时间复杂度高。基于遗传算法的 k-中心点聚类算法把遗传算法和 k-中心点聚类算法相结合，利用它们各自的优点，达到对"噪声"和孤立点数据不敏感，收敛到全局最优值的目的。

1. 遗传算法解决聚类问题的基础

1) 数据集的划分

设 $X=\{x_1, x_2, \cdots, x_n\} \subset \pmb{R}^s$ 为待聚类样本的全体(称为论域)，$x_k=(x_{k1}, x_{k2}, \cdots, x_{ks})^T \in \pmb{R}^s$ 为观测样本 x_k 的特征矢量或模式矢量，对应特征空间中的一个点，x_{kj} 为特征矢量 x_k 的第 j 维特征取值。聚类就是通过分析论域 $\pmb{X}$ 中的 n 个样本所对应模式矢量间的相似性，按照样本间的亲疏关系把 $\pmb{x}_1, \pmb{x}_2, \cdots, \pmb{x}_n$ 划分成 c 个子集(也称为族)$\pmb{X}_1, \pmb{X}_2, \cdots, \pmb{X}_c$，

并满足如下条件：

$$\left.\begin{array}{l} X_1 \bigcup X_2 \bigcup \cdots \bigcup X_n = X \\ X_i \bigcap X_j \neq \Phi, \quad 1 \leqslant i \neq j \leqslant c \\ X_i \neq \Phi, \quad X_i \neq X, \quad 1 \leqslant i \leqslant c \end{array}\right\} \tag{5.12}$$

如果用隶属函数 $\mu_{ik} = \mu_{X_i}(x_k)$ 表示样本 x_k 与子集 $X_i (1 \leqslant i \leqslant c)$ 的隶属关系，则

$$\mu_{X_i}(\pmb{x}_k) = \mu_{ik} = \begin{cases} 1, & x_k \in X_i \\ 0, & x_k \notin X_i \end{cases} \tag{5.13}$$

这样硬 c 划分也可以用隶属函数来表示，即用 c 个子集的特征函数值构成的矩阵 $\pmb{U} = [\mu_{ik}]_{c \times n}$ 来表示。矩阵 $\pmb{U}$ 中的第 i 行为第 i 个子集的特征函数，而矩阵 $\pmb{U}$ 中的第 k 列为样本 $\pmb{x}_k$ 相对于 c 个子集的隶属函数。于是 $\pmb{X}$ 的硬 c 划分空间为

$$M_{hc} = \{\pmb{U} \in \pmb{R}^{cn} \mid \mu_{ik} \in \{0,1\}, \ \forall i, k; \ \sum_{i=1}^{c} \mu_{ik} = 1, \ \forall k; \ 0 < \sum_{k=1}^{n} \mu_{ik} < n, \ \forall i\} \tag{5.14}$$

在模糊划分中，样本集被划分成 c 个模糊子集 $\widetilde{X}_1, \widetilde{X}_2, \cdots, , \widetilde{X}_c$，而且样本的隶属函数 μ_{ik} 从 $\{0,1\}$ 二值扩展到 $[0,1]$ 区间，从而把硬 c 划分概念推广到模糊 c 划分，因此 $\pmb{X}$ 的模糊 c 划分空间为：

$$M_{fc} = \{\pmb{U} \in \pmb{R}^{cn} \mid \mu_{ik} \in [0,1], \ \forall i, k; \ \sum_{i=1}^{c} \mu_{ik} = 1, \ \forall k; \ 0 < \sum_{k=1}^{n} \mu_{ik} < n, \ \forall i\} \tag{5.15}$$

2）聚类目标函数

在硬划分时，聚类准则是最小平方误差和。假设 $U = [\mu_{ik}]_{c \times n}$ 为硬划分矩阵，典型样本集 $\pmb{P} = \{p_1, p_2, \cdots, p_c\} \subset \pmb{R}^s$，$p_i = (p_{i1}, p_{i2}, \cdots, p_{is})^T \in \pmb{R}^s (i = 1, 2, \cdots, c)$ 表示第 i 类的代表（典型）矢量或聚类原型（Clustering Prototype）矢量，对应样本特征空间任意一点。则硬聚类分析的目标函数为

$$\begin{cases} J_1(\pmb{U}, \pmb{P}) = \min\{\sum_{k=1}^{n} \sum_{i=1}^{c} \mu_{ik} (d_{ik})^2\} \\ s.t. \quad \pmb{U} \in M_{hc}; \pmb{P} \subset \pmb{R}^s \end{cases} \tag{5.16}$$

式中，d_{ik} 表示第 i 类中样本 $\pmb{x}_k$ 与第 i 类的典型样本 p_i 之间的欧氏距离。聚类准则变为在满足约束 $\mu_{ik} \in M_{hc}$ 和 $\pmb{P} \subset \pmb{R}^s$ 条件下，寻求最佳组合 $(\pmb{U}, \pmb{P})$ 使得 $J_1(\pmb{U}, \pmb{P})$ 最小。

3）聚类问题的编码方式

由聚类的目标函数 $J_m(\pmb{U}, \pmb{P})$ 可知，聚类是在目标函数最优的条件下获得样本集 $\pmb{X}$ 的划分矩阵 $\pmb{U}$ 和聚类原型 $\pmb{P}$，而 $\pmb{U}$ 和 $\pmb{P}$ 是相关的，即已知其一则可求另一个。因此，可以有两种编码方案。

（1）对划分矩阵 $\pmb{U}$ 进行编码。设 n 个样本要分成 c 类，使用硬划分方法，用基因串：

$$\alpha = \{\alpha_1, \alpha_2, \cdots, \alpha_i, \cdots, \alpha_n\} \tag{5.17}$$

来表示某一分类结果，其中 $\alpha_i \in \{1, 2, \cdots, c\}$，$i = 1, 2, \cdots, n$。当 $\alpha_i = k (1 \leqslant k \leqslant c)$ 时，表示第 i 个样本属于 k 类。假设使用模糊划分方法，则式（5.17）中的 $\alpha_i \in [0,1]$，$i = 1, 2, \cdots, n$。

（2）对聚类原型矩阵 $\pmb{P}$ 进行编码，把 c 组表示聚类原型的参数连接起来，根据各自的

取值范围，将其量化值(用二进制串表示)编码成基因串：

$$b = Ec\{p_1, p_2, \cdots, p_c\}$$

$$= \{\underbrace{\beta_{11}, \beta_{12}, \cdots, \beta_{1k}}_{Ec(P_1)}, \cdots, \underbrace{\beta_{i1}, \beta_{i2}, \cdots, \beta_{ik}}_{Ec(P_i)}, \cdots, \underbrace{\beta_{c1}, \beta_{c2}, \cdots, \beta_{ck}}_{Ec(P_c)}\} \tag{5.18}$$

其中每一个聚类原型 p_i 都有一组参数与之对应。例如：对于 HCM 和 FCM 聚类来说，就是对聚类中心点号进行量化编码。

在数据量较大时，第一种编码方案的搜索空间就会很大，第二种编码方案则只与聚类原型 p_i 参数数目 k(特征数目)和类数 c 有关，而与样本数无直接关系，搜索空间往往比第一种方案要小得多。因而，使用遗传算法来解决聚类问题一般采用第二种编码方案。

4) 划分矩阵 U 和聚类原型 P 的关系

假设给定聚类类别数 c，$1 \leqslant c \leqslant n$，$n$ 是数据个数，$x_k = (x_{k1}, x_{k2}, \cdots, x_{ks})^T \in \mathbf{R}^s$ 为观测样本 x_k 的特征矢量或模式矢量，$U = [\mu_{ik}]_{c \times n}$ 为划分矩阵，$P = \{p_1, p_2, \cdots, p_c\}$ 为聚类原型。

对于硬划分方法，则 U 和 P 之间的函数关系如下：

$$u_{ik} = \begin{cases} 1 & \text{if} \quad d_{ik} = \min\{d_{1k}, d_{2k}, \cdots, d_{ck}\} \\ 0 & \text{else} \end{cases} \tag{5.19}$$

式中，d_{ik} 为样本点 k 与聚类原型 p_i 间的距离。

$$p_i = \frac{\sum_{k=1}^{n} \mu_{ik} \times x_k}{x_k}, \quad i = 1, 2, \cdots, c \tag{5.20}$$

对于模糊划分方法，U 和 P 之间的函数关系如下：

$$\mu_{ik} = \begin{cases} \left\{\sum_{j=1}^{c} \left[\left(\frac{d_{ik}}{d_{jk}}\right)^{\frac{2}{m-1}}\right]\right\}^{-1} & \text{if} \quad d_{ik} > 0 \\ 1 & \text{if} \quad d_{ik} = 0 \text{ 且对于 } j \neq i \text{ 有 } \mu_{jk} = 0 \end{cases} \tag{5.21}$$

$$p_i = \frac{\sum_{k=1}^{n} (\mu_{ik}^m \times x_k)}{\sum_{k=1}^{n} \mu_{ik}^m} \tag{5.22}$$

划分矩阵 U 和聚类原型 P 之间的关系是遗传算法解决基于目标函数的聚类问题的关键因素。当然由于基于目标函数的聚类方法的不同，它们之间的关系是不同的。

5) 适应度函数

对于基于目标函数的聚类问题，最优聚类结果对应于目标函数的极小值，即聚类效果越好，则目标函数越小，此时的适应度应越大。

2. 基于遗传算法的 k-中心点聚类算法

众多文献中对遗传—中心点聚类算法有所涉猎，现总结如下：

算法 5.3　遗传—中心点聚类算法。

输入：聚类数目 k，包含 n 个待聚类样本的数据库。

输出：划分矩阵 U 和聚类原型 P，使类内平方误差和最小。

方法：

(1) 设置 GA 相关参数，包括最大迭代次数、群体大小、交叉概率、变异概率；

(2) 群体初始化，按照式(5.18)的编码方案对染色体群体进行初始化；

(3) 群体评价，对染色体进行解码，获得聚类原型 P，按照式(5.19)求划分矩阵 U，计算当前划分下的聚类中心点矢量。按照式(5.16)对染色体群体进行评价；

(4) 染色体选择，依据评价结果，选择较优的染色体，进行下一步操作；

(5) 染色体交叉；

(6) 染色体变异；

(7) 染色体保留；

(8) 中止条件检验，如果小于最大迭代次数，则转向(3)，否则停止迭代，输出划分矩阵 U 和聚类中心点矢量 P。

5.3 层次聚类方法

层次聚类方法将数据对象组成一棵聚类树。根据层次分解是以自底向上(合并)还是以自顶向下(分裂)方式，层次聚类方法可以进一步分为凝聚的和分裂的。一种纯粹的层次聚类方法的质量受限于：一旦合并或分裂执行，就不能修正。也就是说，当某个合并或分裂决策在后来证明是不好的选择时，该方法无法退回并更正。

5.3.1 凝聚和分裂层次聚类

一般来说，有两种类型的层次聚类方法：

(1) 凝聚层次聚类：这种自底向上的策略首先将每个对象作为簇，然后合并这些原子簇为越来越大的簇，直到所有的对象都在一个簇中，或者达到了某个终止条件。绝大多数层次聚类方法属于这一类，它们只是在簇间相似度的定义上有所不同。

(2) 分裂层次聚类：这种自顶向下的策略与凝聚层次聚类正好相反，它首先将所有对象置于一个簇中，然后将它逐步细分为越来越小的簇，直到每个对象自成一簇，或者达到了某个终止条件，例如达到了某个希望的簇数目，或者每个簇的直径都在某个阈值之内。

【例 5.1】 凝聚与分裂层次聚类。图 5－2 描述了一种凝聚层次聚类算法 AGENES(AGglomerative NESting)和一种分裂层次聚类算法 DIANA(DIvisive ANAlysis)对一个包含五个对象的数据集合 $\{a, b, c, d, e\}$ 的处理过程。初始，AGENES 将每个对象视为一簇，然后这些簇根据某种准则逐步合并。例如，如果簇 C_1 中的一个对象和簇 C_2 中的一个对象之间的距离是所有属于不同簇的对象间欧几里得距离中最小的，则 C_1 和 C_2 可能合并。这是一种单链接(single-link)方法，其每个簇可以用簇中所有对象代表，簇间的相似度用属于不同簇中最近的数据点对之间的相似度来度量。聚类的合并过程反复进行，直到所有的对象最终合并形成一个簇。

在 DIANA 中，所有的对象用于形成一个初始簇。根据某种原则(如，簇中最近的相邻对象的最大欧几里得距离)，将该簇分裂。簇的分裂过程反复进行，直到最终每个新簇只包含一个对象。

在凝聚或者分裂层次聚类方法中，用户可以定义希望得到的簇数目为一个终止条件。

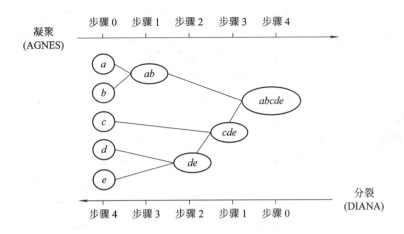

图 5 - 2 对数据对象{a, b, c, d, e}的凝聚和分裂层次聚类

通常，使用一种称做树状图（Dendrogram）的树形结构表示层次聚类的过程。它展示出对象是如何一步步分组的。图 5 - 3 显示图 5 - 2 中的五个对象的树状图，其中，$l=0$ 显示在第 0 层，五个对象都作为单元素簇。在 $l=1$，对象 a 和 b 聚在一起形成第一个簇，并且在以后各层仍留在同一个簇中。还可以用一个垂直的数轴来显示簇间的相似度尺度。例如，当两组对象{a, b}和{c, d, e}之间的相似度大约为 0.16 时，它们合并形成一个簇。

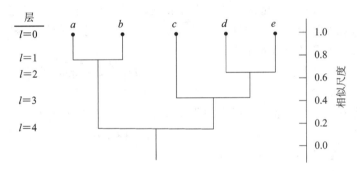

图 5 - 3 数据对象{a, b, c, d, e}层次聚类的树状图表示

四个广泛采用的簇间距离度量方法如下，其中 $|p-p'|$ 是两个对象或点 p 和 p' 之间的距离，m_i 是簇 C_i 的均值，而 n_i 是簇 C_i 中对象的数目。

最小距离：

$$d_{\min}(C_i, C_j) = \min_{p \in C_i, \, p' \in C_j} |p - p'| \tag{5.23}$$

最大距离：

$$d_{\max}(C_i, C_j) = \max_{p \in C_i, \, p' \in C_j} |p - p'| \tag{5.24}$$

均值距离：

$$d_{\text{mean}}(C_i, C_j) = |m_i - m_j| \tag{5.25}$$

平均距离：

$$d_{\text{avg}}(C_i, C_j) = \frac{1}{n_i n_j} \sum_{p \in C_i} \sum_{p' \in C_j} |p - p'| \tag{5.26}$$

当算法使用最小距离 $d_{\min}(C_i, C_j)$ 衡量簇间距离时，有时称它为最近邻聚类算法。此外，如果当最近的簇之间的距离超过某个阈值时，聚类过程就会终止，则称其为单连接算法。如果把数据点看做图的节点，图中的边构成簇内节点间的路径，那么两个簇 C_i 和 C_j 的合并就对应于在 C_i 和 C_j 的最近的一对节点之间添加一条边。由于连接簇的边总是从一个簇通向另一个簇，结果图将形成一棵树。因此，使用最小距离度量的凝聚层次聚类算法也称为最小生成树算法。当一个算法使用最大距离 $d_{max}(C_i, C_j)$ 度量簇间距离时，有时称为最远邻聚类算法(Farthest-Neighbor Clustering Algorithm)。如果当最近簇之间的最大距离超过某个阈值时，聚类过程便终止，则称其为全连接算法(Complete-Linkage Algorithm)。通过把数据点看做图中的节点，用边来连接节点，可以把每个簇看成是一个完全子图，也就是说，簇中所有节点都有边来连接。两个簇间的距离由两个簇中距离最远的节点确定。最远邻算法试图在每次迭代中尽可能少地增加簇的直径。如果真实的簇较为紧凑并且大小几乎相等的话，这种方法将会产生高质量的簇。否则，产生的簇可能毫无意义。

最小和最大度量代表了簇间距离度量的两个极端。它们趋向对离群点或噪声数据过分敏感。使用均值距离或平均距离是对最小距离和最大距离的一种折中方法，而且可以克服离群点敏感性问题。尽管均值距离计算最简单，但是平均距离也有它的优势，因为它既能处理数值数据又能处理分类数据。分类数据的均值向量可能很难计算或者根本无法定义。

层次聚类方法尽管简单，但选择合并或分裂点比较困难。这样的决定是非常关键的，因为一旦一组对象合并或者分裂，下一步的处理将对新生成的簇进行。已做的处理不能撤销，簇之间也不能交换对象。这样的合并或分裂决定，如果在某一步没有很好地选择的话，就可能导致低质量的聚类结果。此外，这种聚类方法不具有很好的可伸缩性，因为合并或分裂的决定需要检查和估算大量的对象或簇。

有希望改进层次方法聚类质量的一个方法是集成层次聚类和其他的聚类技术，形成多阶段聚类。下面介绍了三种这类的方法。第一种方法称为 BIRCH，首先用树结构对象进行层次划分，其中叶节点或者是低层次的非叶节点可以看做是由分辨率决定的"微簇"，然后使用其他的聚类算法对这些微簇进行宏聚类；第二种方法 ROCK 基于簇间的互联性进行合并；第三种方法 Chameleon 探查层次聚类的动态建模。

5.3.2　BIRCH 聚类算法

BIRCH 方法通过集成层次聚类和其他聚类算法来对大量数值数据进行聚类，其中层次聚类用于初始的微聚类阶段，而其他方法如迭代划分(在后来的宏聚类阶段)，它克服了凝聚聚类方法所面临的两个困难：① 可伸缩性；② 不能撤销前一步所做的工作。

BITCH 引入两个概念：聚类特征和聚类特征树(CF 树)，它们用于概括描述簇的整体特征。这些结构帮助聚类方法在大型数据库中取得好的速度和伸缩性，使得 BIRCH 方法对增量聚类(在线聚类)和动态聚类也非常有效。

1. 聚类特征

给定簇中 n 个 d 维的数据对象或点，可以用以下公式定义该簇的质心 x_0，半径 R 和直径 D：

$$x_0 = \frac{\sum_{i=1}^{n} x_i}{n}$$

(5.27)

$$R = \sqrt{\frac{\sum_{i=1}^{n}(x_i - x_0)^2}{n}} \qquad (5.28)$$

$$D = \sqrt{\frac{\sum_{i=1}^{n}\sum_{j=1}^{n}(x_i - x_j)^2}{n(n-1)}} \qquad (5.29)$$

其中 R 是成员对象到质心的平均距离，D 是簇中成对的平均距离。R 和 D 都反映了质心周围簇的紧凑程度。聚类特征(CF)是一个三维向量，汇总了对象簇的特征信息。在给定簇中，n 个 d 维对象或点 $\{x_i\}$，则该簇的 CF 定义如下：

$$CF = \langle n, LS, SS \rangle \qquad (5.30)$$

其中，n 是簇中点的数目，LS 是 n 个点的线性和(即 $\sum_{i=1}^{n} x_i$)，SS 是数据点的平方和(即 $\sum_{i=1}^{n} x_i^2$)。

聚类特征实际是对给定簇的统计汇总。从统计学的观点来看，它是簇的零阶矩、一阶矩和二阶矩。聚类特征是可加的。例如，假定有两个不相交的簇 C_1 和 C_2，分别具有聚类特征 CF_1 和 CF_2。那么由 C_1 和 C_2 合并而成的簇的聚类特征就是 $CF_1 + CF_2$。在 BIRCH 中做出聚类决策所需要的一切度量值都可以通过聚类特征计算。BIRCH 通过使用聚类特征来汇总对象簇的信息，从而避免存储所有对象，有效地利用了存储空间。

【例 5.2】 假定在簇 C_1 中有三个点 $(2, 5)$，$(3, 2)$ 和 $(4, 3)$。C_1 的聚类特征为
$$CF_1 = \langle 3, (2+3+4, 5+2+3), (2^2+3^2+4^2, 5^2+2^2+3^2) \rangle$$
$$= \langle 3, (9, 10), (29, 38) \rangle$$

假定 C_1 和 C_2 是不相交的，其中 $CF_2 = \langle 3, (35, 36), (417, 440) \rangle$。$C_1$ 和 C_2 合并形成一个新的簇 C_3，其聚类特征便是 CF_1 和 CF_2 之和，即：

$$CF_3 = \langle 3+3, (9+35, 10+36), (29+417, 38+440) \rangle = \langle (6, (44, 46), (446, 478)) \rangle$$

2. 聚类特征树(CF 树)

CF 树是一棵高度平衡的树，它存储了层次聚类的聚类特征。图 5-4 给出了一个例子。根据定义，树中的非叶节点有后代或"子女"。非叶节点存储了其子女的 CF 的总和，因而汇总了关于其子女的聚类信息。CF 树有两个参数：分支因子 B 和阈值 T。分支因子定义了每个非叶节点子女的最大数目，而阈值 T 给出了存储在树的叶节点中的子簇的最大直径。这两个参数影响结果树的大小。

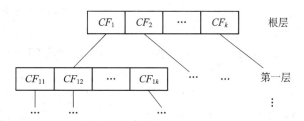

图 5-4 CF 树结构

BIRCH 试图利用可用的资源生成最好的簇。给定有限的主存，一个重要的考虑是最小化 I/O 所需时间。BIRCH 采用了一种多阶段聚类技术：数据集合的单遍扫描产生一个基

本的好聚类，一或多遍的额外扫描可以用来进一步（优化）改进聚类质量。它主要包括两个阶段：

（1）阶段一：BIRCH 扫描数据库，建立一棵存放于内存的初始 CF 树，它可以看做数据的多层压缩，试图保留数据的内在的聚类结构。

（2）阶段二：BIRCH 采用某个（选定的）聚类算法对 CF 树的叶节点进行聚类，把稀疏的簇当做离群点删除，而把稠密的簇合并为更大的簇。

在阶段一，随着对象被插入，CF 树动态地构造。这样，该方法支持增量聚类。一个对象插入到最近的叶子节点（子簇）。如果在插入后存储在叶子节点中的子簇的直径大于阈值，那么该叶子节点或许还有其他节点被分裂。新对象插入后，关于该对象的信息向着树根传递。通过修改阈值，CF 树的大小可以改变。如果存储 CF 树需要的内存大于主存的大小，可以定义较小的阈值，并重建 CF 树。重建树从旧树的叶节点建造一棵新树，重建树的过程不需要重读所有的对象或点，这类似于 $B+$ 树构建中的插入和节点分裂。为了建树，只需读一次数据。采用一些启发式方法，通过额外的数据扫描可以处理离群点和改进 CF 树的质量。CF 树建好后，可以在阶段二使用任意聚类算法，例如典型的划分方法。

BIRCH 聚类算法的计算复杂度是 $O(n)$，其中 n 是聚类的对象的数目。实验表明该算法关于对象数目是线性可伸缩的，并且具有较好的数据聚类质量。然而，既然 CF 树的每个节点由于大小限制只能包含有限数目的条目，一个 CF 树节点并不总是对应于用户所考虑的一个自然簇。此外，如果簇不是球形的，BIRCH 不能很好地工作，因为它使用半径或直径的概念来控制簇的边界。

5.3.3　CURE 聚类算法

CURE 是一种聚类算法，它使用各种不同的技术创建一种能够处理大型数据、离群点和具有非球形和非均匀大小的簇的数据的方法。CURE 使用簇中的多个代表点来表示一个簇。理论上，第一个代表点选择离簇中心最远的点，而其余的点选择离所有已经选取的点最远的点。这样，代表点自然地相对分散，这些点捕获了簇的几何形状。选取的点的个数是一个参数，研究表明，点的个数选择 10 或更大的值效果很好。

一旦选定代表点，它们就以因子 α 向簇中心收缩。这有助于减轻离群点的影响（离群点一般远离中心，因此收缩更多）。例如，一个到中心的距离为 10 个单位的代表点将移动 3 个单位（对于 $\alpha=0.7$），而到中心距离为 1 个单位的代表点仅移动 0.3 个单位。

CURE 使用一种凝聚层次聚类方案进行实际的聚类。两个簇之间的距离是任意两个代表点（在它们向它们代表的中心收缩之后）之间的最短距离。尽管这种方案与我们看到的其他层次聚类方案不完全一样，但是如果 $\alpha=0$，它等价于基于质心的层次聚类；而 $\alpha=1$ 时它与单链层次聚类大致相同。注意，尽管使用层次聚类方案，但是 CURE 的目标是发现用户指定个数的簇。

CURE 利用层次聚类过程的特性，在聚类过程的两个不同阶段删除离群点。首先，如果一个簇增长缓慢，则意味它主要由离群点组成，因为根据定义，离群点远离其他点，并且不会经常与其他点合并。在 CURE 中，第一个离群点删除阶段一般出现在簇的个数是原来点数的 1/3 时。第二个离群点删除阶段出现在簇的个数达到 k（期望的簇个数）的量级时，小簇又被删除。

由于 CURE 在最坏情况下复杂度为 $D(m^2\log m)$（m 数据点个数），它不能直接用于大型数据集。因此 CURE 使用了两种技术来加快聚类过程。

第一种技术是取随机样本，并在抽样的数据点上进行层次聚类。随后是最终扫描，将数据集中剩余的点指派到最近代表点的簇中。稍后更详细地讨论 CURE 的抽样方法。

第二种附加的技术：CURE 划分样本数据，然后聚类每个划分中的点。完成预聚类步后，通常进行中间簇的聚类，以及将数据集中的每个点指派到一个簇的最终扫描。CURE 的划分方案稍后也将更详细地讨论。

下面总结了 CURE 算法。k 是期望的簇个数，m 是点的个数，p 是划分的个数，q 是一个划分中点的期望压缩，即一个划分中簇的个数是 $\dfrac{m}{pq}$。因此，簇的总数是 $\dfrac{m}{q}$。例如，如果 $m=10\,000$，$p=10$ 并且 $q=100$，则每个划分包含 $10\,000/10=1000$ 个点，每个划分有 $1000/100=10$ 个簇，而总共有 $10\,000/100=100$ 个簇。

算法 5.4　CURE 算法。

输入：簇的数目 k；m 个对象的数据库 D；划分的个数 p；期望压缩 q；收缩因子 α。

输出：k 个簇。

（1）由数据集抽取一个随机样本。经验公式指出了样本的大小（为了以较高的概率确保所有的簇都被最少的点代表）。

（2）将样本划分成 p 个大小相等的划分。

（3）使用 CURE 的层次聚类算法，将每个划分中的点聚类成 $m/(pq)$ 个簇，得到总共 m/q 个簇。注意，在此处理过程中将删除某些离群点。

（4）使用 CURE 的层次聚类算法对上一步发现的 m/q 个簇进行聚类，直到只剩下 k 个簇。

（5）删除离群点。这是删除离群点的第二阶段。

（6）将所有剩余的数据点指派到最近的簇，得到完全聚类。

1. CURE 的抽样

使用抽样的一个关键问题是样本是否具有代表性，即它是否捕获了感兴趣的特性。对于聚类，该问题转化为是否能够在样本中发现与在整个对象集中相同的簇。理想情况下，希望对于每个簇样本集都包含一些对象，对于整个数据集中属于不同簇的对象，在样本集中也在不同的簇中。

一个更具体和可达到的目标是（以较高的概率）确保对于每个簇，至少抽取一些点。这样的样本所需要的点的个数因数据集而异，并且依赖于对象的个数和簇的大小。CURE 的创建者推导出了一个样本大小的界，指出为了（以较高的概率）确保从每个簇至少抽取一定数量的点，样本集合应当多大。这个界由如下定理给出。

定理 5.1　设 f 是一个分数，$0\leqslant f\leqslant 1$。对于大小为 m_i 的簇 C_i，以概率 $1-\delta(0\leqslant\delta\leqslant 1)$ 从簇 C_i 得到至少 $f\times m$ 个对象，样本的大小 s 由下式给出：

$$s = fm + \frac{m}{m_i}\times\log\frac{1}{\delta} + \frac{m}{m_i}\sqrt{\left(\log\frac{1}{\delta}\right)^2 + 2\times f\times m_i\times\log\frac{1}{\delta}} \tag{5.31}$$

其中，m 是对象的个数。

假定有 $100\,000$ 个对象，目标是以 80% 的可能性得到 10% 的 C_i 簇对象，其中 C_i 的大小是 1000。在此情况下，$f=0.1$，$\delta=0.2$，$m=100\ 000$，这样 $s=11\ 962$。如果目标是得到 5% 的 C_i 簇对象，其中 C_i 的大小是 2000，则大小为 5981 的样本就足够了。

2. 划分

当抽样不够时，CURE 还使用划分方法。其基本思想是，将点划分成 p 个大小为 m/p 的组，使用 CURE 对每个划分聚类，q 可以粗略地看做划分中的簇的平均大小，总共产生 m/q 个簇(注意，由于 CURE 用多个代表表示一个簇，因此对象个数的压缩量不是 q)。然后，m/q 个中间簇的最终聚类产生期望的簇个数(k)。两遍聚类都使用 CURE 的层次聚类算法，而最后一遍将数据集中的每个点指派到一个簇。

5.3.4　Chameleon 聚类算法

凝聚层次聚类技术通过合并两个最相似的簇来聚类，其中簇的相似性定义依赖于具体的算法。有些凝聚聚类算法，如组平均，将其相似性概念建立在两个簇之间的连接强度上(例如，两个簇中点的逐对相似性)，而其他技术，如单链方法，使用簇的接近性(例如，不同簇中点的最小距离)来度量簇的相似性。尽管有两种基本方法，但是仅使用其中一种方法可能导致错误的簇合并。如图 5-5 所示，它显示了 4 个簇。如果使用簇的接近性(用不同簇的最近的两个点度量)作为合并标准，则将合并两个圆形簇，如图 5-5(c)和(d)(它们几乎接触)所示，而不是合并两个矩形簇，如图 5-5(a)和(b)(它们被一个小间隔分开)所示。然而，直观地应当合并(a)和(b)。

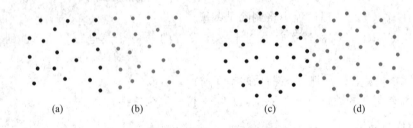

(a)　　　　(b)　　　　　　　(c)　　　　(d)

图 5-5　接近性不是适当的合并标准的情况

大部分聚类技术都有一个全局(静态)簇模型。例如，k-均值假定簇是球形的，而 DBSCAN 基于单个密度阈值定义簇。使用这样一种全局模型的聚类方案不能处理诸如大小、形状和密度等簇特性在簇间变化很大的情况。作为簇的局部(动态)建模的重要性的一个例子，考虑图 5-6。如果使用簇的接近性来决定哪一对簇应当合并，例如，使用单链聚类算法，则我们将合并簇(a)和(b)。然而并未考虑每个个体簇的特性。具体地，忽略了个体簇的密度。对于簇(a)和(b)，它们相对稠密，两个簇之间的距离显著大于同一个簇内两个最近邻点之间的距离。对于簇(c)和(d)，就不是这种情况，它们相对稀疏。事实上，与合并簇(a)和(b)相比，簇(c)和(d)合并所产生的簇看上去与原来的簇更相似。

Chameleon 是一种凝聚聚类技术，它解决前面提到的问题。它将数据的初始划分(使用一种有效的图划分算法)与一种新颖的层次聚类方案相结合。这种层次聚类使用接近性和互连性概念以及簇的局部建模。其关键思想是：仅当合并后的结果簇类似于原来的两个簇时，这两个簇才应当合并。首先介绍自相似性，然后提供 Chameleon 算法的其余细节。

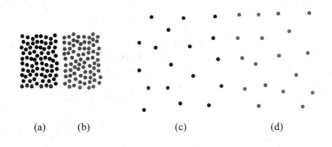

图 5-6 相对接近性概念的图示

1. 确定合并哪些簇

凝聚层次聚类技术重复地合并两个最接近的簇，各具体技术之间的主要区别是簇的邻近度定义方式不同。相比之下，Chameleon 力求合并的一对簇，在合并后产生的簇，用接近性和互连性度量，与原来的一对簇最相似。因为这种方法仅依赖于簇对而不是全局模型，Chameleon 能够处理包含具有各种不同特性的簇的数据。

下面是接近性和互连性的更详细解释。为了理解这些性质，需要用邻近度图的观点，并且考虑簇内和簇间点之间的边数和这些边的强度。

（1）相对接近度（relative closeness，RC）是被簇的内部接近度规范化的两个簇的绝对接近度。仅当结果簇中的点之间的接近程度几乎与原来的每个簇一样时，两个簇合并。数学表述为

$$RC(C_i, C_j) = \frac{\overline{S}_{EC}(C_i, C_j)}{\dfrac{m_i}{m_i + m_j}\overline{S}_{EC}(C_i) + \dfrac{m_j}{m_i + m_j}\overline{S}_{EC}(C_j)} \qquad (5.32)$$

其中，m_i 和 m_j 分别是簇 C_i 和 C_j 的大小；$\overline{S}_{EC}(C_i, C_j)$ 是连接簇 C_i 和 C_j 的（k-最近邻图的）边的平均权值；$\overline{S}_{EC}(C_i)$ 是最小二分簇 C_i 的边的平均权值；$\overline{S}_{EC}(C_j)$ 是最小二分簇 C_j 的边的平均权值；EC 表示割边。图 5-6 解释了相对接近度的概念。正如前面的讨论，尽管簇（a）和（b）比簇（c）和（d）更绝对接近，但是如果考虑簇的特性，则情况并非如此。

（2）相对互连度（Relative Interconnectivity，RI）是被簇的内部互连度规范化的两个簇的绝对互连度。如果结果簇中的点之间的连接几乎与原来的每个簇一样强，则两个簇合并。数学表述为

$$RI(C_i, C_j) = \frac{EC(C_i, C_j)}{\frac{1}{2}(EC(C_i) + EC(C_j))} \qquad (5.33)$$

其中，$EC(C_i, C_j)$ 是连接簇 C_i 和 C_j（k-最近邻图的）的边之和；$EC(C_i)$ 是二分簇 C_i 的割边的最小和；$EC(C_j)$ 是二分簇 C_j 的割边的最小和。图 5-7 解释了相对互连度的概念。两个圆形簇（c）和（d）比两个矩形簇（a）和（b）具有更多连接。然而，合并（c）和（d）产生的簇具有非常不同于（c）和（d）的连接性。相比之下，合并（a）和（b）产生的簇的连接性与簇（a）和簇（b）非常类似。chanleleon 使用的一种方法是合并最大化 $(RI(C_i, C_j) \times RC(C_i, C_j))^a$ 的簇对，其中 α 是用户指定的参数，通常大于 1。

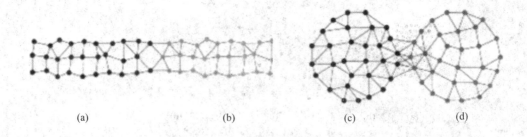

(a)　　　　　　　　(b)　　　　　　　　(c)　　　　　　　　(d)

图 5-7　相对互联性概念的图示

2. Chameleon 算法

Chameleon 算法由三个关键步骤组成：稀疏化、图划分和层次聚类。算法 5.5 和图 5-8 描述了这些步骤。

图 5-8　Chameleon 进行聚类的整个步骤

算法 5.5　Chameleon 算法。

输入：数据库 D；

输出：m 个簇。

(1) 构造 k-邻近图。

(2) 使用多层图划分算法划分图。

(3) Repeat。

(4)　　　合并关于相对互联性和相对接近性的簇，最好地保持簇的自相似的簇。

(5) Until 只剩下 m 个簇。

稀疏化：Chameleon 算法的第一步是产生 k-最近邻图。概念上讲，这样的图由邻近度图导出，并且仅包含点和它的 k 个最近邻（即最近的点）之间的边。导出过程如下：

m 个数据点的 $m \times m$ 邻近度矩阵可以用一个稠密图表示，图中每个结点与其他所有结点相连接，任何一对结点之间边的权值反映它们之间的邻近性。尽管每个对象与其他对象都有某种程度的邻近性，但是对于大部分数据集，对象只与少量其他对象高度相似，而与大部分其他对象的相似性很弱。这一性质可以用来稀疏化邻近度图（矩阵）。在实际的聚类过程开始之前，将许多低相似度（高相异度）的值置 0。例如，稀疏化可以这样进行：断开相似度（相异度）低于（高于）指定阈值的边，或仅保留连接到点的 k 个最近邻的边。后一种方法创建所谓 k-最近邻图（k-nearest neighbor graph）。

使用稀疏化的邻近度图而不是完全的邻近度图可以显著地降低噪声和离群点的影响，提高计算的有效性。

图划分：一旦得到稀疏化的图，就可以使用有效的多层图划分算法来划分数据集。Chameleon 从一个全包含的图（簇）开始，然后，二分当前最大的子图（簇），直到没有一个簇多于 MIN_SIZE 个点,其中 MIN_SIZE 是用户指定的参数。这一过程导致大量大小大致相等的、良连接的顶点(高度相似的数据点)的集合。目标是确保每个划分包含的对象大部分都来自一个真正的簇。

凝聚层次聚类:Chameleon 基于自相似性概念合并簇。可以用参数指定,让 Chameleon 一步合并多个簇对,并且在所有的对象都合并到单个簇之前停止。

3. 复杂性

假定 m 是数据点的个数,p 是划分的个数。在图划分得到的 p 个划分上进行凝聚层次聚类需要 $O(p^2 \log p)$ 时间。划分图需要的时间总量是 $O(mp+m \log m)$。图稀疏化的时间复杂度依赖于建立 k-最近邻图需要多少时间。对于低维数据,如果使用 k-d 树或类似的数据结构,则需要 $O(m \log m)$ 时间。不幸的是,这种数据结构只适用于低维数据,因此,对于高维数据集,稀疏化的时间复杂度变成 $O(m^2)$。由于只需要存放 k-最近邻表,空间复杂度是 $O(km)$ 加上存放数据所需要的空间。

【例 5.3】 Chameleon 用于其他聚类算法(如 K 均值和 DBSCAN)很难聚类的两个数据集。聚类的结果如图 5-9 所示。簇用点的明暗区分。在图 5-9(a)中,两个簇具有不规则的形状,并且相当接近,此外,还有噪声。在图 5-9(b)中,两个簇通过一个桥连接,并且也有噪声。尽管如此,Chameleon 还是识别出了大部分人认为自然的簇。这表明 Chameleon 对于空间数据聚类很有效。最后,注意与其他聚类方案不同,Chameleon 并不丢弃噪声点,而是把它们指派到簇中。

(a)　　　　　　　　　　　　　　　　　　　　(b)

图 5-9　使用 Chameleon 对两个二维点集进行聚类

4. 优点与局限性

Chameleon 能够有效地聚类空间数据,即便存在噪声和离群点,并且簇具有不同的形状、大小和密度。Chameleon 假定由稀疏化和图划分过程产生的对象组群是子簇,即一个划分中的大部分点属于同一个真正的簇。如果不是,则凝聚层次聚类将混合这些错误,因为它绝对不可能再将已经错误地放到一起的对象分开。这样,当划分过程未产生子簇时,Chameleon 就有问题。对于高维数据,常常出现这种情况。

5.4　密度聚类方法

5.4.1　DBSCAN

基于密度的聚类寻找被低密度区域分离的高密度区域。DBSCAN 是一种简单、有效的基于密度的聚类算法，它解释了基于密度的聚类方法的许多重要概念。

1. 传统的密度：基于中心的方法

尽管定义密度的方法没有定义相似度的方法多，但仍存在几种不同的方法。本节讨论DBSCAN 使用的基于中心的方法。

在基于中心的方法中，数据集中特定点的密度通过对该点 Eps 半径之内的点计数（包括点本身）来估计，如图 5-10 所示。点 A 的 Eps 半径内点的个数为 7，包括 A 本身。

该方法实现简单，但是点的密度依赖于指定的半径。例如，如果半径足够大，则所有点的密度都等于数据集中的点数 m。类似地，如果半径太小，则所有点的密度都是 1。对于低维数据，一种确定合适半径的方法在讨论 DBSCAN 算法时给出。

基于中心的点的密度方法可以将点分为以下几类：

(1) 稠密区域内部的点（核心点）。

(2) 稠密区域边缘上的点（边界点）。

(3) 稀疏区域中的点（噪声或背景点）。

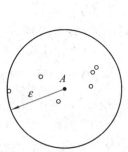

图 5-10　基于中心的密度

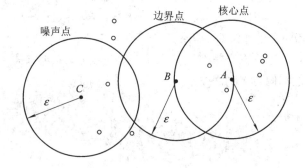

图 5-11　核心点、边界点和噪声点

图 5-11 使用二维点集图示了核心点、边界点和噪声点的概念。下文给出更详尽的描述。

(1) 核心点（Core Point）：这些点在基于密度的簇内部。点的邻域由距离函数和用户指定的距离参数 ε 决定。一个点是核心点，如果该点在给定邻域内的点的个数超过给定的阈值 $MinPts$，其中 $MinPts$ 也是一个用户指定的参数。在图 5-11 中，如果 $MinPts \geqslant 7$，则对于给定的半径（ε），点 A 是核心点。

(2) 边界点（Border Point）：边界点不是核心点，但它落在某个核心点的邻域内。在图 5-11 中，点 B 是一个边界点。边界点可能落在多个核心点的邻域内。

(3) 噪声点（Noise Point）：噪声点是既非核心点也非边界点的任何点。在图 5-11 中，点 C 是一个噪声点。

2. DBSCAN 算法

给定核心点、边界点和噪声点的定义，DBSCAN 算法可以非形式地描述如下：任意两个足够靠近（相互之间的距离在 ε 之内）的核心点将放在同一个簇中。类似地，任何与核心点足够靠近的边界点也放到与核心点相同的簇中（如果一个边界点靠近不同簇的核心点，则可能需要解决平局问题），噪声点被丢弃。

算法 5.6　DBSCAN 算法。

① 将所有点标记为核心点、边界点或噪声点。

② 删除噪声点。

③ 为距离在 ε 之内的所有核心点之间赋予一条边。

④ 每组连通的核心点形成一个簇。

⑤ 将每个边界点指派到一个与之关联的核心点的簇中。

1）时间复杂性和空间复杂性

DBSCAN 的基本时间复杂度是 $O(m \times$ 找出 Eps 邻域中的点所需要的时间），其中 m 是点的个数。在最坏情况下，时间复杂度是 $O(m^2)$。在低维空间，有一些数据结构，如 k-d 树，使得可以有效地检索特定点给定距离内的所有点，时间复杂度可以降低到 $O(m \log m)$。即便对于高维数据，DBSCAN 的空间也是 $O(m)$，因为对每个点，它只需要维持少量数据，即簇标号和每个点是核心点、边界点还是噪声点的标识。

2）选择 DBSCAN 的参数

确定参数 ε 和 $MinPts$ 的基本方法是观察点到它的 k 个最近邻的距离（称为 k-距离）的特性。对于属于某个簇的点，如果 k 不大于簇的大小的话，则 k-距离将很小。注意，k-距离尽管因簇的密度和点的随机分布不同而有一些变化，但是如果簇密度的差异不是很极端的话，在平均情况下变化不会太大。对于不在簇中的点（如噪声点），k-距离将相对较大。因此，如果对于某个 k，计算所有点的 k-距离，以递增次序将它们排序，然后绘制排序后的值，则预期会看到 k-距离的急剧变化，对应于合适的 ε 值。如果选取该距离为 ε 参数，而取 k 的值为 $MinPts$ 参数，则 k-距离小于 ε 的点将被标记为核心点，而其他点将被标记为噪声或边界点。

图 5-12 显示了一个样本数据集，而该数据的 k-距离图在图 5-13 给出。用这种方法决定的 ε 值依赖于 k，但并不随 k 的改变而剧烈变化。如果 k 的值太小，则少量邻近点的噪声或离群点将可能不正确地标记为簇；如果 k 的值太大，则小簇（尺寸小于 k 的簇）可能会标记为噪声。最初的 DBSCAN 算法取 $k = 4$，对于大部分二维数据集，这个取值是一个合理的值。

图 5-12　样本数据

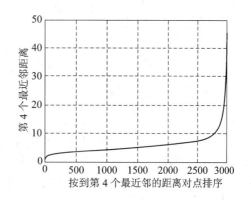

图 5-13　样本数据的 k-距离图

3）变密度的簇

如果簇的密度变化很大，DBSCAN 可能会有问题。如图 5-14 所示，它包含 4 个埋藏在噪声中的簇。簇和噪声区域的密度由它们的明暗度表示。较密的两个簇 A 和 B 周围的噪声的密度与簇 C 和 D 的密度相同。如果 ε 阈值足够低，使得 DBSCAN 可以发现簇 C 和 D，则 A、B 和包围它们的点将变成单个簇。如果 ε 阈值足够高，使得 DBSCAN 可以发现簇 A 和 B，并且将包围它们的点标记为噪声，则 C、D 和包围它们的点也将被标记为噪声。

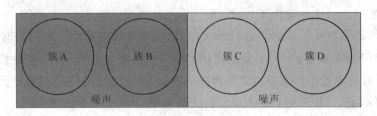

图 5-14　埋藏在噪声中的 4 个簇

【例 5.4】　为了解释 DBSCAN 的使用，图 5-15 显示的相对复杂的二维数据集中发现的簇。该数据集包含 3000 个二维点。

该数据的 ε 阈值通过对每个点到其第 4 个最近邻的距离排序绘图（图 5-14），并识别急剧变化处的值来确定。选取 $\varepsilon=10$，对应于曲线的拐点。使用这些参数（$MinPts=4$，$\varepsilon=10$），DBSCAN 发现的簇显示在图 5-15（a）中。核心点、边界点和噪声点显示在图 5-15（b）中。

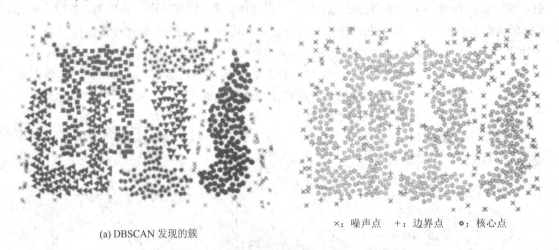

(a) DBSCAN 发现的簇

×：噪声点　　+：边界点　　◉：核心点

图 5-15　3000 个点的二维点的 DBSCAN 聚类

3. 优点与缺点

因为 DBSCAN 使用簇的基于密度的定义，因此它是相对抗噪声的，并且能够处理任意形状和大小的簇。这样，DBSCAN 可以发现使用 k 均值不能发现的许多簇，如图 5-12 中的那些簇。然而，正如前面所指出的，当簇的密度变化太大时，DBSCAN 就会有麻烦。对于高维数据，它也有问题，因为对于这样的数据，密度定义更困难。最后，当近邻计算需要计算所有的点对邻近度时（对于高维数据，常常如此），DBSCAN 可能是开销很大的。

5.4.2 OPTICS：通过点排序识别聚类结构

尽管 DBSCAN 能根据给定的输入参数 Eps 和 MinPts 聚类对象，它仍然将选择能产生可接受聚类结果的参数的权力留给了用户。事实上，这也是许多其他聚类算法存在的问题。参数的设置通常依靠经验，难以确定，对于现实世界的高维数据集而言尤其如此。大多数算法对这些参数值非常敏感，设置的细微不同可能导致差别很大的数据聚类。此外，真实的高维数集常常具有非常倾斜的分布，全局密度参数不能刻画其内在的聚类结构。

为了克服这一困难，提出了称为 OPTICS(Ordering Points to Identify the Cluster in Structure，通过点排序识别聚类结构)的聚类分析方法。OPTICS 并不显式地产生数据集聚类，而是为自动和交互的聚类分析计算一个增广的簇排序(Cluster Ordering)。这个排序代表数据的基于密度的聚类结构。它包含的信息等价于从一个广泛的参数设置所获得的基于密度的聚类。簇排序可以用来提取基本的聚类信息(如簇中心，任意形状簇)，也可以提供内在的聚类结构。

考察 DBSCAN，可以看到，对常数 MinPts 值，关于高密度的(即较小的 ε 值)的基于密度簇完全包含在根据较低密度所获得的密度相连的集合中。记住：参数 ε 是距离——它是邻域能半径。因此，为了产生基于密度簇集合或排序，可以扩展 DBSCAN 算法，同时处理一组距离参数值。为了同时构建不同的聚类，对象应当以特定的顺序处理。这个次序选择的依据是最小的 ε 值密度可达的对象，以便较高密度(较低 ε 值)的簇先完成。基于这个想法，每个对象需要存储两个值——核心距离(core-distance)和可达距离(reachability-distance)：

• 对象 p 的核心距离是使 $\{p\}$ 成为核心对象的最小 ε'。如果不是核心对象，则 p 的核心距离没有定义。

• 对象 q 关于另一个对象 p 的可达距离是 p 的核心距离和 p 与 q 之间的欧几里得距离之间的较大值。如果 p 不是核心对象，p 和 q 之间的可达距离没有定义。

【例 5.5】 核心距离和可达距离。图 5-16 显示了核心距离和可达距离的概念。假设 $\varepsilon = 6$ mm，$MinPts = 5$。p 的核心距离是 p 与第四个最近的数据对象之间的距离 ε'。q_1 关于 p 的可达距离是 p 的核心距离(即 $\varepsilon' = 3$ mm)，因为 ε' 比从 p 到 q_1 的欧几里得距离大。q_2 关于 p 的可达距离是从 p 到 q_2 的欧几里得距离，因为它大于 p 的核心距离。

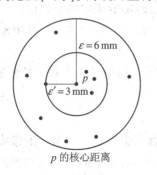

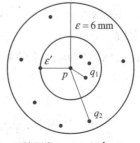

p 的核心距离

可达距离$(p, q_1) = \varepsilon' = 3$ mm
可达距离$(p, q_2) = d(p, q_2)$

图 5-16 OPTICS 术语

　　OPTICS 算法创建了数据库中对象的排序，额外存储了每个对象的核心距离和相应的可达距离。已经提出了一种算法，基于 OPTICS 产生的排序信息来提取族。对于小于用于生成该排序的距离 ε 的距离 ε′，提取所有基于密度的聚类，这些信息是足够的。

　　数据集的簇排序可以图形化地描述，有助于理解。例如，图 5-17 是一个简单的二维数据集合的可达性图，它给出了如何对数据结构化和聚类的一般观察。数据对象连同它们各自的可达距离（纵轴）按簇顺序（横轴）绘出。其中三个高斯"凸起"反映出数据集中的三个簇。为在不同的细节层次上观察高维数据的聚类结构，也已开发了一些方法。

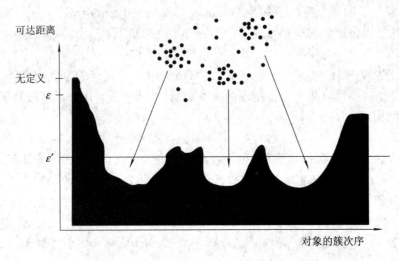

图 5-17　OPTICS 中的簇次序

　　由于 OPTICS 算法与 DBSCAN 算法在结构上的等价性，OPTICS 算法具有和 DBSCAN 算法相同的时间复杂度，即当空间索引被采用，复杂度为 $O(n \log n)$，其中，n 为对象的数目。

　　DENCLUE(Density-based Clustering，基于密度的聚类)是一种基于一组密度分布函数的聚类算法。该算法主要思想：

　　(1) 每个数据点的影响可以用一个数学函数形式化建模，该函数称为影响函数(Influence Function)，描述数据点在其邻域内的影响。

　　(2) 数据空间的整体密度可以用所有数据点的影响函数的和建模。

　　(3) 簇可以通过识别密度吸引点(density attractor)数学确定，其中密度吸引点是全局密度函数的局部极大值。

　　假设 x 和 y 是 d 维输入空间 F^d 中的对象或点。数据对象 y 对 x 的影响函数是函数 f_B^y：$F^d \rightarrow R_0^+$，它用基本的影响函数 f_B 定义：

$$f_B^y = f_B(x, y) \tag{5.34}$$

　　这反映了 y 对 x 的影响。原则上，影响函数可以是任意函数，由邻域内的两个对象之间的距离决定。距离函数 $d(x, y)$ 应当是自反和对称的，例如欧几里得距离函数。可以用它计算方波影响函数：

$$f_{\text{square}}(x, y) = \begin{cases} 0, & \text{如果 } d(x, y) > \delta \\ 1, & \text{否则} \end{cases} \tag{5.35}$$

也可计算高斯影响函数：

$$f_{\text{Gauss}}(x, y) = \text{e}^{-\frac{d(x, y)^2}{2\sigma^2}} \tag{5.36}$$

下面的例子可以帮助理解影响函数这一概念。

【例 5.6】 影响函数。考虑公式(5.34)中的方波影响函数，如果对象 x 和 y 在 d 维空间中彼此相距很远，那么距离 $d(x, y)$ 可能会超过某一阈值 σ。在这种情况下，影响函数返回 0，表示相隔较远的点之间没有影响。相反，如果 x 和 y 比较"接近"(是否接近由参数 σ 来确定)，函数将返回 1，表示两点之间相互有影响。

对象点 $x(x \in F^d)$ 的密度函数定义为所有数据点的影响函数之和。也就是说，它表示所有数据点对 x 的总影响。给定 n 个对象，$D = \{x_1, x_2, \cdots, x_n\}$，$x$ 的密度函数定义如下：

$$f_B^D = \sum_{i=1}^{n} f_B^{x_i} = f_B^{x_1} + f_B^{x_2} + \cdots + f_B^{x_n} \tag{5.37}$$

例如，根据公式(5.36)高斯影响函数得出的密度函数为

$$f_{\text{Gauss}}^D(x) = \sum_{i=1}^{n} \text{e}^{\frac{d(x, x_i)^2}{2\sigma^2}} \tag{5.38}$$

图 5-18 显示了一个二维数据集以及对应方波和高斯影响函数的总密度函数。

(a) 数据集　　　　　　　　(b) 方波　　　　　　　　(c) 高斯

图 5-18　2-D 数据集的可能的密度函数

根据密度函数，可以定义该函数的梯度和密度吸引点(总密度函数的局部极大)。如果存在一组点 $x_0, x_1, x_2, \cdots, x_k, x_0 = x, x_k = x^*$，对于 $0 < i < k$，x_{i-1} 的梯度是指向 x_i 的方向，则点 x 是密度吸引点 x^* 密度吸引的。直观地，密度吸引点影响很多其他的点。对于连续可微的影响函数，可以使用梯度指导的爬山算法确定一组数据点的密度吸引点。

一般而言，x^* 密度吸引的点可以形成一簇。基于这些概念，能够形式化地定义中心定义簇和任意形状的簇。密度吸引点 x^* 的中心定义的簇(center-defined cluster)是点的一个子集 $C \subseteq D$，它是 x^* 密度吸引的，并且在 x^* 的密度函数值不小于阈值 ξ。x^* 密度吸引的点，它的密度函数值小于 ξ 认为是离群点。也就是说，直观地看，簇中的点被很多其他点影响，而离群点则不然。一组密度吸引点的任意形状的簇(Arbitrary Shape Cluster)是若干个上述子集 C 的集合，每个子集 C 都是各自的密度吸引点密度吸引的，其中：

(1) 每个密度吸引点的密度函数值都不小于阈值 ξ。

(2) 从每个密度吸引点到另一个密度吸引点都存在一条路径 P，该路径上每个点的密度函数值都不小于 ξ。

中心定义和任意形状的簇的例子在图 5-19 中给出。

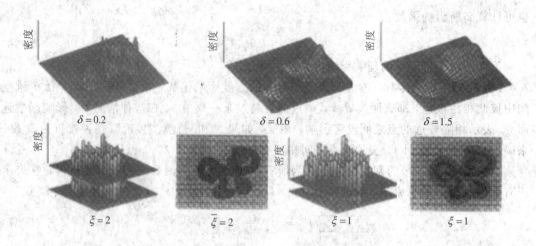

图 5 - 19　中心定义的族(顶部)和任意形状的族底部的例子

DENCLUE 的主要优点:

(1) 它有坚实的数学基础,概括了各种聚类方法,包括划分、层次和基于密度的方法。

(2) 对于有大量噪声的数据集合,它有良好的聚类性质。

(3) 对高维数据集合的任意形状的簇,它给出简洁的数学描述。

(4) 它使用网格单元,只保存关于实际包含数据点的网格单元的信息。它用一种基于树的存取结构来管理这些单元,因此,显著快于一些有影响的算法(如 DBSCAN)。然而,这个方法要求对密度参数 σ 和噪声阈值 ξ 进行仔细的选择,因为这些参数的选择可能显著地影响聚类结果的质量。

5.5　基于网格聚类方法

基于网格的聚类方法使用一种多分辨率的网格数据结构。它将对象空间量化为有限数目的单元,形成网格结构,所有的聚类操作都在网格上进行。这种方法的主要优点是处理速度快,其处理时间独立于数据对象的数目,仅依赖于量化空间中每一维的单元数目。

基于网格方法包括:

(1) STING 利用存储在网格单元中的统计信息。

(2) WaveCluster 用小波变换方法聚类对象。

(3) CLIQUE 是高维数据空间中基于网格和密度的聚类方法。

5.5.1　基本的基于网格聚类算法

网格是一种组织数据集的有效方法,至少在低维空间中如此。基本思想:将每个属性的可能值分割成许多相邻的区间,创建网格单元的集合(对于这里和本节其余部分的讨论,假定属性值是序数的、区间的或连续的)。每个对象落入一个网格单元,网格单元对应的属性区间包含该对象的值。扫描一遍数据就可以把对象指派到网格单元中,并且还可以同时收集关于每个单元的信息,如单元中的点数。

利用网格进行聚类的方法有许多,但是大部分方法是基于密度的,至少部分地基于密度。因此，本节讨论的基于网格的聚类指的是使用网格的基于密度的聚类。算法 5.7 描述了基本的基于网格的聚类方法。

算法 5.7　基本的基于网格的聚类算法。

（1）定义一个网格单元集。

（2）将对象指派到合适的单元，并计算每个单元的密度。

（3）删除密度低于指定的阈值 τ 的单元。

（4）由邻近的稠密单元组形成簇。

1. 定义网格单元

这是该算法的关键步骤，但是定义也最不严格，因为存在许多方法将每个属性的可能值分割成许多相邻的区间。对于连续属性，常用的方法有：

（1）将值划分成等宽的区间。如果该方法用于所有的属性，则结果网格单元都具有相同的体积，而单元的密度可以方便地定义为单元中点的个数。

（2）等频率离散化方法。

（3）对于连续属性，通常用于离散化属性的任何技术都可以使用。

（4）使用聚类方法。无论采用哪种方法，网格的定义都对聚类的结果具有很大影响。

2. 网格单元的密度

一种定义网格单元密度的自然方法：定义网格单元(或更一般形状的区域)的密度为该区域中的点数除以区域的体积。换言之，密度是每单位空间中的点数，而不管空间的维度。具体的低维密度的例子是：每英里的路标个数(一维)，每平方千米栖息地的鹰个数(二维)，每立方厘米的气体分子个数(三维)。常用方法是使用具有相同体积的网格单元，使得每个单元的点数直接度量单元的密度。

【例 5.7】　基于网格的密度。图 5－20 显示了两个二维点的集合，使用 7×7 的网格划分成 49 个单元。第一个集合包含 200 个点，由圆心在(2,3)、半径为 2 的圆上的均匀分布产生；而第二个集合包含 100 个点，由圆心在(6,3)、半径为 1 的圆上的均匀分布产生。网格单元的计数显示在表 5－1 中。由于单元具有相等的体积(面积)，因此可以将这些值看做单元的密度。

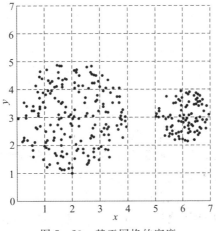

图 5－20　基于网格的密度

3. 由稠密网格单元形成簇

由邻接的稠密单元组形成簇是相对直截了当的，例如，在图 5 - 20 中，很明显存在两个簇。然而，这需要定义邻接单元的含义。例如，确定一个二维网格单元有 4 个还是 8 个邻接单元。此外，需要有效的技术发现邻接单元，特别是当仅存放被占据的单元时更需要这种技术。

算法 5.7 定义的聚类方法有某些局限性，将算法改写得稍微复杂一点就可以处理。例如，在簇的边缘多半会有一些部分为空的单元。通常，这些单元不是稠密的。如果不稠密，它们将被丢弃，并导致簇的部分丢失。图 5 - 20 和表 5 - 1 显示，如果密度阈值为 9，则大簇的 4 个部分将丢失。可以修改聚类过程以避免丢弃这样的单元，尽管这需要附加的处理。

表 5 - 1　网格单元的点计数

0	0	0	0	0	0	0
0	0	0	0	0	0	0
4	17	18	6	0	0	0
14	14	13	13	0	18	27
11	18	10	21	0	24	31
3	20	14	4	0	0	0
0	0	0	0	0	0	0

4. 优点与局限性

1）优点

基于网格的聚类可能是非常有效的。给定每个属性的划分，单遍数据扫描就可以确定每个对象的网格单元和每个网格单元的计数。此外，尽管潜在的网格单元数量可能很高，但是只需要为非空单元创建网格单元。这样，定义网格、将每个对象指派到一个单元并计算每个单元的密度的时间和空间复杂度仅为 $O(m)$，其中 m 是点的个数。如果邻接的、已占据的单元可以被有效地访问（例如，通过使用搜索树），则整个聚类过程将非常高效，例如具有 $O(m \log m)$ 时间复杂度。正是由于这种原因，密度聚类的基于网格的方法形成了许多聚类算法的基础，如 STING、GRIDCLUS、WaveCluster、Bang-Clustering、CLIQUE 和 MAHA。

2）缺点

像大多数基于密度的聚类方法一样，基于网格的聚类非常依赖于密度阈值 τ 的选择。如果 τ 太高，则簇可能丢失；如果 τ 太低，则本应分开的两个簇可能被合并。此外，如果存在不同密度的簇和噪声，则也许不可能找到适用于数据空间所有部分的单个 τ 值。

基于网格的方法还存在一些其他问题。例如，在图 5 - 20 中，矩形网格单元不能准确地捕获圆形边界区域的密度。可以试图通过将网格间距缩小来缓解该问题，但是与一个簇相关联的网格单元中的点数可能更加波动，因为簇中的点不是均匀分布的。事实上，有些网格单元，包括簇内部的单元，甚至可能为空。另一个问题（依赖于单元的放置或大小）是一组点可能仅出现在一个单元中，或者分散在几个不同的单元中。在第一种情况下，同一组点可能是簇的一部分，而在第二种情况下则可能被丢弃。最后，随着维度的增加，网格单元个数迅速增加——随维度指数增加。尽管不必明显地考虑空网格单元，但是大部分网格单元都只包含单个对象的情况很容易发生。换言之，对于高维数据，基于网格的聚类趋向于效果很差。

5.5.2 STING：统计信息网格

STING(STatistical Information Grid，统计信息网格)是基于网格的多分辨率聚类技术，它将空间区域划分为矩形单元。通常存在多级矩形单元对应不同级别的分辨率，这些单元组成一个层次结构：每个高层单元划分为多个低一层的单元。关于每个网格单元属性的统计信息(如均值、最大值和最小值)预先计算和存储。

图 5-21 显示了 STING 聚类的一个层次结构。高层单元的统计参数可以很容易地从低层单元的参数计算得到。这些参数包括：属性无关的参数 count(计数)；属性相关的参数 mean(均值)、stdev(标准差)、min(最小值)、max(最大值)，以及该单元中属性值遵循的分布(distribution)类型，如正态的、均匀的、指数的或 none(分布未知)。当数据加载到数据库时，最底层单元的参数 mean、stdev、min 和 max 直接由数据计算。如果分布的类型事先知道，distribution 的值可以由用户指定，也可以通过假设检验(如 χ^2 检验)来获得。较高层单元的分布类型可以基于它对应的低层单元多数的分布类型，用一个阈值过滤过程的合取来计算。如果低层单元的分布彼此不同，阈值检验失败，高层单元的分布类型置为 none。

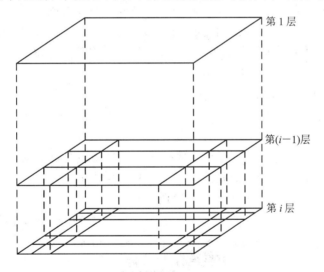

第1层

第(i-1)层

第i层

图 5-21 STING 聚类的层次结构

统计参数的使用可以按照自顶向下的基于网格的方法。首先，在层次结构中选定一层作为查询答复过程的开始点。通常，该层包含少量单元。对于当前层次的每个单元，计算反映该单元与给定查询的相关程度的置信度区间(或者估计其概率范围)。不相关的单元不再进一步考虑而删除。下一个较低层的处理就只检查剩余的相关单元。这个处理过程反复进行，直到达到最底层。此时，如果查询要求满足，则返回相关单元的区域。否则，检索和进一步处理落在相关单元中的数据，直到它们满足查询要求。

STING 有以下优点：

(1) 由于存储在每个单元中的统计信息提供了网格单元中不依赖于查询的数据的汇总

信息，所以基于网格的计算是独立于查询的。

（2）网格结构有利于并行处理和增量更新。

（3）该方法的主要优点是效率高：STING 扫描数据库一次来计算单元的统计参数，因此产生聚类的时间复杂度是 $O(n)$，其中，n 是对象的数目。在层次结构建立后，查询处理时间是 $O(g)$，其中，g 是最底层网格单元的数目，通常远远小于 n。

由于 STING 采用多分辨率的方法进行聚类分析，STING 聚类的质量取决于网格结构的最底层的粒度。如果粒度很细，处理的代价会显著增加。如果网格结构最底层的粒度太粗，将会降低聚类分析的质量。此外，STING 在构建一个父亲单元时没有考虑子女单元和其相邻单元之间的联系。因此，所有的簇边界不是水平的就是竖直的，没有斜的分界线。尽管该技术的处理速度较快，但可能降低簇的质量和精确性。

5.5.3　WaveCluster：利用小波变换聚类

WaveCluster 是一种多分辨率的聚类算法，它首先通过在数据空间强加一个多维网格结构来汇总数据，然后采用小波变换来变换原特征空间，在变换后的空间中发现密集区域。

在该方法中，每个网格单元汇总一组映射到该单元的点的信息。通常，这种汇总信息可以放在内存中，供多分辨率小波变换和其后的聚类分析使用。

小波变换是一种信号处理技术，它将一个信号分解为不同频率的子波段。通过应用一维小波变换 d 次，小波模型可以应用于 d 维信号。在进行小波变换时，数据变换以便在不同的分辨率水平保留对象间的相对距离。这使得数据的自然簇变得更加容易区别。通过在新的空间中搜索密集区域，可以确定簇。

Wave CIuster 的主要优点：

（1）它提供无监督聚类。它采用了加强点簇区域，而抑制簇边界之外的较弱信息的帽形（hat-shape）过滤器。这样，在原特征空间中的密集区域成为附近点的吸引点（attractor）和较远点的抑制点（inhibitor）。这意味着数据的聚类自动地突显出来，并"清洗"周围的区域。这样，小波变换的另一个优点是能够自动地排除离群点。

（2）小波变换的多分辨率特性有助于发现不同精度的聚类。例如，图 5 - 22 显示了一个二维特征空间的例子，图像中的每个点代表了空间数据集中一个对象的属性或特征值。

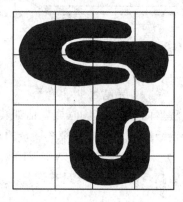

图 5 - 22　二维特征空间的样例

5.5.4　CLIQUE：维增长子空间聚类方法

CLIQUE(Clustering In Quest)是第一个高维空间中维增长子空间聚类算法。在维增长子空间聚类中，聚类过程开始于单维的子空间，并且向上增长至更高维的子空间。由于 CLIQUE 把每一维划分成网格状的结构，并且根据每个网格单元包含点的数目来确定该网格单元是否稠密，因此也可以把它看成是基于密度的和基于网格的聚类方法的一种集成。

迄今为止，所考虑的聚类技术都是使用所有的属性来发现簇。然而，如果仅考虑特征子集(即数据的子空间)，则发现的簇可能因子空间不同而很不相同。有两个理由导致子空间的簇可能是有趣的：第一，数据关于少量属性的集合可能可以聚类，而关于其余属性是随机分布的；第二，在某些情况下，在不同的维集合中存在不同的簇。考虑记录不同时间、不同商品销售情况的数据集(时间是维，而商品是对象)，某些商品对于特定的月份集(如夏季)可能表现出类似行为，但是不同的簇可能被不同的月份(维)刻画。

【例 5.8】　子空间聚类。图 5-23(a)显示一个三维空间点集。在整个空间有三个簇，分别用正方形、菱形和三角形标记。此外，有一个点集，用圆形标记，不是三维空间的簇。该数据集的每个维(属性)被划分成固定个数(η)的等宽区间。有 $\eta=20$ 个区间，每个宽度为 0.1。数据空间被划分成等体积的立方体单元，因此每个单元的密度是它所包含的点的比例。簇是稠密单元的邻接组。例如，如果稠密单元的阈值是 $\xi=0.06$，或 6% 的点，则可以

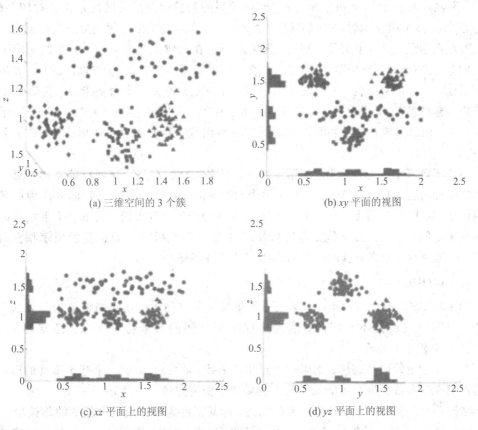

(a) 三维空间的 3 个簇　　　　　　　(b) xy 平面的视图

(c) xz 平面上的视图　　　　　　　(d) yz 平面上的视图

图 5-23　子空间聚类例子的图

在图 5-24 中识别出 3 个一维簇。图 5-24 显示图 5-23(a)的数据点关于 x 属性的直方图。

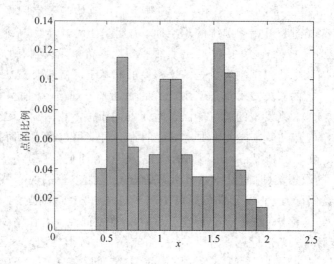

图 5-24   点关于 x 属性的直方图

图 5-23(b)显示绘制在 xy 平面上的点(z 属性被忽略)。该图沿 x 和 y 轴也包含直方图，分别显示点关于其 x 和 y 坐标的分布(较高的条指明对应的区间包含相对较多的点，反之亦然)。当考虑 y 轴时，可以看到 3 个簇：一个来自在整个空间不形成簇的圆点；一个由正方形点组成；另一个由菱形和三角形点组成。在 x 维上也有 3 个簇，它们对应于整个空间的 3 个簇(菱形、三角形和正方形)。图 5-23(c)显示绘制在 xz 平面上的点。如果只考虑 z 属性，则存在两个簇：一个簇对应于圆表示的点；而另一个由菱形、三角形和正方形点组成。这些点在 xz 平面上也形成不同的簇。在图 5-23(d)中，当考虑 y 和 z 时，存在 3 个簇：一个由圆组成；另一个由正方形标记的点组成；菱形和三角形形成 yz 平面上的单个簇。

这些图解释了两个重要事实：第一，一个点集(圆点)在整个空间可能不形成簇，但是在子空间却可能形成簇；第二，存在于整个数据空间(或者甚至子空间)的簇作为低维空间中的簇出现。第一个事实告诉我们可能需要在维的子集中发现簇，而第二个事实告诉我们许多在子空间中发现的簇可能只是较高维簇的"影子"(投影)，而目标是发现簇和它们存在的维，但是通常对较高维簇的投影的那些簇并不感兴趣。

1. CLIQUE

CLIQUE(CLustering In Quest)是系统地发现子空间簇的基于网格的聚类算法。检查每个子空间寻找簇是不现实的，因为这样的子空间的数量特别庞大，是维度的指数。CLIQUE 依赖如下性质。

基于密度的簇的单调性：如果一个点集在 k 维(属性)上形成一个基于密度的簇，则相同的点集在这些维的所有可能的子集上也是基于密度的簇的一部分。

考虑一个邻接的、形成簇的 k 维单元集，即其密度大于指定的阈值 ξ 的邻接单元的集合。对应的 $k-1$ 维单元集可以通过忽略 k 个维(属性)中的一个得到。这些较低维的单元也是邻接的，并且每个低维单元包含对应高维单元的所有点。它还可能包含附加的点。这样，低维单元的密度大于或等于对应高维单元的密度。结果，这些低维单元形成了一个簇，即点形成一个具有约减属性的簇。

算法 5.8 给出了一个 CLIQUE 的简化版本。从概念上讲，CLIQUE 算法类似于发现频繁项集的 Apriori 算法。

算法 5.8 CLIQUE 算法。

(1) 找出对应于每个属性的一维空间中的所有稠密区域。这是稠密的一维单元的集合。

(2) $k \leftarrow 2$。

(3) repeat。

(4)　　由稠密的 $k-1$ 维单元产生所有的候选稠密 k 维单元。

(5)　　删除点数少于 ξ 的单元。

(6)　　　$k \leftarrow (k+1)$。

(7) until 不存在候选稠密 k 维单元。

(8) 通过取所有邻接的、高密度的单元的并发现簇。

(9) 使用一小组描述簇中单元的属性值域的不等式概括每一个簇。

2. CLIQUE 的优点与局限性

CLIQUE 提供了一种搜索子空间发现簇的有效技术。由于这种方法基于源于关联分析的著名的先验原理，它的性质能够被很好地理解。CLIQUE 具有用一小组不等式概括构成一个簇的单元列表的能力。

CLIQUE 的许多局限性与前面讨论过的其他基于网格的密度方法相同。其局限性类似于 Apriori 算法。具体地说，正如频繁项集可以共享项一样，CLIQUE 发现的簇也可以共享对象。允许簇重叠可能大幅度增加簇的个数，并使得解释更加困难。CLIQUE 的另一个局限性是和 Apriori 一样具有指数复杂度。特殊地，如果在较低的 k 值产生过多的稠密单元，则 CLIQUE 将遇到困难。提高密度阈值 ξ 可以减缓该问题。

5.6　神经网络聚类方法：SOM

神经网络方法起源于生物学的神经网络。概括地说，神经网络就是一组连接的输入/输出单元，其中每个连接都有一个与之相关联的权重。神经网络具有的一些特性在聚类分析中颇受欢迎。首先，神经网络是固有的并行和分布式处理结构。第二，神经网络通过调整它们的相互连接的权重来进行学习，从而更好地拟合数据。这使得它们能够把模式"规格化"或"原型化"，并且能够成为各种簇的特征（或属性）提取器。第三，修改后的神经网络能够处理包含数值变量和分类变量的特征向量。

神经网络聚类方法将每个簇描述为一个标本（exemplar）。标本充当簇的"原型"，不一定对应一个特定的数据实例或对象。根据某种距离度量，新的对象可以分布到其标本最相似的簇。分配给簇的对象属性可以根据该簇的标本属性来预测。

自组织特征映射（Self-Organizing Feature Map, SOM）是最流行的神经网络聚类分析方法之一，有时候也称为 Kohonen 自组织特征映射（因其创建者 Teuvo Kohonon 而得名）或拓扑有序映射。SOM 的目标是用低维（通常是二维或三维）目标空间的点来表示高维源空间中的所有点,尽可能地保持点间的距离和邻近关系(拓扑结构)。

　　人脑是由大量的神经元组成的,它们并非都起着同样的作用,处于空间不同部位的区域分工不同,各自对输入模式的不同特征敏感。

　　大脑中分布着大量的协同作用的神经元群体,同时大脑网络又是一个复杂的反馈系统,既包括局部反馈,也包括整体反馈及化学交互作用,聚类现象对于大脑的信息处理起着重要作用。在大脑皮层中,神经元呈二维空间排列,其输入信号主要有两部分:一是来自感觉组织或其他区域的外部输入信号;二是同一区域的反馈信号(如图 5-25 所示),形成信息交互。神经元之间的信息交互方式有很多种,然而邻近神经元之间的局部交互有一个共同的方式,就是侧向交互;即最相近的"邻元"(约小于 0.5 mm)互相兴奋,较远的邻元 (1~2 mm)互相抑制,更远的又是弱兴奋,这种局部交互形式可以形象地比喻为"墨西哥草帽"(如图 5-26 所示)。

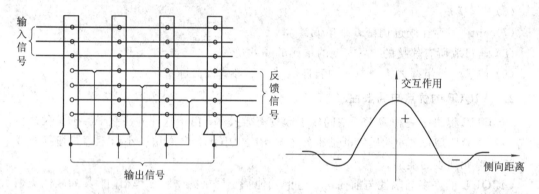

图 5-25　带有反馈的神经网络示意图　　图 5-26　邻近神经元之间的局部交互作用示意图

　　T. Kohonen 认为:神经网络中邻近的各个神经元通过侧向交互作用彼此相互竞争,自适应地发展成检测不同信号的特殊检测器,这就是自组织特征映射的含义。人工自组织映射与大脑映射有许多共同特性,通常又称做自组织映射神经网络或简称 SOM 网络。

　　人工二维自组织映射网络结构如图 5-27 所示。总体连接与二层前馈网络相似,输入层的每一个单元 x_i 与输出层的每个 y_i 相联。输出单元呈二维平面分布,单元之间的典型交互作用函数为简化"巴拿马草帽",如图 5-28(a)所示。

$$F_c(j) = \begin{cases} 1 - \dfrac{d_{cj}}{R} & d \leqslant R \\ 0, & d > R \end{cases} \tag{5.39}$$

式中,d_{cj} 是输出单元 c 与 j 在神经元平面上的距离,R 是交互作用半径。

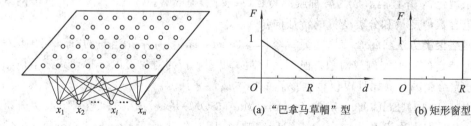

图 5-27　自组织映射神经网络结构示意图　　图 5-28　两种近邻函数形式

式(5.39)可表示为更简单的矩形窗(如图 5 - 28(b)所示)，即

$$F_c(j) = \begin{cases} 1 & d \leqslant R \\ 0 & d > R \end{cases} \tag{5.40}$$

自组织映射网络的学习算法也是一种竞争学习算法，其输出层具有几何分布，由交互作用函数取代了简单的侧抑制，因此其学习算法也是类似的。当输入样本均为归一化样本时，具体学习过程如下：

(1) 用随机数设定权值初始值，并进行权向量归一化计算，在以后每次修正权向量之后也要进行归一化，使其满足下式：

$$\|W_j\|^2 = \sum_i w_{ij}^2 = 1$$

(2) 反复进行如下运算，直到达到预定学习次数或每次学习中权值改变量小于某一阈值：

① 输入一个样本计算各输出单元强度：

$$net_j = W_j^T X = \sum_j w_{ij} x_i$$

② 找出主兴奋单元 c，使下式成立：

$$net_c = \max_j (net_j)$$

③ 确定各输出单元兴奋度：

$$y_j = F_c(j)$$

④ 计算各权值修正量 ΔW_j，修正权值，进行归一化：

$$\Delta W_j = \eta(y_j - net_j) x_i$$

必要时根据学习次数更新学习步长 η 和邻域交互作用半径 R。

学习过程可以采用从全局到局部的策略，此时在学习初期可设定较大的交互作用半径 R。例如，输出平面边长的一半，然后逐步缩小到适当的值，如

$$R \approx \frac{L}{\sqrt{N}}$$

式中，L 是输出平面边长，N 是输入向量维数。

如果样本向量的分量(幅值)中包含有分类信息，则不能采用样本和权值归一化，此时自组织映射网络可以用下面的算法进行学习：

(1) 用小随机数初始化权值。

(2) 反复进行如下运算，直到达到预定次数或每次学习中权值改变量小于某一阈值：

① 输入一个样本 X，寻找最佳匹配节点 C。如采用内积匹配，则 C 就是上面算法中的主兴奋单元；如果用距离匹配，则 C 为权值向量与输入样本向量距离最近的节点，即

$$C: \Delta(X, W_c) = \min_j \{\Delta(X, W_j)\}$$

Δ 为某种距离度量。

② 确定邻域交互作用函数 $F_c(j)$。

③ 计算各权值修正量：

$$\Delta W_j = \eta F_c(j) \delta(X, W_j)$$

$\delta(X, W_j)$ 为 X 与 W_j 的误差，修正各节点权值。

必要时根据学习次数更新学习步长 η 和邻域交互作用半径 R。

由于输出单元之间存在与几何位置有关的交互作用，学习完成之后，各输入向量在输出平面上存在对应的兴奋点，而且兴奋点之间部分地满足一种关系，即相似的输入向量（在输入向量空间中夹角较小的）在输出平面上离得较近。此时的输出平面可以划分为若干个不同的区域，每个区域对应于一个类别，形同地图，故也称之为认知地图。这种聚类的方法比简单的竞争网络更为细致，可以适应多种用途。自适应特征映射是输入高维向量空间向二维平面的映射，因此映射不是唯一的，学习结果与权值初始值和样本顺序有关。

SOM 还可以看做是 k-均值聚类的约束版本，其中簇的中心往往处于特征或属性空间的一个低维流形中。使用 SOM，聚类通过若干单元竞争当前对象来进行。权重向量最接近当前对象的单元成为获胜单元或活跃单元。为了更接近输入对象，调整获胜单元及其最近邻的权重，SOM 假设在输入对象中存在某种拓扑结构或序，并且单元将最终呈现空间的这种结构。单元的组织形成一个特征映射。SOM 被认为类似于大脑的处理过程，对在二维或三维空间中可视化高维数据是有用的。

神经网络聚类方法与人类大脑的处理有很强的理论联系。但由于其较长的处理时间和数据的复杂性，需要进行进一步研究，使它更有效并适用于大型数据库。

【例 5.9】 待聚类的样本如图 5 - 29 所示，调用 MATLAB 中的相应的函数建立 SOM 网络，聚类结果如图 5 - 30 所示。

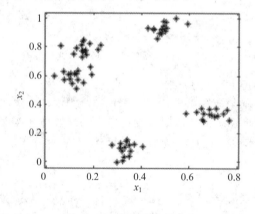
图 5 - 29　待聚类的样本点

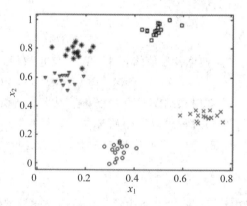
图 5 - 30　SOFM 聚类结构

5.7　异常检测

异常检测的目标是发现与大部分其他对象不同的对象。通常，异常对象被称做离群点（Outlier），因为在数据的散布图中，它们远离其他数据点。异常检测也称偏差检测（Deviation Detection），因为异常对象的属性值显著地偏离期望的或常见的属性值。异常检测也称例外挖掘（Exception Mining），因为异常在某种意义上是例外的。本章主要使用异常或离群点术语。

异常检测方法各种各样，这些方法来自多个领域，包括统计学、机器学习和数据挖掘。所有这些方法都基于这样的思想：异常的数据对象是不寻常的，或者在某些方面与其他对象不一致。尽管根据定义，不寻常的对象或事件是相对罕见的，但是这并不意味它们绝对不常出现。例如，当所考虑的事件数多达数十亿时，可能性为"千分之一"的事件也可能出现数百万次。

在自然界、人类社会或数据集领域，大部分事件和对象，按定义都是平凡的或平常的。然而，应当敏锐地意识到不寻常或不平凡的对象存在的可能性。比如异常干旱或多雨的季节，著名的运动员，或比其他值小得多或大得多的属性值等。对异常事件或对象的兴趣源于它们通常具有异乎寻常的重要性。比如，干旱威胁农作物，运动员的异常能力可能导致取胜，实验结果的异常值可能指出实验中的问题或需要研究的新现象。

下面的例子阐明在一些应用中异常是相当有趣的。

（1）欺诈检测。盗窃信用卡的人的购买行为可能不同于信用卡持有者。信用卡公司试图通过寻找刻画窃贼的购买模式，或通过注意不同于常见行为的变化来检测窃贼。类似的方法可以用于其他类型的欺诈检测。

（2）入侵检测。对计算机系统和网络系统的攻击已是常事。某些攻击是显而易见的，如旨在瘫痪或控制计算机和网络的攻击；但是其他攻击，如旨在秘密收集信息的攻击则很难检测。许多入侵检测只能通过监视系统和网络的异常行为进行检测。

（3）生态系统失调。在自然界，存在一些非常见的事件，对人类具有重大影响，例如飓风、洪水、干旱、热浪和火灾。生态系统检测的目标通常是预测这些事件的似然度和它们的成因。

（4）公共卫生。在许多国家，医院和医疗诊所向国家机构报告各种统计数据，以供进一步分析。例如，如果一座城市的所有孩子都接种某种特定疾病（如麻疹）的疫苗，则散布在城市各医院的少量病例就是异常事件，可能指示该城市疫苗接种程序方面的问题。

（5）医疗。对于特定的患者，不寻常的症状或检查结果可能指出潜在的健康问题。然而，一个特定的检查结果是否异常可能依赖患者的其他特征，如性别和年龄。此外，对结果分类为异常与否会付出某种代价——如果患者是健康的，代价是不必要的进一步检查；如果病情未诊断出来和未予治疗，代价是对患者的潜在伤害。

尽管当前感兴趣的异常检测多半是由关注异常的应用驱动的，但是历史上异常检测（和消除）一直被视为一种旨在改进常见数据对象分析的技术。例如，相对少的离群点可能扭曲一组值的均值和标准差，或者改变聚类算法产生的簇的集合。因此，异常检测（和消除）通常是数据预处理的一部分。

本节将集中讨论异常检测。在介绍少量预备知识之后，详细讨论一些重要的异常检测方法，用具体技术的例子解释它们。

5.7.1 预备知识

1. 异常的成因

常见的异常成因有数据来源于不同的类、自然变异、数据测量或收集误差。

1）数据来源于不同的类

一个数据对象可能不同于其他数据对象（即异常），因为它属于一个不同的类型或类。例如，进行信用卡欺诈的人属于不同的信用卡用户类，不同于合法使用信用卡的人。本节开始提供的大部分例子，即欺诈、入侵、疾病爆发、不寻常的实验结果，都是代表不同类对象的异常的例子。这类异常通常都是相当有趣的，并且是数据挖掘领域异常检测的关注点。

异常对象来自于一个与大多数数据对象源(类)不同的源(类)的思想,是统计学家Douglas Hawkins 在经常被引用的一个离群点的定义中提出的。

定义 5.1 Hawkins 的离群点定义。离群点是一个观测值,它与其他观测值的差别如此之大,以至于怀疑它是由不同的机制产生的。

2) 自然变异

许多数据集可以用一个统计分布建模,如用正态(高斯)分布建模,其中数据对象的概率随对象到分布中心距离的增加而急剧减小。换言之,大部分数据对象靠近中心(平均对象),数据对象显著地不同于这个平均对象的似然性很小。例如,一个身高特别高的人,在来自一个单独对象类的意义下不是异常的,而仅在所有对象都具备的一个特性(身高),有一个极端值的意义下才是异常的。通常,代表极端的或未必可能变异的异常是有趣的。

3) 数据测量和收集误差

数据收集和测量过程中的误差是另一个异常源。例如,由于人的错误、测量设备的问题或存在噪声,测量值可能被不正确地记录。目标是删除这样的异常,因为它们不提供有趣的信息,而只会降低数据和其后数据分析的质量。事实上,删除这类异常是数据预处理(尤其是数据清理)的关注点。

异常可以是上述原因或未考虑的其他原因的结果。事实上,数据集中可能有多种异常源,并且任何特定的异常的底层原因常常是未知的。在实践中,异常检测技术着力于发现显著不同于其他对象的对象,而技术本身不受异常源的影响。这样一来,异常的底层原因仅对预期的应用是重要的。

2. 异常检测方法

下面提供一些异常检测技术和与之相关联的异常定义的高层描述。

1) 基于模型的技术

许多异常检测技术首先建立一个数据模型。异常是那些同模型不能完美拟合的对象。例如,数据分布模型可以通过估计概率分布的参数来创建。如果一个对象不能很好地同该模型拟合,即如果它很可能不服从该分布,则它是一个异常。如果模型是簇的集合,则异常是不显著属于任何簇的对象。在使用回归模型时,异常是相对远离预测值的对象。

由于异常和正常对象可以看做定义两个不同的类,因此可以使用分类技术来建立这两个类的模型。当然,仅当某些对象存在类标号,可以构造训练数据集时才可以使用分类技术。此外,异常相对稀少,在选择分类技术和评估度量时需要考虑这一因素。

在某些情况下,很难建立模型,例如,因为数据的统计分布未知或没有训练数据可用。在这些情况下,可以使用如下所述的不需要模型的技术。

2) 基于邻近度的技术

通常可以在对象之间定义邻近性度量,并且许多异常检测方法都基于邻近度。异常对象是那些远离大部分对象的对象。这一领域的许多技术都基于距离,称做基于距离的离群点检测技术。当数据能够以二维或三维散布图显示时,通过寻找与大部分点分离的点,可以从视觉上检测出基于距离的离群点。

3) 基于密度的技术

对象的密度估计可以相对直接地计算,特别是当对象之间存在邻近性度量时。低密度区域中的对象相对远离近邻,可能被看做异常。考虑到数据集可能有不同密度区域这一事实，仅当一个点的局部密度显著地低于它的大部分近邻时才将其分类为离群点。

3. 类标号的使用

异常检测有三种基本方法：非监督的、监督的和半监督的。对于某些数据而言，它们的主要区别是类标号（异常或正常）可以利用的程度。

1）监督的异常检测

监督的异常检测技术要求存在异常类和正常类的训练集（注意，可能存在多个正常类或异常类）。正如前面所提到的，处理所谓稀有类问题的分类技术特别相关，因为相对于正常类而言，异常相对稀少。

2）非监督的异常检测

在许多实际情况下，没有提供类标号。在这种情况下，异常检测的目标是将一个得分（或标号）赋予每个实例，反映该实例的异常程度。注意许多互相相似的异常的出现可能导致它们都被标记为正常，或具有较低的离群点得分。这样，对于成功的非监督的异常检测，异常除与正常对象也不同外，还必须相互不同。

3）半监督的异常检测

有时，训练数据包含被标记的正常数据，但是没有关于异常对象的信息。在半监督的情况下，异常检测的目标是使用有标记的正常对象的信息，对于给定的对象集合，发现异常标号或得分。注意，在这种情况下，被评分对象集中许多相关的离群点的出现并不影响离群点的评估。然而，在许多实际情况下，可能很难发现代表正常对象的小集合。

4. 问题

在处理异常时，存在各种需要处理的重要问题。

1）用于定义异常的属性个数

一个对象是不是基于单个属性的异常问题也就是对象的那个属性值是否异常的问题。由于一个对象可以有许多属性，它可能在某些属性上具有异常值，而在其他属性上具有正常值。此外，即使一个对象的所有属性值都不是异常的，对象也可能是异常的。例如，身高2英尺（儿童）或体重300磅的人很常见，但是体重300磅的人身高2英尺是罕见的。异常的一般定义必须指明如何使用多个属性的值确定一个对象是否异常。当数据的维度很高时，这个问题特别重要。

2）全局观点与局部观点

一个对象可能相对于所有对象看上去不寻常，但是相对于它的局部近邻并非如此。例如，身高6英尺5英寸的人对于一般人群是不常见的，但是对于职业篮球运动员不算什么。

3）点的异常程度

某些技术以二元方式报告对象是否异常的评估：对象要么是异常，要么不是。通常，这不能反映某些对象比其他对象更加极端异常的基本事实。因此，希望有某种对象异常程度的评估。这种评估称做异常或离群点得分（Outlier Score）。

4）一次识别一个异常与多个异常

在某些技术中，一次删除一个异常，即识别并删除最异常的实例，然后重复这一过程。试图一次识别一个异常的技术常常遇到所谓屏蔽（masking）问题，其中若干异常的出现屏蔽其他异常。另一方面，一次检测多个异常的技术可能陷入泥潭（swamping），其中正常的对象被识别为离群点。在基于模型的方法中，这些情况可能因为异常扰乱模型而发生。

5）评估

如果可以使用类标号来识别异常和正常数据，则可以使用分类性能度量来评估异常检测方案的有效性。但是由于异常类通常比正常类小得多，因此诸如精度、召回率和假正率等度量比正确率更合适。如果不能使用类标号，则评估是困难的。对于基于模型的方法，离群点检测的有效性可以通过删除异常后模型的改进来评估。

6）有效性

各种异常检测方案的计算开销显著不同。基于分类的方案可能需要相当多的资源来创建分类模型，但是使用开销通常很小。类似地，基于统计的方法创建一个统计模型，而后以常数时间对一个对象分类。基于邻近度的方法通常具有 $O(m^2)$ 时间复杂度，其中 m 是对象的个数，因为它们需要的信息通常只能通过计算邻近度矩阵得到。这一时间复杂度在具体情况下（如低维数据）可以通过使用专门的数据结构和算法来降低。

5.7.2　统计方法

统计学方法是基于模型的方法，即为数据创建一个模型，并且根据对象拟合模型的情况来评估它们。大部分用于离群点检测的统计学方法都基于构建一个概率分布模型，并考虑对象符合该模型的可能性。

定义 5.2　离群点的概率定义。离群点是一个对象，关于数据的概率分布模型，它具有低概率。

概率分布模型通过估计用户指定的分布的参数，由数据创建。如果假定数据具有高斯分布，则基本分布的均值和标准差可以通过计算数据的均值和标准差来估计，然后可以估计每个对象在该分布下的概率。

基于定义 5.2，已经设计了各种统计检验来检测离群点，或者使用统计学界通常的称呼——不和谐的观测值（Discordant Observation）。

这种离群点检测方法面临的重要问题如下：

（1）识别数据集的具体分布。尽管许多类型的数据都可以用少量常见的分布（如高斯、泊松或二项式分布）来描述，但是具有非标准分布的数据集也很常见。当然，如果选择了错误的模型，则对象可能被错误地识别为离群点。例如，数据也许被建模成来自高斯分布，但是它实际可能来自另一种分布，它以比高斯分布更高的概率具有远离均值的值。具有这类行为的统计分布在实践中是常见的，并称做重尾分布（Heavy-Tailed Distribution）。

（2）使用的属性个数。尽管大部分基于统计学的离群点检测技术都使用单个属性，但是已经开发了一些技术用于多元数据。

（3）混合分布。可以用混合分布对数据建模，并且基于这种模型开发离群点检测方案。尽管这种模型的功能可能更强，但是其更复杂，难以理解和使用。例如，需要在将对象分类为离群点之前识别分布。

1．检测一元正态分布中的离群点

高斯（正态）分布是统计学最常使用的分布之一，将使用它介绍一种简单的统计学离群点检测方法。该分布用记号 $N(\mu, \sigma)$ 表示，其中参数 μ 和 σ 分别为均值和标准差。图 5－31 显示 $N(0, 1)$ 的密度函数。

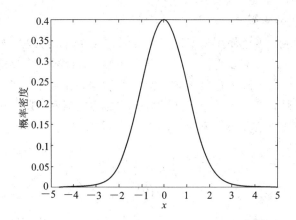

图 5 - 31 均值为 0，标准差为 1 的高斯分布的概率密度函数

来自 $N(0，1)$ 分布的对象（值）出现在该分布尾部的机会很小。例如，对象落在 ±3 标准差的中心区域之外的概率仅有 0.0027。更一般地，如果 c 是常数，x 是属性值，则 $|x| \geqslant c$ 的概率随 c 增加而迅速减小，设 $\alpha = prob(|x| \geqslant c)$。表 5 - 2 显示当分布为 $N(0，1)$ 时，c 的某些样本值和对应的 α 值。注意，离均值超过 4 个标准差的值出现的可能性是万分之一。

表 5 - 2　高斯分布的样本对 $(c，\alpha)$，$\alpha = prob(|x| \geqslant c)$

c	$N(0，1)$
1.00	0.3173
1.50	0.1336
2.00	0.0455
2.50	0.0124
3.00	0.0027
3.50	0.0005
4.00	0.0001

因为知道 $N(0，1)$ 分布中心的距离 c 直接与该值的概率相关，因此可以使用它作为检测对象（值）是否是定义 5.3 指出的离群点的基础。

定义 5.3　单个 $N(0，1)$ 高斯属性的离群点。设属性 x 取自具有均值 0 和标准差 1 的高斯分布。一个具有属性值 x 的对象是离群点，如果 $|x| \geqslant c$，其中，c 是一个选定的常量，满足 $prob(|x| \geqslant c) = \alpha$。

为了使用该定义，需要指定 α 值。从不寻常的值（对象）预示来自不同分布的值的观点来说，α 表示错误地将来自给定分布的值分类为离群点的概率。从离群点是 $N(0，1)$ 分布的稀有值的观点来说，α 表示稀有程度。

如果正常对象的一个感兴趣的属性的分布是具有均值 μ 和标准差 σ 的高斯分布，即 $N(\mu，\sigma)$ 分布，则为了使用定义 5.3，需要将属性 x 变换为新属性 z，z 具有 $N(0，1)$ 分布。方法是令 $z = (x - \mu)/\sigma$（通常，z 称 z 得分）。然而，μ 和 σ 通常是未知的，并使用样本均值 $\bar{x}$ 和样本标准差 s_x 估计。实践中，当观测值很多时，这种估计的效果很好。然而，应当注意 z 的分布事实上并非 $N(0，1)$。

2. 多元正态分布的离群点

对于多元高斯观测，希望使用类似用于单变量高斯分布的方法。特殊地，如果点关于估计的数据分布具有低概率，则将把它们分类为离群点。此外，希望能够用简单的检验方法，即点到分布中心点的距离来进行判定，例如点到分布中心的距离。然而，由于不同变量（属性）之间的相关性，多元正态分布并不关于它的中心对称。图 5-32 显示一个二维多元高斯分布的概率密度，该分布均值为 $(0,0)$，协方差矩阵为

$$\Sigma = \begin{pmatrix} 1.00 & 0.75 \\ 0.75 & 1.00 \end{pmatrix}$$

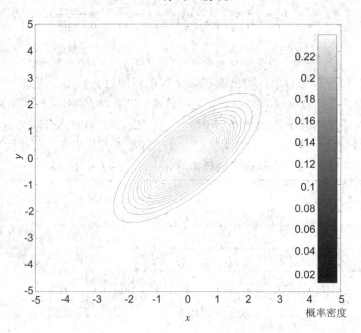

图 5-32　用于产生图 5-31 的高斯分布的概率密度

如果打算使用一个简单的阈值来决定一个对象是否是离群点，则需要一种考虑数据分布形状的距离度量。点 x 与数据均值 $\bar{x}$ 之间的 Mahalanobis 距离如下所示：

$$\text{mahalanobis}(x, \bar{x}) = (x-\bar{x})\boldsymbol{S}^{-1}(x-\bar{x})^T \tag{5.41}$$

其中，$\boldsymbol{S}$ 是数据的协方差矩阵，$\boldsymbol{S}^{-1}$ 是数据协方差矩阵 S 的逆矩阵。

容易证明，点到基础分布均值的 Mahalanobis 距离与点的概率直接相关。特殊地，Mahalanobis 距离等于点的概率密度的对数加上一个常数。

【例 5.10】　多元正态分布的离群点。图 5-33 显示二维数据集中点到分布均值的 Mahalanobis 距离。点 $A(-4,4)$ 和 $B(5,5)$ 是添加到数据集中的离群点，它们的 Mahalanobis 距离显示在图中。数据集中的其他 2000 个点使用图 5-33 所示的分布随机地产生。

A 和 B 都具有很大的 Mahalanobis 距离。然而，尽管使用欧几里得距离度量 A 比 B 更靠近中心 $(0,0)$ 处的黑色"x"，但是按照 Mahalanobis 距离，A 比 B 更远离中心，因为 Mahalanobis 距离考虑了分布的形状。点 B 的欧几里得距离为 $5\sqrt{2}$，而 Mahalanobis 距离为 24，而点 A 的欧几里得距离为 $4\sqrt{2}$，而 Mahalanobis 距离为 35。

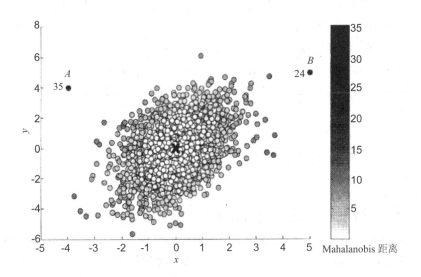

图 5 - 33　2002 个点的二维数据集中点到中心的 Mahalanobis 距离

3. 异常检测的混合模型方法

混合模型的聚类方法假定数据来自混合概率分布，并且每个簇可以用这些分布之一识别。类似地，对于异常检测，数据用两个分布的混合模型建模，一个分布为普通数据，而另一个为离群点。

聚类和异常检测的目标都是估计分布的参数，以最大化数据的总似然（概率）。聚类时，使用 EM 算法估计每个概率分布的参数。然而，这里提供的异常检测技术使用一种更简单的方法。初始时将所有对象放入普通对象集，而异常对象集为空。然后，用一个迭代过程将对象从普通集转移到异常集，只要该转移能提高数据的总似然即可。

假定数据集 D 包含来自两个概率分布的对象：M 是大多数（正常）对象的分布，而 A 是异常对象的分布。数据的总概率分布可以记作

$$D(x) = (1-\lambda)M(x) + \lambda A(x) \tag{5.42}$$

其中，x 是一个对象；λ 是 0 和 1 之间的数，给出离群点的期望比例。分布 M 由数据估计，而分布 A 通常取均匀分布。设 M_t 和 A_t 分别为时刻 t 正常和异常对象的集合。初始 $t=0$，$M_0 = D$，而 A_0 为空。在任意时刻 t，整个数据集的似然和对数似然分别由下列两式给出：

$$L_t(D) = \prod_{X_i \in D} P_D(X_i) = \left((1-\lambda)^{|M_t|} \prod_{X_i \in M_t} P_{M_t}(X_i)\right)\left(\lambda^{|A_t|} \prod_{X_i \in A_t} P_{A_t}(X_i)\right) \tag{5.43}$$

$$LL_t(D) = |M_t| \log(1-\lambda) + \sum_{X_i \in M_t} \log P_{M_t}(X_i) + |A_t| \log\lambda + \sum_{X_i \in A_t} \log P_{A_t}(X_i)$$
$$\tag{5.44}$$

其中 P_D、P_{M_t} 和 P_{A_t} 分别是 D、M_t 和 A_t 的概率分布函数。

在介绍基于似然的离群点检测前，首先做简化假定。对于以下两种情况概率为 0：

（1）A 中的对象是正常的。

（2）M 中的对象是离群点。

算法 5.9　基于似然的离群点检测。

(1) 初始化：在时刻 $t=0$，令 M_t 包含所有对象，而 A_t 为空。令 $LL_t(D)=LL(M_t)+LL(A_t)$ 为所有数据的对数似然。

(2) for 属于 M_t 的每个点 x do

(3)　　将 x 从 M_t 移动到 A_t，产生新的数据集合 M_{t+1} 和 A_{t+1}。

(4)　　计算 D 的新的对数似然 $LL_{t+1}(D)=LL(M_{t+1})+LL(A_{t+1})$

(5)　　计算差 $\Delta=LL_{t+1}(D)-LL_t(D)$

(6)　　if $\Delta>c$，其中 c 是某个阈值 then。

(7)　　　　将 x 分类为异常。

(8)　　end if

(9) end for

因为正常对象的数量比异常对象的数量大得多，因此，当一个对象移动到异常集后，正常对象的分布变化不大。在这种情况下，每个正常对象对正常对象的总似然的贡献保持相对不变。此外，如果假定异常服从均匀分布，则移动到异常集的每个对象对异常的似然贡献一个固定的量。这样，当一个对象移动到异常集时，数据总似然的改变粗略地等于该对象在均匀分布下的概率（用 λ 加权）减去该对象在正常数据点的分布下的概率（用 $1-\lambda$ 加权）。从而，异常集由这样一些对象组成，这些对象在均匀分布下比在正常对象的分布下具有显著较高的概率。

算法 5.9 粗略地等价于把在正常对象的分布下具有低概率的对象分类为离群点。例如，当用于图 5-33 中的点时，该技术将把 A 和 B（以及其他远离均值的点）分类为离群点。然而，如果随着异常点的移出，正常对象的分布显著改变，或者可以用更复杂的方法对异常的分布建模，则该方法产生的结果将不同于简单地将低概率对象分类为离群点的结果。此外，即使对象的分布是多峰的，该方法仍然能够处理。

4. 优点与缺点

离群点检测的统计学方法具有坚实的理论基础，建立在标准的统计学技术（如分布参数的估计）之上。当存在充分的数据和所用的检验类型的知识时，这些检验可能非常有效。对于单个属性，存在各种统计离群点检测。对于多元数据，可用的选择少一些，并且对于高维数据，这些检验性能很差。

5.7.3　基于邻近度的离群点检测

尽管基于邻近度的异常检测的思想存在若干变形，但是其基本概念是直截了当的：如果一个对象远离大部分点，则它是异常的。基于邻近度的异常检测比统计学方法更一般、更容易使用，因为确定数据集的有意义的邻近性度量比确定它的统计分布更容易。

度量一个对象是否远离大部分点的一种最简单的方法是使用到 k-最近邻的距离。定义 5.4 就是基于这种思想。离群点得分的最低值是 0，而最高值是距离函数的可能最大值，一般为无穷大。

定义 5.4　到 k 最近邻的距离。一个对象的离群点得分由到它的 k-最近邻的距离给定。

图 5-34 显示一个二维点集。使用 $k=5$，每个点的阴影表明它的离群点得分。注意，边远的点 C 被正确地赋予最高离群点得分。

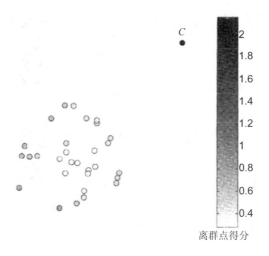

图 5 - 34 基于到第 5 个最近邻距离的离群点得分

离群点得分对 k 的取值高度敏感。如果 k 太小（例如 1），则少量的邻近离群点可能导致较低的离群点得分。例如，图 5 - 35 显示一个二维数据点集，其中另一个点靠近 C。阴影反映使用 $k=1$ 的离群点得分。注意，C 和它的近邻都具有低离群点得分。如果 k 太大，则点数少于 k 的簇中所有的对象可能都成了离群点。例如，图 5 - 36 显示一个二维数据集，除了一个 30 个点的较大的簇之外，该数据集还有一个 5 个点的自然簇。对于 $k=5$，较小簇中所有点的离群点得分都很高。为了使该方案对于 k 的选取更具有鲁棒性，可以修改定义 5.4，使用前 k 个最近邻的平均距离。

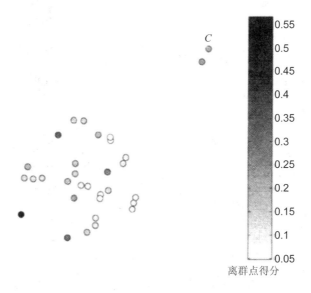

图 5 - 35 基于到第一个最近邻距离的离群点得分，邻近的离群点具有低离群点得分

基于距离的离群点检测方案的优点是其比较简单。然而，基于邻近度的方法一般需要 $O(m^2)$ 时间，这对于大型数据集可能太昂贵，尽管在低维情况下可以使用专门的算法来提高性能。该方法对参数的选择也是敏感的。此外，它不能处理具有不同密度区域的数据集，因为它使用全局阈值，不能考虑这种密度的变化。

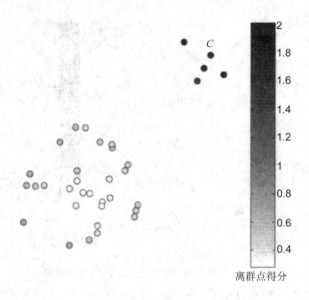

图 5 - 36　基于到第 5 个最近邻距离的离群点得分，一个小簇成了离群点

为了解释这一点，如图 5 - 37 中的二维数据点的集合。该图有一个相当松散的点簇、一个稠密点簇和两个点 C 和 D，它们离这两个簇相当远。根据定义 5.4，对于 $k=5$ 对点赋予离群点得分可正确地识别出 C 为离群点，但是 D 表现出低的离群点得分。事实上，D 的离群点得分比松散簇中的许多点都低得多。

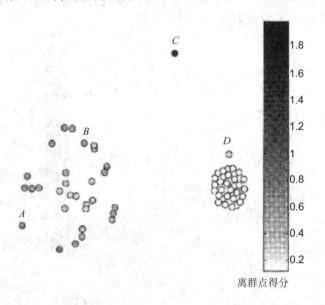

图 5 - 37　基于到第 5 个最近邻距离的离群点得分，不同密度的簇

5.7.4　基于密度的离群点检测

从基于密度的观点来说，离群点是在低密度区域中的对象。

定义 5.5　基于密度的离群点　一个对象的离群点得分是该对象周围密度的逆。

基于密度的离群点检测与基于邻近度的离群点检测密切相关，因为密度通常用邻近度定义。一种常用的定义密度的方法是，定义密度为到 k 个最近邻的平均距离的倒数。如果该距离小，则密度高，反之亦然。

定义 5.6 逆距离

$$\text{density}(x, k) = \left[\frac{\sum_{y \in N(x, k)} \text{distance}(x, y)}{|N(x, k)|} \right]^{-1} \tag{5.45}$$

其中，$N(x, k)$ 是包含 x 的 k 最近邻的集合，$|N(x, k)|$ 是该集合的大小，而 y 是一个最近邻。

另一种密度定义是使用 DBSCAN 聚类算法使用的密度定义。

定义 5.7 给定半径内的点计数 一个对象周围的密度等于该对象指定距离 d 内对象的个数。需要小心地选择参数 d。如果 d 太小，则许多正常点可能具有低密度，从而具有高离群点得分。如果 d 太大，则许多离群点可能具有与正常点类似的密度（和离群点得分）。

使用任何密度定义检测离群点具有与 5.7.3 节讨论的基于邻近度的离群点方案类似的特点和局限性。特殊地，当数据包含不同密度的区域时，它们不能正确地识别离群点（见图 5 - 37）。为了正确地识别这种数据集中的离群点，需要与对象邻域相关的密度概念。例如，根据定义 5.6 和定义 5.7，图 5 - 37 中的点 D 比点 A 具有更高的绝对密度，但是相对于它的最近邻，它的密度较低。

有许多方法定义对象的相对密度。其中一种方法是用点 x 的密度与它的最近邻 y 的平均密度之比作为相对密度，如下式：

$$\text{average relative density}(x, k) = \frac{\text{density}(x, k)}{\sum_{y \in N(x, k)} \frac{\text{density}(y, k)}{|N(x, k)|}} \tag{5.46}$$

1. 使用相对密度的离群点检测

基于相对密度概念的技术是局部离群点要素（Local Outlier Factor，LOF）技术的简化版本，在算法 5.10 中给出。它操作如下：首先，对于指定的近邻个数(k)，基于对象的最近邻计算对象的密度 $\text{density}(x, k)$，由此计算每个对象的离群点得分；然后，计算点的近邻平均密度，并使用它们计算公式(5.34)定义的点的平均相对密度。这个量是衡量在 x 的邻域内，x 是否在比它的近邻更稠密或更稀疏的指标，并取作 x 的离群点得分。

算法 5.10 相对密度离群点得分算法。

(1) {k 是最近邻个数}

(2) for all 对象 x do

(3)   确定 x 的 k-最近邻 $N(x, k)$。

(4)   使用 x 的最近邻（即 $N(x, k)$ 中的对象），确定 x 的密度 $\text{density}(x, k)$。

(5) end for

(6) for all 对象 x do

(7)   由公式(5.45)，置 outlier score$(x, k) = $ average relative density(x, k)。

(8) end for

【例 5.11】 相对密度离群点检测。使用图 5 - 37 显示的示例数据集，解释相对密度离群点检测方法的性能。这里，$k = 10$。这些点的离群点得分显示在图 5 - 38 中。每个点的明暗由它的得分决定，即具有高得分的点较黑。用值标出了点 A、C 和 D，它们具有最大离群点得分。

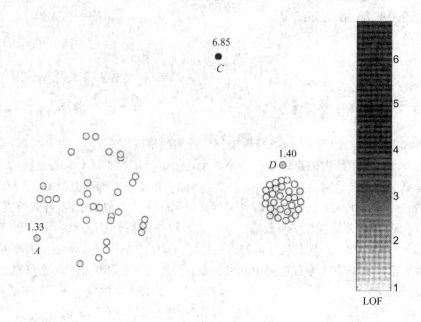

图 5 - 38　图 5 - 36 中二维点的相对密度(LOF)离群点得分

2.　优点与缺点

　　基于相对密度的离群点检测给出了对象是离群点程度的定量度量，即使数据具有不同密度的区域也能够很好地处理。与基于距离的方法一样，该方法必然具有 $O(m^2)$ 时间复杂度(其中 m 是对象个数)，虽然对于低维数据，使用专门的数据结构可以将它降低到 $O(m \log m)$。参数选择也是困难的，虽然标准 LOF 算法通过观察不同的 k 值，然后取最大离群点得分来处理该问题，然而，仍然需要选择这些值的上下界。

5.7.5　基于聚类的技术

　　聚类分析发现强相关的对象组，而异常检测发现不与其他对象强相关的对象。因此毫不奇怪，聚类可以用于异常检测。

　　一种利用聚类检测离群点的方法是丢弃远离其他簇的小簇。这种方法可以与任何聚类技术一起使用，但是需要最小簇大小和小簇与其他簇之间距离的阈值。通常，该过程可以简化为丢弃小于某个最小尺寸的所有簇。这种方案对簇个数的选择高度敏感。此外，使用这一方案，很难将离群点得分附加在对象上。注意，把一组对象看做离群点，将离群点的概念从个体对象扩展到对象组，但是本质上没有任何改变。

　　一种更系统的方法是，首先聚类所有对象，然后评估对象属于簇的程度。对于基于原型的聚类，可以用对象到它的簇中心的距离来度量对象属于簇的程度。更一般地，对于基于目标函数的聚类技术，可以使用该目标函数来评估对象属于任意簇的程度。特殊地，如果删除一个对象导致该目标的显著改进，则可以将该对象分类为离群点。例如，对于 k-均值，删除远离其相关簇中心的对象能够显著地改进该簇的误差的平方和(SSE)。总而言之，聚类创建数据的模型，而异常扭曲该模型。

定义 5.8　基于聚类的离群点。如果一个对象不强属于任何簇，则该对象是基于聚类的离群点。

在与具有目标函数的聚类方法一起使用时，该定义是基于模型的异常定义的特殊情况。尽管定义 5.8 对于基于原型的或具有目标函数的方案更自然，但是它也可以包含用于检测离群点的基于密度和基于连接度的聚类方法。特殊地，对于基于密度的聚类，如果一个对象的密度太低，则该对象不强属于任何簇；对于基于连接度的聚类，如果一个对象不是强连接的，则该对象不强属于任何簇。

下面，讨论任何基于聚类的离群点检测都需要处理的问题。讨论集中在基于原型的聚类技术，如 k-均值。

1. 评估对象属于簇的程度

对于基于原型的聚类，评估对象属于簇的程度的方法有多种。一种方法是度量对象到簇原型的距离，并用它作为该对象的离群点得分。然而，如果簇具有不同的密度，则可以构造一种离群点得分，度量对象到簇原型的相对距离（关于到该簇其他对象的距离）。另一种可能性是使用 Mahalanobis 距离，只要簇可以准确地用高斯分布建模。

对于具有目标函数的聚类技术，可以将离群点得分赋予对象。该得分反映删除该对象后目标函数的改进。然而，基于目标函数评估点是离群点的程度的方法可能是计算密集的。正因为如此，基于距离的方法更可取。

【例 5.12】　基于聚类的例子。这个例子基于图 5-38 显示的点集。基于原型的聚类使用 k-均值算法，而点的离群点得分用两种方法计算：（1）点到它的最近质心的距离；（2）点到它的最近质心的相对距离，其中相对距离是点到质心的距离与簇中所有点到质心的距离的中位数之比。后一种方法用于调整紧致簇与松散簇密度上的较大差别。

结果离群点得分显示在图 5-39 和图 5-40 中。本例用距离或相对距离度量的离群点得分用明暗度表示。基于距离的方法在处理簇的不同密度方面存在问题：例如，D 未被视为离群点。对于基于相对距离的方法，先前使用 LOF 被识别为离群点的点（A、C 和 D）也作为离群点出现。

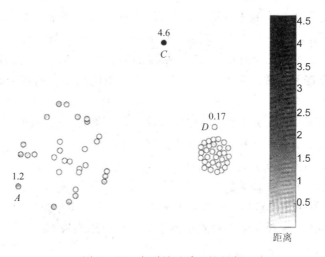

图 5-39　点到最近质心的距离

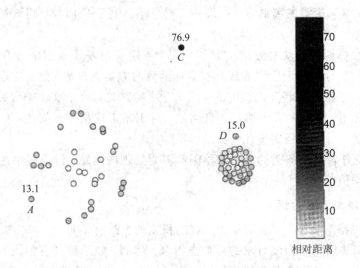

图 5 - 40　点到最近质心的相对距离

2. 离群点对初始聚类的影响

如果通过聚类检测离群点，则由于离群点影响聚类，存在一个问题：结果是否有效。为了处理该问题，可以使用如下方法：对象聚类，删除离群点，对象再次聚类。尽管不能保证这种方法产生最优结果，但是该方法容易使用。一种更复杂的方法是取一组不能很好地拟合任何簇的特殊对象，用这组对象代表潜在的离群点。随着聚类过程的进展，簇在变化。不再强属于任何簇的对象被添加到潜在的离群点集合；而当前在该集合中的对象被测试，如果它现在强属于一个簇，就可以将它从潜在的离群点集合移出。聚类过程结束时还留在该集合中的点被分类为离群点。但这样还是不能保证得到最优解，甚至不能保证该方法比前面的简单方法更好。例如，一个噪声点簇可能看上去像一个没有离群点的实际簇。如果使用相对距离计算离群点得分，这个问题特别严重。

3. 使用簇的个数

诸如 k-均值等聚类技术并不自动地确定簇的个数。在使用聚类进行离群点检测时这仍是一个问题，因为对象是否被认为是离群点可能依赖于簇的个数。例如，10 个对象相对其他处相互靠近，但是如果只找出几个大簇，则可能将它们作为某个较大簇的一部分。在这种情况下，10 个点都可能被视为离群点。但是，如果指定足够多的簇个数，它们可能可以形成一个簇。

与其他某些问题一样，对于该问题也没有简单的答案。解决该问题的一种策略是对不同的簇个数重复该分析；另一种策略是找出大量小簇。

使用找出大量小簇的方法的优点有：

（1）较小的簇趋向于更加凝聚。

（2）如果在存在大量小簇时，一个对象是离群点，则它多半是一个真正的离群点。

用该方法不利的一面是一组离群点可能形成小簇而逃避检测。

4. 优点与缺点

有些聚类技术（如 k-均值）的时间和空间复杂度是线性或接近线性的，因而基于这种算法的离群点检测技术可能是高度有效的。簇的定义通常是离群点的补集，因此可能同时发现簇和离群点。缺点方面，产生的离群点集和它们的得分可能非常依赖所用的簇的个数和数据中离群点的存在性。例如，基于原型的算法产生的簇可能因数据中存在离群点而扭曲。聚类算法产生的簇的质量对该算法产生的离群点的质量影响非常大。每种聚类算法只适合特定的数据类型。因此，应当小心地选择聚类算法。

5.8 小   结

簇是数据对象的集合，同一簇中的对象彼此相似，而不同簇中的对象彼此相异。将物或抽象对象的集合划分为相似对象的类的过程称为聚类。

聚类分析具有广泛的应用，包括市场或顾客分割、模式识别、生物学研究、空间数据分析、Web 文档分类等。聚类分析可以用作独立的数据挖掘工具来获得对数据分布的了解，也可以作为其他基于发现的簇进行数据挖掘算法的预处理步骤。

聚类的质量可以基于对象的相异性度量来评估。相异度可以对多种类型的数据来计算，包括区间标度变量、二元变量、分类变量、序数变量和比例标度变量，以及这些变量类型的组合。

聚类分析是数据挖掘研究一个活跃领域，已经开发了许多聚类算法。这些算法可以分为划分方法、层次方法、基于密度的方法、基于网格的方法、基于模型的方法、针对高维数据的方法（包括基于频繁模式的方法）和基于约束的方法。有些算法可能属于多个范畴。

划分方法首先创建 k 个划分的初始集合，其中参数 k 是要构建的划分数目。然后，采用迭代重定位技术，设法通过将对象从一个簇移到另一个簇来改进划分的质量。典型的划分方法包括 k-均值、k-中心点、CLARANS 和对它们的改进。

层次方法创建给定数据对象集的层次分解。根据层次分解的形成方式，该方法可以分为凝聚的（自底向上）或分裂的（自顶向下）。为了弥补合并或分裂的严格性，凝聚层次方法的聚类质量可以通过以下方法改进：分析每个层次划分中的对象链接（例如 ROCK 和 Chameleon），或者首先执行微聚类（也就是把数据划分为"微簇"），然后使用其他聚类技术（如 BIRCH 中的迭代重定位）对微簇聚类。

基于密度的方法基于密度的概念聚类对象。它或者根据邻域对象的密度（例如 DBSCAN），或者根据某种密度函数（例如 DENCLUE）生成簇。OPTICS 是一个基于密度的方法，它生成数据聚类结构的一个增广序。

基于网格的方法首先将对象空间量化为有限数目的单元，形成网格结构，然后对网格结构进行聚类。STING 是基于网格方法的典型例子，它基于存储在网格单元中的统计信息聚类。WaveCluster 和 CLIQUE 是两种既基于网格，又基于密度的聚类算法。

基于模型的方法为每个簇假设一个模型，并找出数据与该模型的最佳拟合。基于模型的方法的例子包括 EM 算法（它使用混合密度模型）和神经网络方法（如自组织特征映射）。

聚类高维数据是至关重要的，因为在许多高级应用中，数据对象（例如文本文档和微阵列数据）本质上都是高维的。有三种典型方法处理高维数据集：维增长子空间聚类（以 CLIQUE 为代表）、维归约投影聚类（以 PROCLUS 为代表）和基于频繁模式的聚类（以 pCluster 为代表）。

离群点检测和分析对于欺诈检测、定制市场、医疗分析和许多其他任务都是非常有用的。基于计算机的离群点分析方法通常包括基于统计分布的方法、基于距离的方法、基于密度的局部离群点检测方法和基于偏差的方法。

习　　题

1. 试比较 k-均值算法和 k-中心点聚类算法的特点。

2. 哪种聚类算法对噪声数据不明显，可以发现不规则的类？

3. 使用 k-均值算法把表 5-3 中的 8 个点聚为 3 个簇，假设第一次迭代选择序号 1、序号 4 和序号 7 作为初始点，请给出第一次执行后的 3 个聚类中心以及最后的 3 个簇。

表 5-3　样本数据 1

序号	属性 1	属性 2	序号	属性 1	属性 2
1	2	10	5	7	5
2	2	5	6	6	4
3	8	4	7	1	2
4	5	8	8	4	9

4. 在表 5-4 中给定的样本上进行凝聚层次聚类，假定算法的终止条件为 3 个簇，初始簇{1}，{2}，{3}，{4}，{5}，{6}，{7}，{8}。

表 5-4　样本数据 2

序号	属性 1	属性 2	序号	属性 1	属性 2
1	2	10	5	7	5
2	2	5	6	6	4
3	8	4	7	1	2
4	5	8	8	4	9

5. 在表 5-5 中给定的样本上进行分裂层次聚类，假定算法的终止条件为 3 个簇，初始簇{1, 2, 3, 4, 5, 6, 7, 8}。

表 5-5　样本数据 3

序号	属性 1	属性 2	序号	属性 1	属性 2
1	2	10	5	7	5
2	2	5	6	6	4
3	8	4	7	1	2
4	5	8	8	4	9

第 6 章　时间序列数据挖掘

6.1　概　　述

　　时间序列是一种重要的高维数据类型，它是由客观对象的某个物理量在不同时间点的采样值按照时间先后次序排列而组成的序列，在经济管理以及工程邻域具有广泛应用。例如证券市场中股票的交易价格与交易量、外汇市场上的汇率、期货和黄金的交易价格以及各种类型的指数，这些数据都形成一个持续不断的时间序列。利用时间序列数据挖掘，可以获得数据中蕴含的与时间有关的有用信息，实现知识的提取。

　　时间序列数据本身具备有高维性、复杂性、动态性、高噪声特性以及容易达到大规模的特性，因此时间序列数据挖掘是数据挖挖中最具有挑战性的十大研究方向之一。目前的重点研究内容包括时间序列的模式表示、时间序列的相似性度量和查询、时间序列的聚类、时间序列的异常检测、时间序列的分类、时间序列的预测等。

6.2　时间序列数据建模

　　对于一个时间序列 y_t，$t=1, 2, \cdots, n$，通常所建立的回归模型都假定 y_t 在整个时间范围内具有相同的变化模式，这在许多情况下是适宜的。但在实际中也确实存在着很多这样的时间序列，它在整个时间序列里明显地具有两种或两种以上的变化模式，对这样的时间序列如果仍在整个时间序列里建立回归模式（即假定它们在整个时间范围里服从同一变化模式），就明显的不太适合，效果也就不会太好。对这样的时间序列要采取非常规的建模方法，反映出它在不同时间范围里的不同变化。

　　在实际中，具有不同变化规律的时间序列建立模型的方法有很多，较常用的有虚拟变量法，段拟合法、样条函数法和门限模型法四种，下面我们就来介绍和讨论这四种方法。

　　为简单起见，我们假定时间序列 $y_t (t=1, 2, \cdots, n)$ 在整个时间范围里具有两种不同的变化规律（具有多种变化规律时处理方法类似），分界点或转折点是 k，即当 $t=1, 2, \cdots, k$ 时，y_t 按某一模式变化，而当 $t=k+1, k+2, \cdots, n$ 时，y_t 按另一模式变化。这里，分界点或转折点 k 常可通过观察分析 y 的散点图或曲线图来确定。

1. 虚拟变量法

　　虚拟变量法就是设置一个在转折点前后具有不同特征的虚拟变量 D_t，在对 y_t 建立回归建模时引进 D_t，从而通过 D_t 来反映 y_t 的不同变化规律。虚拟变量 D_t 最常用的形式是：

$$D_t = \begin{cases} 0, & t \leqslant k \\ 1, & t > k \end{cases} \tag{6.1}$$

这样以 t 和 D_t 为自变量和解释变量，y_t 为因变量和解释变量，即可建立起回归模型。

通常是建立起如下最常用的线性回归模型、指数回归模型或自回归模型：

$$\hat{y}_t = c + at + bD_t \tag{6.2}$$

$$\hat{y}_t = ce^{at+bD_t} \tag{6.3}$$

$$\hat{y}_t = c + ay_{t-1} + bD_t \tag{6.4}$$

2. 分段拟合法

既然 y_t 在前后两个时间段里具有不同的变化规律，那么一个很自然的做法就是在这两个时间段里对 y_t 分别建立回归模型，并且一般来说，这两个在不同时间段里具有不同变化规律的数据所建立的回归模型是不同的，因此可以反映出 y_t 的转折性变化。这种方法就是分段拟合法。

分段拟合时，两个时间段的拟合模式或回归函数类型可以是一样的，也可以是不一样的，因此分段拟合结果为

$$\hat{y}_t = \begin{cases} f_1(t), & t \leqslant k \\ f_2(t), & t > k \end{cases} \tag{6.5}$$

这里，f_1 和 f_2 一般可取为时间 t 的线性函数、多项式函数或指数函数，有时也可取为 y_t 的滞后值 y_{t-1}、y_{t-2} 等的线性函数或这几种函数的混合函数。

3. 样条函数法

上述两种方法对 y_t 建立的回归模型在 $t=k$ 处一般是不连续的，例如对模型(6.2)式，$\hat{y}_t$ 在 $t=k$ 处的左极限(即当 t 从小于 k 处或 k 的左边趋于 k 时的极限)为

$$\lim_{t \to k^-} y_t = c + ak \tag{6.6}$$

而 $\hat{y}_t$ 在 $t=k$ 处的右极限(即当 t 从大于 k 处或 k 的右边趋于 k 时的极限)为

$$\lim_{t \to k^-} y_t = c + ak + b \tag{6.7}$$

由于 $b \neq 0$，因此(6.6)式和(6.7)式不相等，即 $\hat{y}$ 在 $t=k$ 处不连续。这种不连续性一般是和实际相背的，对于社会经济现象中的数据更是如此。因此上述两种方法的拟合效果一般来说也不会很令人满意。而样条函数法正是对这一缺陷的一种补救方法，它是在多项式分段拟合(对其他函数形式也可如此处理，只是稍复杂而且也不常用)的基础上加上分段多项式在转折点 $t=k$ 处的连续性和可微性的条件而形成的。下面我们给出实际中常用的几种样条函数拟合模型的形式，它们的具体推导就不在此详述了。一次、二次、三次样条函数拟合模型分别为

$$\hat{y}_t = \begin{cases} c + at, & t \leqslant k \\ c + at + b(t-k), & t > k \end{cases} \tag{6.8}$$

$$\hat{y}_t = \begin{cases} c + at + bt^2, & t \leqslant k \\ c + at + bt^2 + d(t-k)^2, & t > k \end{cases} \tag{6.9}$$

$$\hat{y}_t = \begin{cases} c + at + bt^2 + dt^3, & t \leqslant k \\ c + at + bt^2 + dt^3 + f(t-k)^3, & t > k \end{cases} \tag{6.10}$$

如果引入(6.1)式中的虚拟变量 D_t，则上述三个模型可以简写为

$$\hat{y}_t = c + at + bD_t(t-k) \tag{6.11}$$

$$\hat{y}_t = c + at + bt^2 + dD_t(t-k)^2 \tag{6.12}$$

$$\hat{y}_t = c + at + bt^2 + dt^3 + fD_t(t-k)^3 \tag{6.13}$$

由此简写形式可以很容易地根据实际数据求出上述模型的系数，因而也就能很容易地求出所需要的样条函数拟合模型。

6.3　时间序列预测

6.3.1　局域线性化方法

局部线性化方法是时间序列建模以及预测的有效方法，其基本思想是采用相空间重构的办法，将时间序列当前时刻点的领域线性化，然后由所构造的线性模型做出预测。

局部线性化方法的原理如下所述。

设观测到时间序列 x_t，$t = 1\tau, 2\tau, \cdots, N\tau$，其中 τ 是采样间隔数。根据下式从余震发生间隔时间序列重构相空间：

$$x_{(i)} = (x_i, x_{i+\tau}, \cdots, x_{i+(m-1)\tau})^T, \quad i = 1, 2, \cdots, N \tag{6.14}$$

其中，m 为相空间维数，τ 为间隔时间。

设当前时刻 t 的采样值为 x_t，待预测时刻 $t+T$ 的采样值为 x_{t+T}，T 是预测步长。在相空间中找到距离目标点 $x_{(t)}$ 最近邻的 k 个点 $x_{(t(1))}, x_{(t(2))}, \cdots, x_{(t(k))}$，$k$ 值由用户设定，并令

$$\boldsymbol{X} = (x_{(t(1))}, x_{(t(2))}, \cdots, x_{(t(k))})^T \tag{6.15}$$

$$y = (x_{t(1)+T}, x_{t(2)+T}, \cdots, x_{t(k)+T})^T \tag{6.16}$$

$$x_{(t)} = (x_t, x_{t+\tau}, \cdots, x_{t+(m-1)\tau})^T \tag{6.17}$$

其中，$\boldsymbol{X} \in \boldsymbol{R}^{k \times m}$，$y \in \boldsymbol{R}^{k \times 1}$，且应使 $k \geqslant m$。将 $\boldsymbol{X}$ 按列零均值化，将 y 也零均值化，那么在目标点 $x_{(t)}$ 的邻域内建立如下线性模型：

$$y = Xw + e \tag{6.18}$$

其中，e 是零均值白噪声，$e \in \boldsymbol{R}^{k \times 1}$；$w$ 是参数向量，$w \in \boldsymbol{R}^{m \times 1}$。

w 的最小二乘估计 $\hat{w}$ 为

$$\hat{w} = (X^T X)^{-1} X^T y \tag{6.19}$$

根据 $\hat{w}$ 并由下式求出由在 t 时刻对 $t+T$ 时刻的预测值 $\hat{x}_{t+T}$：

$$\hat{x}_{t+T} = x_{(t)}^T \hat{w} \tag{6.20}$$

当 $\boldsymbol{X}$ 不是列满秩或者 $\boldsymbol{X}$ 的条件数过大时，矩阵 $X^T X$ 接近奇异，将导致 (6.19) 式得出的参数估计不可信。另外如何选择嵌入维数 m 也是令人困扰的问题。

6.3.2　局域线性化方法的改进

自适应局部线性化方法（ALL）是局部线性化方法（LL）的一个改进。它可以自适应确定当前嵌入维数，从而克服 LL 中病态数据矩阵的影响。

1. SVD 最小二乘法

引理[1]　矩阵 $A \in R_{r_1}^{n_1 \times n_2}$ 的 SVD 分解可描述为：存在 n_1 阶和 n_2 阶正交矩阵 U 和 V，使

$$A = UDV^T \tag{6.21}$$

式中，$D = \begin{pmatrix} \Sigma & O \\ O & O \end{pmatrix}$；$\Sigma = \text{diag}(\sigma_1, \sigma_2, \cdots, \sigma_r)$，$\sigma_1 \geqslant \sigma_2 \geqslant \cdots \geqslant \sigma_r > 0$ 是 A 的全部非零奇异值。

因此，可以得到如下 SVD 最小二乘法：

考虑(5)式的线性回归模型，如果数据矩阵 X 是列满秩的，即 $r = n_2$，设 X 的条件数 $c = \sigma_1/\sigma_r$ 不大于一个给定的正数 M，且 X 的 SVD 分解为 $X = UDV^T$，则 w 的 SVD 最小二乘估计为

$$\hat{w} = Vg \tag{6.22}$$

式中，$g = (g_1, g_2, \cdots, g_r)^T$，且

$$g_i = u_i^T y / \sigma_i, \quad 1 \leqslant i \leqslant r \tag{6.23}$$

其中，u_i，$1 \leqslant i \leqslant r$ 是 U 的第 i 个列向量；σ_i，$1 \leqslant i \leqslant r$ 是 X 的第 i 个奇异值。

证明：根据引理，得 X 的 SVD 分解为 $X = UDV^T$，因为 U 是正交矩阵，得

$$Dg = U^T y, \quad g = V^T w$$

注意到 X 列满秩，且 V 是正交矩阵，D 具有引理给出的形式，可得结论。

2. 自适应确定嵌入维数

既然当 X 不是列满秩或者 X 的条件数过大时，导致线性最小二乘估计法的参数不可信，因此需要改良 X，以使其列满秩条件数不大于一个给定的正数 M，从而保证参数估计的稳健性。设想在当前时刻点，如果足够大的嵌入维数是合理的，那么数据矩阵 X 列满秩且其条件数不大于 M；反之，X 很可能是病态的。基于这个分析，我们可以在不损失估计精度的前提下达到此目的。做法是：先选一个初始嵌入维数 m_0，然后在当前时刻点，如果 X 是病态的，就做降维处理，从而找到一个最大的使 X 列满秩且其条件数不大于 M 的嵌入维数 m。

算法流程如下：

(1) 初选嵌入维数 m_0，选定邻近点数目 k，并给定条件数阈值 $M > 0$；

(2) 在当前时刻 t，构造 X，并对 X 做 SVD 分解；

(3) while($\sigma_1/\sigma_r > M$)

(4) $r = r - 1$；$\sigma_r = \sigma_{r-1}$

(5) end while

(6) $m = r$

3. 自适应局部线性化预测方法

一般的局部线性化预测方法是取固定的嵌入维数，按照相关的嵌入定理（Whitney 定理和 Taken 定理），宜选择较大的嵌入维数。但是鉴于样本数目有限，在相空间上的某些数据点处，可能找不到 k 个彼此足够接近的数据点，这是导致预测误差增加的主要原因。而如果是在较低维的相空间中，就比较容易找到与当前数据点足够接近的 k 个数据点，因此

可以提高预测精度。故在当前时刻，自适应地选择合适的嵌入维数，可望获得比固定嵌入维数更好的预测结果。确定了合适的嵌入维数 m 后，就可以重构相空间，然后计算在当前时刻点的预测值。自适应局部线性化预测方法的步骤如下：

(1) 根据 Taken 定理初选嵌入维数 m_0；选定临近点数目 k，并给定条件数阈值 $M>0$；

(2) 在当前时刻，调用自适应的算法确定合适的嵌入维数 m；

(3) 如果 $m=m_0$，则根据式(6.20)和式(6.22)计算出 $\hat{w}$，做出预测；

(4) 否则，根据 m 重构相空间，并用式(6.18)和式(6.20)做出预测；

(5) 重复步骤(2)和步骤(3)直到结束。

上述算法中的条件阈值 M 一般根据实验结果合理选择，根据经验，对许多实际问题，一般取 $M=100$ 较合适。

6.3.3　神经网络方法

神经网络是一组连接的输入/输出单元，其中每个连接都与一个权相关联。在学习阶段，通过调整神经网络的权，使其能够预测输入样本的正确类标标号来学习。由于单元之间的连接，神经网络学习又称连接者学习。神经网络需要很长的训练时间，因而对于有足够长训练时间的应用更合适。它需要大量的参数，这些参数通常主要靠经验确定，如网络拓扑或"结构"。神经网络的优点包括其对噪声数据的高承受能力，以及它对未经训练的数据分类模式的能力。

对时间序列进行预测时，给定的预测原点为 k，预测步长为 Δt，即给定 $Y(k)$ 的值和若干 k 时刻之前的时间点，要求预测 $y(k+\Delta t)$ 的值。如果在 k 时刻预测 $y(k+\Delta t)$，需要先建立预测原点 k 和预测 $k+\Delta t$ 之间的定量关系。由 Takens 定理可知，在重构的相空间中存在一个映射 $F: \boldsymbol{R}^m \rightarrow \boldsymbol{R}^m$，使得：

$$Y(k + \Delta t) = F(Y(k))$$

式中，$y(k+\Delta t)$ 为当前状态 $Y(k)$ 的 Δt 步演化状态。因此只要能够逼近真实函数 $F(g)$，就能够对 $y(k+\Delta t)$ 的值作出预测。

BP 网络通过将网络输出误差反馈回传来对网络参数进行修正，从而实现网络的映射能力。已经证明，具有一个隐藏层的 3 层 BP 网络可以有效地逼近任意连续函数，这个 3 层网络包括输入层、隐藏层和输出层。考虑到实际应用当中对于网络预测泛化性能的要求，网络设计应坚持尽可能减小网络复杂性的原则。

对于一个给定的时间序列，其具体的预测步骤如下：

(1) 为了便于预测，首先对获得的时间序列进行归一化处理。归一化方法为

$$y(k) = \frac{y(k) - \underset{k}{\text{mean}}(y(k))}{\underset{k}{\max}(y(k)) - \underset{k}{\min}(y(k))} \tag{6.24}$$

(2) 选择合适的 m 和 τ 重构系统的状态相空间，依据预测步长要求构造训练数据。输入数据为：$Y(k)=[y(k), y(k-\tau), \cdots, y(k-(m-1)\tau)]$，$k=1, 2, \cdots, N$；输出数据为：$y(k+\Delta t)$，$k=1, 2, \cdots, N$。

(3) 设计 BP 网络结构。网络的输入节点数目为重构相空间的维数 m，根据具体情况选择合适的隐节点数目，因为每次只是预测出一个数据点，输出节点为单节点。用于实际预

测的神经网络结构如图 6 - 1 所示。

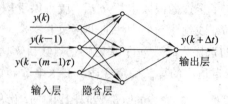

图 6 - 1　神经网络结构图

（4）多次输入训练数据 Y_k 和对应的理想输出数据 $y(k+\Delta t)$，对 BP 网络进行训练。训练结束以后就可以利用该网络进行预测了。

6.4　时间序列数据库相似搜索

6.4.1　问题描述

对象之间相似性的定义和度量研究在统计理论、机器学习以及数据挖掘等方面都具有重大的意义。基于大量甚至海量时间序列数据库的数据挖掘技术，其研究目的是从大量时间序列数据中发现未知的模式和知识，因而主要研究时间序列数据之间的相互关系，即以某种度量来表征两个时间序列之间的相似性，并以此为基础实现多个时间序列数据中的相似性搜索、聚类、分类和模式发现。因此，相似性问题成为时间序列数据挖掘中的基础问题。

时间序列数据的相似性搜索问题最早由 IBM 公司的 Agrawal 等人于 1993 年提出，该问题被描述为"给定某个时间序列，要求从一个大型的时间序列数据库中找出与之最相似的序列"。

6.4.2　时间序列相似性定义

时间序列相似搜索（又称为相似查询）的目的是在时间序列数据库中发现与给定序列模式相似的序列或查找库中相似的序列。时间序列相似查询可分为完全匹配和子序列匹配两种情况，前者对应查询序列和被查询序列长度相等的情况，而后者是在长时间序列中查询与查询序列相似的子序列。完全匹配查询和子序列匹配查询进一步又分为三种情况：

（1）范围查询（Range Query）。给定查询序列 q 和时间序列数据集 X，在 X 中搜索全部满足 $d(q, x) < \varepsilon$ 的序列 x。这里 $d(q, x)$ 是 q 与 x 之间的距离，阈值 ε 是大于 0 的常数。

（2）全部配对查询（All 2 Pairs Query），也称为空间联合（Spatial Joint）。在时间序列集合 X 中找出所有相互之间距离小于阈值 ε 的所有序列对。将范围查询的条件略加修改，可以得到 k 最近邻查询。

（3）k 最近邻查询（k-Nearest Neighbor Query）。给定查询序列 q 和时间序列数据集 X，在 X 中搜索 k 个与 q 距离最近的序列。

6.4.3　高级数据表示与索引

1. 高级数据表示

TSDM 面对的时间序列数据通常是海量数据，直接用原始数据进行基于内容的查询以及时间序列聚类与分类分析等操作效率低下，甚至是不可行的。因此就需要研究合适的时间序列高级数据表示形式，在更高级的数据表示层次上进行数据挖掘处理。从数学的观点看，所谓时间序列高级数据表示，就是将原始时间序列映射到某个特征空间中，并用它在这个特征空间中的映像来描述原始的时间序列。这样处理有两个好处：实现了数据压缩，从而将显著减少后续处理的计算代价；在更抽象的层次上描述时间序列，有利于从中发现规律。

目前已有的时间序列高级数据表示形式大致可以分为如下几类。

1) 离散傅立叶变换（Discrete Fourier Transform，DFT）

离散傅立叶变换是最早被运用于时间序列的相似性降维方法。在对时间序列数据的相似分析中，大多数人采用欧氏几何距离作为相似性计算的依据，因此所选用的方法多采用保持欧氏距离的正交变换法。离散傅立叶变换是一种十分常用的独立于数据的变换。一方面由于在时间域中两个信号的距离与频率域中的欧氏距离相等；另一方面因为 DFT 开头的几个系数表现十分突出，可以集中信号的极大部分的能量，因此可以通过保留 DFT 前几个系数来实现数据降维，成功地计算出实际距离的下界。自从 DFT 被 Agrawal 最早应用于时间序列数据相似性搜索后，又有其他一些论文相继提出了 DFT 的许多扩展和改进方法，但核心思想并没有什么变化。DFT 算法的时间复杂度 $(n \lg n)$，相比于点对点的比较的时间复杂度 $O(mn)$，甚至是 $O(nm^2)$，已经有了很大的提高。离散傅立叶变换的基本算法如下。

对于连续信号 $x(t)$，它的 Fourier 变换定义为

$$X(f) = \int_{-\infty}^{\infty} x(t) \mathrm{e}^{-i2\pi ft}\, \mathrm{d}t \tag{6.25}$$

式中，虚数 $i = \sqrt{-1}$，f 为频率，$X(f)$ 为频域函数。

设时间序列 $x(k)(k=0, 1, \cdots, L, \cdots, N-1)$ 是由连续信号 $x(t)$ 采样得到的，采样间隔为 Δt，则有

$$X(k) = \sum_{k=0}^{N-1} x(n) \mathrm{e}^{-i\frac{2\pi}{N}nk} \tag{6.26}$$

同时信号可以通过逆变换恢复为

$$x(n) = \sum_{k=0}^{N-1} X(k) \mathrm{e}^{i\frac{2\pi}{N}nk} \tag{6.27}$$

DFT 所保留的系数越多，恢复特征也就越多；DFT 在数据截取的过程中，舍弃了信号的高频成分，平滑了信号的局部极大值和极小值，因而造成了信息的遗漏。欧氏几何距离在经过 DFT 变换之后依然得到保持，所以可以用欧氏距离作为时间序列的相似性度量，即通过计算两序列差的平方和的平方根作为这两个时间序列的距离函数。如果计算的结果小于一个由用户所定义的阈值 ε，则可以认为这两个时间序列是相似的。欧氏距离是一种较优越的估计距离的方法，尤其是在信号受到高斯噪声干扰的时候，由于 DFT 变换具有保持欧氏几何距离、计算简便且能够把信号大部分能量集中到很少的几个系数当中等优点，所以用它来表示时间序列数据可以达到一定的要求。前几个系数集中的能量越多，方法也就越有效。但是 DFT 却平滑了原序列中局部极大值和局部极小值，导致了许多重要信息的丢失。此外，DFT 还对序列的平稳性有较高要求，对非平稳序列并不适用。分段

DFT 可以用来缓和这一矛盾，但是分段的方法同样也引入了一些新的问题。例如，分段过大会导致判断力度的下降，分段过小又有低频建模的缺陷。因此在实际应用中，DFT 的方法尚存在较大的局限性。

2）离散小波变换（Discrete Wavelet Transform，DWT）

离散小波变换和离散傅立叶变换一样是一种线性信号处理技术。当用于数据向量 D 时，将它转换成数值上不同但长度相同的小波系数的向量 D。小波变换数据降维的实现同样是由数据裁减实现的，即通过仅存放一小部分最强的小波系数来保留近似的压缩数据。DWT 是一种较好的有损压缩，对于给定的数据向量，如果 DWT 和 DFT 保留相同数目的系数，则 DWT 能提供比原数据更精确的近似，更重要的是小波空间的局部性相当好，有助于保留局部细节。DWT 在很多场合的应用中要比 DFT 更加有效。例如，DWT 拥有时频局部特性，可以同时考虑时域和频域的局部特性，而不像 DFT 那样只考虑频域特性。DWT 在很大程度上和 DFT 处理方法很类似，其基本函数由递归函数定义。

信号的连续小波变换定义如下：

$$W(\alpha, \tau) = \frac{1}{\sqrt{\alpha}} \int x(t) \psi^* \left(\frac{t - \tau}{\alpha} \right) dt \qquad (6.28)$$

其中，α 是尺度因子；τ 反映了位移。

由多尺度分析可知，任意函数都可以分解为细节部分 W_1 和大尺度逼近部分 V_1；然后，V_1 又可进一步分解。如此重复进行，我们可以将其分解为任意尺度（分辨率）的逼近部分和细节部分。小波分解与重构的 Mallat 算法：设 $f(k)$ 是一离散信号，$f(k) = c\alpha_k$，则信号 $f(t)$ 的正交小波变换分解公式为

$$\begin{cases} c_{j, k} = \sum_n c_{j-1, n} h_{n-2k} \\ d_{j, k} = \sum_n d_{j-1, n} g_{n-2k} \end{cases} \qquad k = 0, 1, 2, \cdots, N-1 \qquad (6.29)$$

其中，$c_{j, k}$ 为尺度系数；$d_{j, k}$ 为小波系数；j 为分解的层数；N 为离散采样点数。其重构过程为分解过程的逆运算，相应的重构公式为

$$c_{j-1, n} = \sum_n c_{j, n} h_{k-2n} + \sum_n d_{j, n} g_{k-2n} \qquad (6.30)$$

在实际应用中，总是希望能够用尽量小的存储空间实现更快的计算速度，于是 Harr 小波变换最早被引入到时间序列的相似性研究中来。该方法得到了系数子集的良好近似，可以在保持欧氏几何距离的同时更加简便快捷地计算结果。小波变换在针对时间序列相似性研究中相比 DFT 并没有太大的优势。DWT 并没有减少相对镜像误差，也没有在相似性查询中提高查询的准确性。在时间序列数据库的相似性搜索中，基于 DFT 和基于 DWT 的不同技术相比并没有太大的差异，而且 DWT 无法处理任意长度的序列。而在实际应用中，始终分析一种长度的序列或是在索引中建立各种长度序列的架构显然也是不现实的，因此 DWT 在使用中还存在很大的缺陷。

3）动态时间弯曲（Dynamic Time Warping，DTW）

动态时间弯曲广泛用于语音识别领域，允许信号沿着时间轴对模式进行伸缩变换，以使查询模式 Q 和给定模式 R 相似。其基本思想是：考虑时间序列 $X = x_0, x_2, \cdots, x_{n-1}$ 和 $Y = y_0, y_2, \cdots, y_{n-1}$，允许通过重复元素扩展每个序列，欧氏距离在扩展的序列 X' 和 Y' 之

间计算。

设 $D(i, j)$ 表示子序列 x_0，x_2，$\cdots$，x_{n-1} 和 y_0，y_2，$\cdots$，y_{n-1} 之间的动态弯曲距离，用公式表示为

$$D(i, j) = |x_i - y_i| + \min\{D(i-1, j-1), D(i-1, j-1), D(i, j-1)\} \tag{6.31}$$

对弯曲路径作如下限制：

（1）单调性：路径应该不能向下或向左；

（2）连续性：在序列中没有间断点；

（3）边界条件：弯曲路径要在矩阵的单元开始和结束位置。

这种方法支持时间轴上的伸缩，但需计算每个 (i, j) 的组合，计算代价高。

4）分段多项式表示（Piecewise Polynomial Representation，PPR）

PPR 有时也被称为正交多项式变换（Orthogonal Polynomial Transform，OPT）。PLR 实际上是 PPR 的特例，不过 PLR 出现得更早，应用得也更普遍。

PPR 是一类基于线性多项式回归的正交变换。$\forall x \in X$，其长度 $|x| = m$，在最小均方误差意义下用如下多项式函数近似：

$$f(t, \boldsymbol{w}) = w_0 + w_1 t + w_2 t^2 + \cdots + w_{p-1} t^{p-1} \tag{6.32}$$

即将 x 映射到多项式基 $\{1, t, t^2, \cdots, t^{p-1}\}$ 张成的 p 维特征空间中的点 $\boldsymbol{w} = (w_0, w_1, \cdots, w_{p-1})^T$，称 w 是 x 的分段多项式表示（PPR）。

$$\boldsymbol{w} = F(x) = (Q^T Q)^{-1} Q^T x \tag{6.33}$$

式中，$\boldsymbol{Q} = (1^T, \cdots, i^T, \cdots, m^T)^T$，$\boldsymbol{i} = (i^0, i^1 \cdots, i^{p-1})^T$，$i = 1, 2, \cdots, m$，$x$ 的逆变换为

$$x' = F^{-1}(\boldsymbol{w}) = \boldsymbol{Q}\boldsymbol{w} \tag{6.34}$$

x 与 x' 之间满足下式：

$$x = x' + e \tag{6.35}$$

其中，$e \sim N(0, \sigma^2)$，e 是残差序列。

PPR 实现 $\boldsymbol{R}^m \to \boldsymbol{R}^p$ 的映射，一般 $m \gg p$，因此 $\boldsymbol{R}^m \to \boldsymbol{R}^p$ 的映射实现了时间序列数据的降维。

除上述的高级数据表示形式外，还有其他非系统化方法，如界标法以及微分法，等等。

2. 索引

时间序列索引是海量时间序列数据库相似查询（有些文献也称之为相似搜索、基于内容的查询、特定模式搜索等）的关键技术之一。在时间序列数据库相似查询处理中，一般首先用某种高级数据表示将原始时间序列映射为特征空间中的点，然后再用某种空间索引结构对这些点进行索引。有关空间数据索引的问题一直是数据库领域的研究热点之一，研究成果也较多。从大的方面，空间数据索引技术可分为两类：树结构和网格文件。

6.4.4　相似搜索算法的性能评价

相似搜索算法的性能评价基本可分为三种。

1. 信息损失量

$$\boldsymbol{S} = (\boldsymbol{x} - \boldsymbol{x}')(\boldsymbol{x} - \boldsymbol{x}')^T \tag{6.36}$$

其中，x 为原始序列；x' 为高维表示后的近似序列。

2. 相似查询效率

定义 6.1　给定查询序列 q，时间序列相似查询算法的查询效率为

$$Ef(q) = \frac{|C_O|}{(|C_I|+1)Dim} \tag{6.37}$$

因为 $|C_I| \geqslant |C_O|$，且 $Dim \geqslant 1$，故 $Ef(q) \in [0, 1)$。对于顺序扫描算法，上式中 $Dim=1$；$|C_I| = |DB|$。

3. 计算复杂度

例如，任给一实值时间序列 X，其长度 $|x|=n$，X 的 PPR 变换 $W=F(X)$ 由 (6.33) 式计算。因为，其中的矩阵 Q 仅与 n 和 p 有关，故可以事先计算好 Q 以及 $(Q^T Q)^{-1} Q^T$。因为 $(Q^T Q)^{-1} Q^T$ 是 $p \times n$ 维矩阵，故 PPR 变换需要进行 pn 次乘法运算和 $p(n-1)$ 次加法运算。一般 p 远远小于 n，故 PPR 变换的时间复杂度为 $O(n)$。

6.5　从时间序列数据中发现感兴趣模式

6.5.1　发现周期模式

周期搜索问题可以描述为：在一个规则时间间隔内找出发生模式的问题。这个概念强调了问题的两个方面，即模式和间隔。因而，给出一个事件序列，我们可以找出随时间重复的模式及它们重复发生的时间间隔。例如，给出在一个十年阶段中某个公司的销售记录信息，要求我们找出在这十年中的一个基于每月的汇总数据的年度销售模式。通过一些分析，我们也许发现某种产品在每年的七月达到它们的最大值，这是一个周期模式。然而，有时模式在一个自然时间间隔，如每小时、每天、每月内等并不重复，电报码就是这种例子。又如一个人的心脏跳动通常在每分钟、每小时间隔内并不规则跳动。因而，人们会被问到对于被给定的销售数据库的另外一种类型的问题是找出一个序列的重复模式以及同此模式阶段相对应的间隔。

1. 周期模式发现

在与时间序列中模式发现有关的人工智能领域已经做了很多的工作，所要考虑的问题是发现由事件（或对象）所标识的规律，每一个事件（或对象）由一个属性集标识，以便预告一个连续序列。另外一个热门的研究领域是寻找一个与给定规则表达式相匹配的文本子序列，或是寻找一个与给定字符串近似匹配的文本子序列。然而，这种问题并不考虑一个序列的周期行为，而且，用在这个问题中的技术是面向一个模式的匹配。另一方面，在我们的问题中，没有给定的模式，我们可以找到一种体现在一个序列中的周期模式来取代搜寻模式匹配问题的另外一种类型——相似搜索。我们比较两个序列以便看它们是否全体或局部相似，这个问题处理比较两个并行的序列以发现其中的共同之处，而在周期搜索的问题中，我们处理发现在所有相同阶段、连续的同一个序列内的共同之处。关于相似搜系的更详细的资料可在参考书中找到。我们的问题是同查找序列模式问题相联系的。给定一个客户交互的数据库，序列模式挖掘的问题是查找在有一个用户指定最小支持度的所有序列中

找出最大序列。我们可以针对更普通的情况来考虑这个问题。

例如，一个如表 6-1 所示的序列关系，如果最小支持度设为 20%，则这个事件中两个序列 1234 和 15 符合这个支持度，因为它们是在表 6-1 中客户序列的两个最少顺序发生，因而这两个是所求的序列模式，我们称序列满足这个最小支持度。所以除这两个序列模式之外，1，2，3，4 等都是大序列，即使它们不是最大的，而且，当这个问题既不考虑一个序列的周期行为也不考虑在一个单个序列中的模式时，一个序列如果它的长度是 n 称为 n-序列。这个算法被称为 AprioriAll，它由查找所有的大 1-序列开始，在我们的例子中，这个大 1-序列是 1，2，3，4 和 5，然后这个算法通过迭代，首先从大 n 序列集中生成一个大 $(n+1)$-序列的候选集，这个 $(n+1)$ 序列将要在原始序列中被重新检测以看它们是否是更大的，这个候选生成过程包括一个加入(join)过程和一个删整(prune)过程。

表 6-1　序　列　关　系

Sequence ID	Sequence
1	156
2	1234
3	13
4	12345
5	57

2. 周期模式分析

同我们的研究最接近的是周期规律发现的问题。规律的发现是周期关联规则，每个序列的形成与一个关联规则相对应。例如，一个序列 0011 同一个关联规则 A 相关，表示 A 包含在 t_2 和 t_3 中。这里 t_1 指时间间隔 $[i \cdot t, (i+1) \cdot t]$。如果每个关联规则包含每个 t 时间单元(从 t_j 开始)，我们说这个关联规则有一些周期行为，这个关联规则的周期表示为 $(1, i)$。在 Ozden et. al. 的研究中，揭示了周期序列的一些特性，并且用这些特性发现与一个给定序列中有关的经过时间显示规则周期变化的规则，一些非常有用的属性如下：

属性 1　如果一个项目集 X 有一个周期 $(1, i)$，则 X 的任何子集有周期 $(1, i)$ 在这个属性中，一个项目集指包含在一个给定序列中的项目集，假设 x 中有两个项目 x_1, x_2，如果 X 有一个周期 $(4, 0)$，如果每 4 个时间单元重复从时间 t_0。开始，它暗示 x_1 和 x_2 将也有这个周期。

属性 2　对于任何周期 $(1, i)$ 来说，它的倍数 $(1', i')$，这里 $1/l'(l'$ 被 1 除)而且 $i = iT \mod 1$ 也是一个周期，因而，仅仅只有那些不是其他周期的倍数的周期才是我们关注的。

这些属性被用做周期关联规则挖掘技术的基础，这些技术包含周期删节、周期跳过和周期消除。这些操作技术的总的思想是不必检查每个项目集的周期，而是用周期序列的一些规则(或属性)来产生这个搜索空间，周期搜索问题因而被看做周期规则发现问题的一个超集。

6.5.2　发现例外模式

数据挖掘的重要的任务之一是发现偏离分布主体的少数对象所呈现的弱模式，即例外模式。挖掘例外模式有助于人们发现电子商务和移动通信等领域中存在的欺诈模式，或者用于发现机电系统的故障与异常。

本节主要介绍时间序列数据的例外模式挖掘问题。给出了时间序列例外模式的形式化定义，并提出一种基于这个定义的例外模式的挖掘算法。

1. TSDM 中的例外模式

数据挖掘中的"例外(Outlier)"这个词是从时间序列分析理论中借用过来的，因此时间序列数据挖掘中的例外模式的概念与时间序列分析理论中的例外的概念的区别必须搞清楚。

传统的时间序列分析理论中所讲的"例外(Outlier)"是指一个孤立的异常观测值。Hawkins 给例外下的经典定义是："例外是一个观测，它与其他的观测偏离很大，以至于人们怀疑它是由一个不同的机制产生的。"按照这个定义，1 个时间序列中的例外会对模型辨识和参数估计带来不利的影响，因此是有害的。A. Justel 等人还提出了"例外片"的概念，即若干个连续的例外。在时间序列分析中，无论是例外还是例外片都是相对某一具体的数学模型而言的，检测例外或例外片的任务就是发现一个时间序列中的例外或例外片，并尽可能准确地估计其真值。就这个意义上说，例外(片)等同于噪声，是需要消除的。

时间序列数据挖掘研究者认为例外模式中蕴含着有用的知识。一个时间序列中的例外模式反映了产生这个时间序列的系统或现象的行为发生了某种改变。因此，挖掘例外模式的任务就是辨识出一个时间序列中的全部例外模式并提供给用户。可见，时间序列数据挖掘研究者们和时间序列分析研究者们对例外的价值认识是不同的。这种认识上的差异是由于双方对例外的定义不同而造成的。

时间序列数据挖掘中关心更多的是时间序列的形态特征，而不是其动力学特征。时间序列数据挖掘中定义的模式是一个相似的时间序列集合。时间序列的例外模式定义为一个与其他模式显著不同且出现频率相对较低的模式。因此例外模式中很可能蕴含着系统的某种行为或者性质的改变，如系统故障等。

2. 已有的例外模式挖掘算法

近年来，传统的数据挖掘研究领域对例外模式挖掘的研究已经较深入了。例外模式发现方法可分为基于分布的方法、基于深度的方法、基于距离的方法和其他方法。基于分布的方法采用标准分布(如正态分布、泊松分布等)拟合数据集，根据数据分布情况定义偏差。其主要缺点是这些分布绝大多数适合于单变量情况，而且对于数据挖掘应用来说，数据的分布情况事先并不知道，需要通过很多次的测试才能找到合适的数据分布表示方式。用标准分布表示数据既费力，又得不到满意的结果。在基于深度的方法中，数据集 D 每一个数据对象表示为 K 维空间中的一个点，K 即深度。人们提出了许多定义深度的方法。根据某种深度定义方法，在数据空间中以分层的方式表示数据对象。异常数据即那些具有较小深度的数据。这种方法避免了基于分布的方法中的数据分布拟合问题，理论上也适合处理多维数据。

Knorr 等人首次对例外模式进行了形式化定义，提出了基于距离的例外模式定义，即 DB(p, d)-Outlier 的概念，并给出了相应的例外模式挖掘算法。Knorr 和 Ng 将例外模式定义为：如果数据集 D 中至少有 $p\%$ 的对象到对象 $O(O \in D)$ 的距离大于 d，那么，对象 O 是一个 DB(p, d)-Outlier。

该定义的特点是对例外模式的定义具有一定的灵活性，通过调节参数 p 和 d 可以获得不同强度的例外模式。后来的许多例外模式挖掘算法都或多或少受到了 Knorr 和 Ng 的这一工作的启发。

有些研究者认为应当强调例外模式的局部性，他们对例外模式的定义为：如果数据集 D 的对象 O 距离与它最近邻的对象较远，且 O 中包含的元素数目较少，则 O 是一个例外模式。

然而，上述定义的着眼点主要是如何对数据进行分类，从而发现例外模式。这些成果并不能直接用于辨识时间序列数据中的例外模式，因为对时间序列如何分类本身就是一个复杂的问题。特别是面对海量时间序列数据，要求例外模式发现算法必须要能实现时间序列数据的降维（即压缩），否则，直接对原始时间序列数据进行操作将是没有效率的，甚至是不可行的。

本章采用的思路是用某种合适的高级数据表示将原始时间序列数据映射到正交多项式基张成的特征空间中，不但实现了时间序列数据的降维，而且可以在特征空间中方便地进行聚类操作。

3. 时间序列的例外模式定义

考虑一个可数模式集合 $P=\{P_1, P_2, \cdots, P_K\}$，这些模式的中心分别记为 $cen=\{cen_1, cen_2, \cdots, cen_K\}$。假设：

(1) $\forall P_i \in$，$P_i \neq \phi$；

(2) $P_i \bigcap P_j = \phi$；$i, j=1, 2, \cdots, k$；$i \neq j$。其中，ϕ 表示空集。

定义 6.2　模式 $P_i \in P(i=1, 2, \cdots, K)$ 的频率为

$$f(P_i) = \frac{|P_i|}{\sum_{j=1}^{K} |P_j|} \tag{6.38}$$

这里，记号 $|\ |$ 表示模式中的元素数目。

定义 6.3　模式 $P_i \in P(i=1, 2, \cdots, K)$ 的例外支持度为

$$os(P_i) = \sum_{\substack{j=1 \\ j \neq i}}^{K} \frac{DM_i + DM_j}{D(cen_i, cen_j)} \tag{6.39}$$

其中，$D(cen_i, cen_j)$ 是模式 P_i 的中心 cen_i 到模式 P_j 的中心 cen_j 的距离；DM_i 和 DM_j 分别是模式 P_i 和模式 P_j 中的元素到其中心的最大距离。

定义 6.4　给定模式集合 P，阈值 $0 < \varepsilon \leqslant 1$；对 $\forall Q \in P$，如果

$$os(Q) < \varepsilon \tag{6.40}$$

则称模式 Q 是模式集合 P 中的一个广义例外模式。

广义例外模式的定义中包含了一个观点：例外模式是相对的。这个定义强调的是模式间的差异性。例如，对模式集合 P 中的某个例外模式 Q 来说，P 中除 Q 以外的全部元素组成的模式集合 P' 也是例外。广义例外模式的定义只强调模式间的差异性，而忽略了模式出现的频率。就这一点而言，广义例外模式与传统的例外模式定义有所不同。但是这样处理在某些情况下是有其工程背景的。

例如，考虑一个病人的心电图信号。假设在监测时间内信号的波形基本是正常的，偶尔有不正常波形，我们说不正常波形是例外模式；相反，如果在监测时间内信号的波形基本是不正常的，偶尔有正常波形，这时，按照广义例外模式的定义，我们说不正常波形是

广义例外模式，尽管它不符合经典的例外模式定义。

定义 6.5　给定模式集合 P 和阈值 $\delta>0$，有 $\forall Q\in P$，如果 Q 是模式集合 P 中的一个广义例外模式，且满足

$$f(Q)<\delta \tag{6.41}$$

则称模式 Q 是模式集合 P 中的一个狭义例外模式。

狭义例外模式定义是符合数据挖掘中经典的例外模式定义的。狭义例外模式的定义强调例外模式与其他模式显著不同且出现频率相对较低。

【例 6.1】　如图 6-2 所示，假设将全部数据集分为 A、B、C 和 D 等 4 个模式。那么按照广义例外模式的定义，A、B、C 和 D 这 4 个模式互为广义例外模式；而按照狭义例外模式的定义，只有 C 和 D 这两个模式是潜在的狭义例外模式。

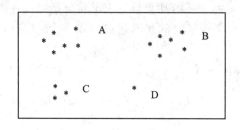

图 6-2　例外模式图示

4. 辨识时间序列中例外模式的算法

本节提出一种系统化的辨识时间序列中例外模式的算法。该算法的一般框架如图 6-3 所示。该算法分为 4 步：

（1）将原始时间序列数据分割成子序列集合。

（2）将这些子序列用某种高级数据表示映射成特征空间的点。可选的高级数据表示包括 FFT、DWT、PPR、DTW 等。

（3）用聚类算法对特征空间中的点进行聚类，得到一个模式集合 P 以及每一个模式的中心。

（4）用时间序列的例外模式的定义辨识 P 中的例外模式。可以根据不同应用的需要，辨识广义例外模式，或者狭义例外模式。

考虑一个单变量实值时间序列 $x_t(t=1, 2, \cdots, N)$，具体的算法流程如下：

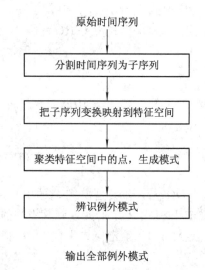

图 6-3　辨识时间序列中例外模式的步骤

（1）给定一个时间序列 x_t，$t=1, 2, \cdots, N$。；阈值 ε；δ。

（2）$\{s_1, s_2, \cdots, s_n\}=$ segmenting (x_t)　　　%分割时间序列

（3）For $i=1:1:n$ $pf_i=$ transform (s_i)　　　%将子序列映射到特征空间

（4）P$=$cluster(pf)　　　　　　　　　%对空间中的点集 pf 聚类形成模式集 P

（5）OP$=$Find_Outlier(P, ε, δ)　　　%辨识例外模式集合 OP

（6）End

无论是辨识广义例外模式还是辨识狭义例外模式，需要变的只有第(5)步。如果辨识狭义例外模式，则 $OP=\text{Find\_Outlier}(P, \varepsilon, \delta)$ 函数的流程如下：

(1) $OP=\text{Find\_Outlier}(P, \varepsilon, \delta)$

(2) 计算模式集 P 中所有模式的中心距离，形成一个 2 维的距离矩阵；

(3) 计算模式集 P 中每个模式的半径；

(4) 计算模式集 P 中每个模式的例外支持度 os，所有满足 $os<\varepsilon$ 的模式均作为候选模式，即 $\text{Candidate}=\{P_i \mid P_i \in P, os(P_i)<\varepsilon\}$；

(5) 计算候选集合中每个模式的频率，满足 $f<\delta$，就是狭义例外模式，即 $OP=\{P_i \mid P_i \in \text{candidate}, f(P_i)<\delta\}$；

(6) end

如果辨识广义例外模式，则将 $OP=\text{Find\_Outlier}(P, \varepsilon, \delta)$ 函数中的第(4)步删除，而将 Candidata 作为 OP 输出即可。

5. 实验结果

测试用例是 1980.1.1～1992.10.8 期间 IBM 公司股票的每日收盘价数据(共 3333 个数据)。我们取最后的 2333 个数据作为测试用例。原始数据如图 6-4 所示。本章用时间序列分割算法(请参考文献[24])对测试用例进行分割。为了便于比较，分别取多项式的阶次为 1、2 和 3(即 p 分别等于 2、3 和 4)。本章利用在线分割算法把原始序列分割并映射到特征空间，图 6-5(a)、(b)分别是特征空间维数 p 为 2 和 3 时的分割情况。

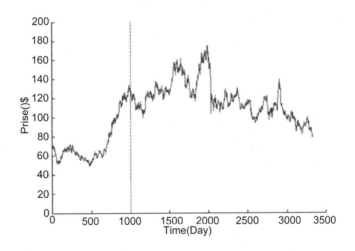

图 6-4　IBM 公司每日股票收盘价格序列

将原始序列分割并映射到特征空间后，就得到了特征空间中的点集，记为 $pf=\{pf_1, pf_2, \cdots, pf_n\}$，每一个点对应一个子序列。

为了对这些点集进行聚类，计算每个点的模平方值，即

$$qw = \{qw_1, qw_2, \cdots, qw_n\} \tag{6.42}$$

其中

$$qw_i = \|w_i\|_2 \quad i = 1, 2, \cdots, n \tag{6.43}$$

式中，w_i 是第 i 个点 pf_i 的坐标向量。

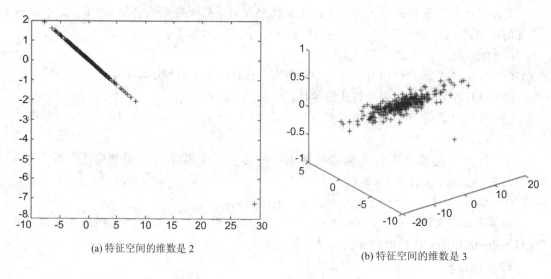

(a) 特征空间的维数是 2

(b) 特征空间的维数是 3

图 6 - 5 特征空间中的点

对 qw 取整,并画出其每个元素取值的直方图,如图 6 - 6 所示。根据这个直方图,可以确定在不同维特征空间中,模式类的数目。由图 6 - 6 可知,在 2 维或 3 维特征空间中,模式类的数目 $k=7$,而在 4 维特征空间中,模式类的数目 $k=8$ 较合适。

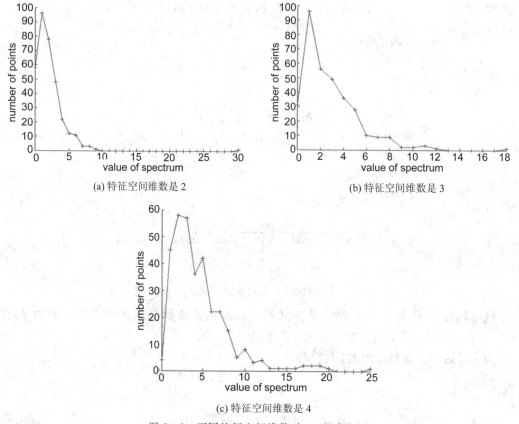

(a) 特征空间维数是 2

(b) 特征空间维数是 3

(c) 特征空间维数是 4

图 6 - 6 不同特征空间维数时 qw 的直方图

　　一旦模式类的数目 k 确定后，就可以用 k-平均(k-means)算法对点集 pf 进行聚类，得到模式集合 P。聚类结果如表 6-2 和表 6-3 以及图 6-6 所示。表 6-2 是特征空间维数 p 分别为 2、3 和 4 时，每个模式包含的元素的数目；表 6-3 是特征空间维数 p 分别为 2、3 和 4 时，每个模式中心的模值；图 6-7 则显示了特征空间维数 p 分别为 2、3 和 4 时每个模式中心子序列的曲线。从这些结果可以很明显地看出，其中包含了一个例外模式。

表 6-2　当 p 分别为 2、3 和 4 时，每个模式包含的元素的数目

p	K	每个模式中的元素数目							
		1	2	3	4	5	6	7	8
2	7	29	5	122	14	101	61	1	—
3	7	30	76	54	33	11	1	128	—
4	8	129	38	20	59	1	13	5	68

表 6-3　当 p 分别为 2、3 和 4 时，每个模式中心的模平方值

p	每个模式的中心的模平方值							
	1	2	3	4	5	6	7	8
2	4.75	7.79	1.34	6.51	0.88	3.05	29.93	—
3	3.07	1.62	5.43	4.60	9.83	17.81	1.07	—
4	4.31	5.26	8.09	1.77	24.99	15.58	14.93	1.75

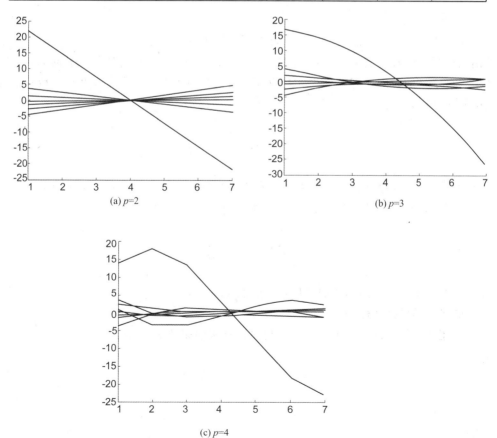

(a) $p=2$

(b) $p=3$

(c) $p=4$

图 6-7　每类模式的中心序列

最后，根据 Find_Outlier 函数辨识模式集合 P 中的例外模式。实验中我们选取阈值 $\varepsilon=1$，$\delta=0.1$。辨识结果如图 6-8 所示。无论特征空间维数 p 是 2、3 或者 4 时，都准确地辨识出了 1 个相同的例外模式，说明本章提出的例外模式辨识算法是有效的。

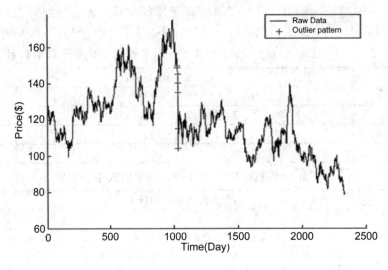

图 6-8　辨识到的一个例外模式

6. 小结

例外模式挖掘是数据挖掘的一个重要方面，在众多领域有着广泛的应用前景。本节对例外模式进行了形式化定义，该定义包容了已有的一些定义，并有所扩展；同时，也提出了基于这个定义的时间序列例外模式挖掘算法。实验结果表明，该算法可有效地发现时间序列中的例外模式。

6.6　小　　结

本章介绍了时间序列数据挖掘中一些常用的算法，包括时间序列数据的建模、时间序列的预测、时间序列相似搜索、从时间序列数据中发现感兴趣模式等内容。

习　　题

1. 简述时间序列预测算法的原理，并编程实现。
2. 简述时间序列相似搜索的原理。
3. 简述从时间序列数据中发现感兴趣模式算法的原理。

第 7 章　Web　挖　掘

随着 Internet 技术的发展和 Web 的全球普及，Web 上信息越来越丰富。然而 Web 的数据资源是多种类型的，文档结构性差，Web 数据多为半结构化或非结构化，因此不能清楚地用数据模型来表示。

Web 挖掘就是将传统的数据挖掘技术和 Web 结合起来，进行 Web 知识的提取，从 Web 文档和 Web 活动中抽取感兴趣的潜在的有用模式和隐藏的信息。Web 挖掘可以在很多方面发挥作用，如对搜索引擎的结构进行挖掘、确定权威页面、Web 文档分类、WebLog 挖掘、智能查询、建立 Meta-Web 数据仓库等。

典型的 Web 挖掘的处理流程如下：

（1）查找资源：从目标 Web 文档中得到数据，这里的信息资源包括在线 Web 文档和其他信息资源，如电子邮件、网站日志数据、Web 交易数据库中的数据等。

（2）信息选择和预处理：从取得的 Web 资源中剔除无用信息和将信息进行必要的整理。

（3）模式发现：自动进行模式发现。可以在同一个站点内部或在多个站点之间进行。

（4）模式分析：验证、解释上一步骤产生的模式。可以是机器自动完成，也可以是与分析人员进行交互来完成。

7.1　Web 挖掘的分类及其数据来源

7.1.1　Web 挖掘的分类

根据对 Web 数据的感兴趣程度的不同，Web 挖掘一般可以分为三类：Web 内容挖掘（Web Content Mining）、Web 结构挖掘（Web Structure Mining）、Web 使用挖掘（Web Usage Mining）。

Web 挖掘的分类如图 7-1 所示。

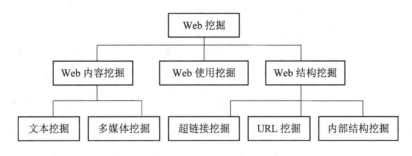

图 7-1　Web 挖掘的分类

1. Web 内容挖掘

Web 内容挖掘是指对 Web 页面内容进行挖掘，从 Web 文档的内容信息中抽取知识。Web 内容挖掘的对象包括文本、图像、音频、视频、多媒体和其他各种类型的数据。Web 内容挖掘的重点是文本的特征、分类和聚类。Web 挖掘的一个研究热点是针对无结构化文本进行的文本挖掘；Web 多媒体数据挖掘正成为另一个研究热点。

Web 内容挖掘一般从两个不同的观点来进行研究。从资源查找(IR)的观点来看，Web 内容挖掘的任务是从用户的角度出发，提高信息质量和帮助用户过滤信息。这里的非结构化文档主要指 Web 上的自由文本，包括小说、新闻等。而从数据库(DB)的观点来看，Web 内容挖掘的任务主要是试图对 Web 上的数据进行集成、建模，以支持对 Web 数据的复杂查询。数据库技术应用于 Web 挖掘主要是为了解决 Web 信息的管理和查询问题。这些问题可以分为三类：Web 信息的建模和查询、信息抽取与集成、Web 站点建构和重构。

2. Web 结构挖掘

Web 结构挖掘主要是通过对 Web 站点的超链接结构进行分析、变形和归纳，将 Web 页面进行分类，以利于信息的搜索。Web 结构挖掘可用于发现 Web 的结构和页面的结构及其蕴含在这些结构中的有用模式；对页面及其链接进行分类和聚类，找出权威页面；发现 Web 文档自身的结构，这种结构挖掘能更有助于用户的浏览，也利于对网页进行比较和系统化。Web 结构挖掘可细分为超链接挖掘、URL 挖掘和内部结构挖掘三种。

Web 结构挖掘在一定程度上得益于社会网络和引用分析的研究。把网页之间的关系分为 incoming 连接和 outgoing 连接，运用引用分析方法找到同一网站内部以及不同网站之间的连接关系。在 Web 结构挖掘领域最著名的算法是 HITS 算法和 PageRank 算法。它们的共同点是使用一定方法计算 Web 页面之间超链接的质量，从而得到页面的权重。著名的 Clever 和 Google 搜索引擎就采用了该类算法。

此外，Web 结构挖掘的另一个尝试是在 Web 数据仓库环境下的挖掘，包括通过检查同一台服务器上的本地连接衡量 Web 结构挖掘 Web 站点的完全性，在不同的 Web 数据仓库中检查副本以帮助定位镜像站点，通过发现针对某一特定领域超链接的层次属性去探索信息流动如何影响 Web 站点的设计。

3. Web 使用挖掘(Web usage Mining)

Web 使用挖掘即 Web 使用记录挖掘，是数据挖掘技术在 Web 使用数据上的应用。利用 Web 使用挖掘技术，可以通过 Web 缓存改进系统设计、Web 页面预取、Web 页面交换；认识 Web 信息访问的本质；理解用户的反映和动机。例如，有些研究提出了可适应站点的概念，即可以通过用户访问模式的学习改进其自身的 Web 站点。这些分析还有助于建立针对个体的个性化 Web 服务。Web 使用挖掘在新兴的电子商务领域有重要意义，例如可以识别用户的忠实度、喜好、满意度，可以发现潜在用户，增强站点的服务竞争力。

Web 使用挖掘的记录数据除了服务器的日志记录外还包括代理服务器日志、浏览器端日志、注册信息、用户会话信息、交易信息、Cookie 中的信息、用户查询、鼠标点击流等一切用户与站点之间可能的交互记录。可见 Web 使用记录的数据量是非常巨大的，而且数据类型也相当丰富。

Web 使用挖掘主要涉及两个关键问题：一是如何进行数据的预处理；二是如何挖掘出

有价值的知识。Web 使用挖掘可以分为两类：一类是将 Web 使用记录的数据转换并传递进传统的关系表里，再使用数据挖掘算法对关系表中的数据进行常规挖掘；另一类是将 Web 使用记录的数据直接预处理，再进行挖掘。

根据数据来源、数据类型、用户数量、数据集合中的服务器数量等将 Web 使用挖掘分为五类：

(1) 个性挖掘：针对单个用户的使用记录对该用户进行建模，结合该用户基本信息分析他的使用习惯、个人喜好，目的是在电子商务环境下为该用户提供与众不同的个性化服务。

(2) 站点修改：通过挖掘用户的行为记录和反馈情况为站点设计者提供改进的依据，比如页面连接情况应如何组织、哪些页面应能够直接访问等。

(3) 系统改进：通过用户的记录发现站点的性能缺点，以提示站点管理者改进 Web 缓存策略、网络传输策略、流量负载平衡机制和数据的分布策略。此外，可以通过分析网络的非法入侵数据找到系统弱点，提高站点安全性，这在电子商务环境下尤为重要。

(4) Web 特征描述：通过用户对站点的访问情况统计各个用户在页面上的交互情况，对用户访问情况进行特征描述。

(5) 智能商务：电子商务销售商关心的重点是用户怎样使用 Web 站点的信息，用户一次访问的周期可分为被吸引、驻留、购买和离开四个步骤，Web 使用挖掘可以通过分析用户点击流等 Web 日志信息挖掘用户行为的动机，以帮助销售商安排销售策略。

7.1.2　Web 数据来源

Web 使用挖掘所涉及的数据源包括：服务器端的数据记录、客户端的数据记录和代理端的数据使用记录。Web 使用挖掘通过挖掘 Web 日志记录进行，这些记录包括：网络服务器访问记录、代理服务器日志记录、浏览器日志记录、用户简介、注册信息、用户对话或交易信息、用户提问式等。直接对 Web Server 的日志文件或日志行为进行统计分析处理，包括几乎所有的 LOG 属性项，如 client host、remote user、request time、server name/server ip、time length、byte received、bytes ended、status、request、URL，这些属性项之间可以单独进行统计分析，也可以适当地以一定的逻辑关系组合起来进行统计分析。

7.2　Web 日志挖掘

Web 日志挖掘主要是通过分析 Web 服务器的日志文件，以发现用户访问站点的浏览模式，为站点管理员提供各种 Web 站点改进或可以带来经济效益的信息。用户访问模式分析通过分析 Web 使用记录来了解用户的访问模式和倾向，从而帮助销售商确定相对固定的顾客群，设计商品的销售方案，评价各种促销活动以及发现 Web 空间最有效的逻辑结构。个性化分析倾向于分析单个用户的偏好，根据不同用户的访问模式，动态地为用户定制观看的内容或提供浏览建议，使得网站更加生动和独特。

Web 日志挖掘是一种很重要的信息获取方式，它挖掘的数据一般是在用户和网络交互的过程中抽取出来的第二手的数据。这些数据包括：Web 服务器日志记录、代理服务器的日志记录、客户端的日志记录、用户简介、注册信息等。本文着重对 Web 服务器的日志记录进行挖掘。

Web 日志挖掘可以分为四个阶段：数据采集、数据预处理、数据挖掘和对挖掘出来的模式进行分析。由于 Web 缺少使用数据的精确收集机制，所以使用数据的收集技术是日志挖掘研究的一个重要部分。Web 上的使用数据非常丰富，收集地点有很多，包括客户端、HTTP 代理端、Web 服务器端，甚至底层的网络通路。使用数据的特性与收集方法相关。Web 服务器软件自动记录的 Web 日志是目前最常用的使用数据。

Web 日志挖掘的一般过程如下：

（1）数据的收集及预处理：对原始 Web 日志文件中的数据进行提取、分解、合并，转化为适合进行数据挖掘的数据格式，保存到关系型数据库表或数据仓库中。

（2）模式发现：对数据预处理所形成的文件，利用数据挖掘的一些有效算法（如关联规则、聚类、分类、序列模式等）来发现隐藏的模式和规则。

（3）模式分析：针对实际应用，对挖掘出来的模式、规则进行分析，过滤掉无用的规则或模式，把客户感兴趣的规则或模式转化成知识，应用到具体领域中。

Web 日志挖掘得到的结果可以用于重构 Web 站点的页面之间的链接关系，及 Web 站点的拓扑结构，发现相似的客户群体，开展个性化的信息服务和有针对性的电子商务活动，应用信息推拉技术构建智能化 Web 站点。

Web 日志挖掘的具体过程如图 7 - 2 所示。

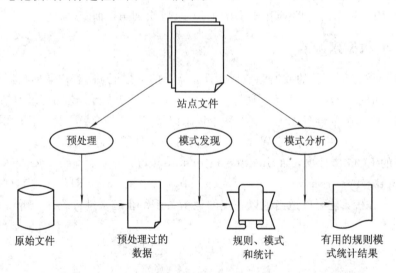

图 7 - 2　WEB 日志挖掘的过程

日志文件是用户浏览 Web 服务器时记录下来的用户访问网站的情况，被记录在 Web 服务器中，由于每天的日志访问量比较大，可以将日志文件保存在数据库服务器中。Web 日志挖掘就是对原始的日志文件进行预处理，使之转变成适合挖掘的数据形式，然后用传统的数据挖掘方法（如关联规则、聚类等）对 Web 数据进行挖掘，最后将挖掘出的结果进行汇总，从而应用到实际当中去。

数据采集可以从服务器端数据、客户端数据、代理服务器端进行。

（1）服务器端数据。通过 Web 服务器记录用户访问日志，在服务器中记录了用户每次访问网站进行的每一次网页请求的信息。这种数据收集方法有利于数据挖掘的进行，易于分析出用户的浏览行为。

（2）客户端数据。客户端的数据收集可以使用 Javascripts 或者 Javaapplets 这样的远程代理来实现。Javaapplet 能记录用户所有的行为但存在效率问题；Javascritps 虽然对效率影响不大，但不能记录用户所有的动作。也可以修改用户的浏览器软件，使之具有数据收集的能力。

（3）代理服务器端数据。通常在网络中基于安全和效率的考虑，需要使用代理服务器技术。代理服务器在用户端和服务器端扮演着中间传递的角色。代理服务器上保存着一个最近访问过的页面集合。

7.3　Web 内容挖掘

Web 内容挖掘是从 Web 文档的内容或其描述中提取知识的过程。Web 内容挖掘针对的对象是 Web 文档信息和多媒体信息，就其挖掘内容而言，又可以将其分为对 Web 文本文档（包括 Text、HTML 等格式）和多媒体文档（包括 Image、Audio、Video 等媒体类型）的挖掘。目前，关于 Web 内容挖掘的研究大体以 Web 文本内容挖掘为主。Web 内容挖掘一般从资源查找和数据库两个不同的方面进行研究。

从资源查找的方面来看，Web 内容挖掘的任务是从用户的角度出发的，考虑如何提高信息质量和帮助用户过滤信息，主要是对非结构化文档和半结构化文档的挖掘。非结构化文档主要指 Web 上的自由文本，如小说、新闻等。Web 上的半结构化文档挖掘指在加入了 HTML、超链接等附加结构的信息上进行挖掘，其应用包括超链接文本的分类、聚类，发现文档之间的关系，提出半结构化文档中的模式和规则等。

从数据库的观点来看，Web 内容挖掘首先采用数据抽取和转换的方法将非结构化的 Web 信息转换成结构化的数据，再采用数据挖掘技术进行信息挖掘。这要通过找到 Web 文档的模式、建立 Web 知识库来实现。

与传统的数据挖掘方法相类似的文本数据挖掘方法是文档分类和模型质量评价方法。文档分类算法主要应用朴素贝叶斯（Naive Bayes Classifier）；模型质量评价主要有分类的正确率（Classification Accuracy）、准确率（Precision）和信息估值（Information Score）。

Web 多媒体数据挖掘从多媒体数据库中提取隐藏的知识、多媒体数据关联或者是其他没有直接储存在多媒体数据库中的模式。多媒体数据挖掘包括对图像、视频和声音的挖掘。多媒体挖掘首先进行特征提取，再应用传统的数据挖掘方法进行进一步的信息挖掘。对网页中的多媒体数据进行特征的提取，应充分利用 HTML 的标签信息。

7.4　小　　结

Web 挖掘一般包括 Web 内容挖掘（Web Content Mining）、Web 结构挖掘（Web Structure Mining）、Web 使用挖掘（Web Usage Mining）。数据来源主要是采集 Web 网页，即检索所需的网络文档。

Web 使用挖掘通过挖掘 Web 日志记录进行。Web 日志挖掘主要是对用户访问 Web 时在服务器上留下的访问记录进行的挖掘，即对用户访问 Web 站点的存取方式进行挖掘，以发现用户访问站点的浏览模式、页面的访问频率等信息。

Web 内容挖掘主要包括文本挖掘和多媒体挖掘两类，其对象包括文本、图像、音频、视频、多媒体和其他各种类型的数据。从资源查找(IR)的观点来看，Web 内容挖掘的任务是从用户的角度出发的，考虑如何提高信息质量和帮助用户过滤信息。而从数据库(DB)的角度来看，Web 内容挖掘的任务主要是试图对 Web 上的数据进行集成、建模，以支持对 Web 数据的复杂查询。

习　　题

1. 什么是 Web 挖掘？简述 Web 挖掘的过程。

2. 什么是 Web 日志挖掘？简述 Web 日志挖掘的过程。

3. 什么是 Web 内容挖掘？说明 Web 内容挖掘的主要任务。

4. 构造针对万维网的数据仓库是十分困难的，原因是它的动态性和海量的存储数据。不过，在因特网上构造包含汇总的(summarized)、局部的(localized)、多维信息的数据仓库仍然是一件有趣而有用的事情。假设一因特网信息服务公司希望建立一个基于因特网的数据仓库，以帮助旅游者选择当地旅馆和餐厅。

(a) 请设计一个能满足此服务的基于 Web 的旅游数据仓库。

(b) 假设每一旅馆和/或餐厅都有一个自己的 Web 页面。讨论为使这一基于 Web 的旅游数据仓库大众化，如何查询这些页面，用什么方法去从这些页面中抽取信息。

(c) 讨论如何实现一种挖掘方法，能够提供关联信息，如"呆在市中心希尔顿酒店的 90％的旅游顾客至少要在 Emperor Garden 餐厅就餐两次"。

第 8 章　复杂类型数据挖掘

8.1　空间数据挖掘

空间挖掘(Spatial Mining)是近年来发展起来的具有广泛应用前景的数据挖掘技术。对空间挖掘技术的理解需要相关的空间数据结构知识,而理解这些知识对于初学者来说并不是一件简单的事。因此,本节首先对空间数据的特点和组织形式加以概括,然后对空间数据挖掘中一些比较有代表性的工作进行介绍。这些工作包括空间统计学知识、空间的泛化与特化、空间的分类与聚类技术等。

据统计,有 80%以上的数据与地理位置相关。事实上,大量的空间数据是从遥感、地理信息系统(GIS)、多媒体系统、医学和卫星图像等多种应用中收集而来的,收集到的数据远远超过了人脑的分析能力。例如,美国国家宇航局(NASA)于 1998 年发射了一组卫星,其目的是搜集信息以支持地球科学家研究大气层、海洋和陆地的长期运动趋势。这些卫星每年发回地球的信息达 1/3 PB(1000 万亿字节),这些数据与来自其他数据源(如他国卫星或非卫星观测点)的数据和信息进行集成,并存储于 EOSDIS(地球概览数据及信息系统)中,构成一个规模空前的数据库。若用人脑来对如此多的数据进行分析是不可能的。因此,日益发展的空间数据基础设施为空间数据的自动化处理提出了新的课题。此外,像生物医学、天气预测、交通控制、导航、环境研究以及灾难处理等应用,也推动了对高效空间数据处理的紧迫要求。空间数据挖掘实质上是空间信息技术发展的必然结果。

空间数据的最常用的数据组织形式是空间数据库(Spatial Database)。空间数据库必须保存空间实体,这些空间实体是用空间数据类型和实体的空间关系表示出来的。空间数据库不同于关系型数据库,它一般具有空间拓扑或距离信息,通常需要以复杂的多维空间索引结构来组织。空间数据库需要通过空间数据存取方法存取,常常需要空间推理、几何计算和空间知识表达技术。这些特性使得从空间数据中挖掘信息具有很多挑战性。

空间数据挖掘或者空间数据库的知识发现是数据挖掘在空间数据库或空间数据方面的应用。但是由于空间数据的复杂性及其应用的专业性,不能简单地把空间数据挖掘视为数据挖掘的应用领域,而应该在一般的数据挖掘的基本理论的基础上,研究空间数据挖掘特有的理论、方法和应用。简言之,空间数据挖掘就是从空间数据库中抽取隐含的知识、空间关系或非显式地存储在空间数据库中的其他模式,用于理解空间数据、发现数据间(空间或非空间)的关系。空间数据挖掘的应用领域众多,比如地质、环境科学、资源管理、农业、医药和机器人科学。与传统的地理学数据分析相比,空间数据挖掘更强调在隐含未知情形下对空间数据本身分析基础上的规律的发掘,空间知识分析工具获取的信息更加概括和精练。目前对空间数据仓库的研究也是一个重要方面,它将不同数据库中的空间数据汇集精化成更综合的多层次多维数据形式,为空间数据挖掘提供更好的支持。

在介绍空间挖掘相关技术之前，首先对空间数据的特点和结构做一个简单的介绍。

8.1.1　空间数据挖掘的基础

掌握空间数据库系统是进行空间数据挖掘的前提和基础。空间数据库系统不同于传统的关系型和事务型数据库系统，要对空间数据库中的数据进行有效的分析，找出隐含在其中的有用信息，就必须首先掌握空间数据库系统的数据特点、表示方法、空间分析方法。

1. 空间数据来源和类型

空间数据来源和类型繁多，概括起来主要有以下几种类型：

（1）地图数据：来源于各种类型的普通地图和专题地图，这些地图的内容丰富，图上实体间的空间关系直观，实体的类别和属性清晰，实测地形图还具有很高的精度。

（2）影像数据：主要来源于卫星遥感和航空遥感，包括多平台、多层面、多种传感器、多时相、多光谱、多角度和多种分辨率的遥感影像数据，构成多源海量数据，是空间数据库最有效、最廉价、利用率最低的数据源之一。

（3）地形数据：来源于地形等高线图的数字化，已建立的数字高程模型（DEM）和其他实测的地形数据。

（4）属性数据：来源于各类调查统计报告、实测数据、文献资料和解译信息等。

（5）元数据：来源于由各类纯数据通过调查、推理、分析和总结得到的有关数据，例如数据的来源、数据的权属、数据的产生时间、数据精度、数据分辨率、源数据比例尺、数据转换方法等。

2. 空间数据的表示

空间数据具体描述地理实体的空间特征、属性特征。空间特征是指地理实体的空间位置及其相互关系；属性特征表示地理实体的名称、类型和数量等。空间对象表示方法目前采用主题图方法，即将空间对象抽象为点、线、面三类，根据这些几何对象的不同属性，以层（Layer）为概念组织、存储、修改和显示它们，数据表达分为矢量数据模型和栅格数据模型两种。矢量数据模型用点、线、多边形等几何形状来描述地理实体。栅格数据模型将主题图中的像素直接与属性值相联系，比如不同的属性值对应不同的像素灰度值（或者颜色）。另外还有一种特殊的空间数据库，它几乎完全由图像构成，主要用于遥感、医学成像等，通常以栅格数组来表示图像亮度。

1）矢量数据模型

以 Arc/info 基于矢量数据模型的系统为例，为了将空间数据存入计算机，首先，从逻辑上将空间数据抽象为不同的专题或层，如土地利用、地形、道路、居民区、土壤单元、森林分布等，一个专题层包含区域内地理要素的位置和属性数据。其次，将一个专题层的地理要素或实体分解为点、线、面目标，每个目标的数据由空间数据、属性数据和拓扑数据组成。图 8-1(a)、图 8-2(a)、图 8-3(a)所示就是某一区域具有 Field1、Field2、Field3 属性的三个图层，图中用不同颜色表示各自属性取值，标注的数字为多边形(ID)标识码。图 8-1(b)、图 8-2(b)、图 8-3(b)所示是与其对应的属性表，ID 为多边形标识码，"Shape"表示空间属性类型(有点、线和面三种)，"Field"为相应的非空间属性。空间属性存储在线状或面状实体的弧段文件中，非空间属性存储在关系数据库管理系统中，两个系统之间通过标识码(ID)进行连接。

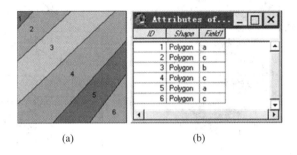

图 8-1　主题图 1

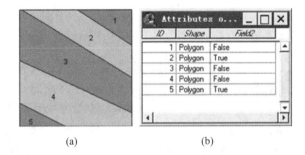

图 8-2　主题图 2

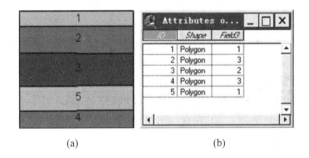

图 8-3　主题图 3

　　空间对象间的基本空间关系就隐藏在空间属性中，有测量关系(如距离)、方向关系(如西北方向)和拓扑关系(如相邻)。

　　2) 栅格数据模型

　　栅格数据模型是将空间划分为规则的网格，在各个网格上给出相应的属性值来表示地理实体的一种数据组织形式。栅格数据模型对二维地理要素的属性进行离散化，每一个网格对应一个属性值，其空间位置用行和列标识，空间关系就隐含在行和列中。例如：图 8-4(a)所示为某一区域的三个主体图层，不同颜色表示不同属性值，图 8-4(b)为图 8-4(a)对应的数据表，计算机则以数据表形式来存储。

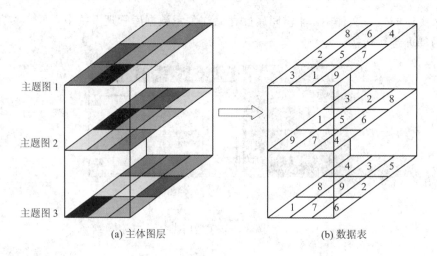

(a) 主体图层　　　　　　　　　　　(b) 数据表

图 8-4　栅格数据模型

3. 空间查询问题

虽然空间数据查询和空间挖掘是有区别的，但是像其他数据挖掘技术一样，查询是挖掘的基础和前提，因此了解空间查询及其操作有助于掌握空间挖掘技术。

由于空间数据的特殊性，空间操作相对于非空间数据要复杂。传统的访问非空间数据的选择查询使用的是标准的比较操作符："＞"、"＜"、"≤"、"≥"、"≠"。而空间选择是一种在空间数据上的选择查询，要用到空间操作符，包括接近、东、西、南、北、包含、重叠或相交等。

下面是几个空间选择查询的例子：① 查找北海公园附近的房子。② 查找离北京动物园最近的麦当劳餐厅。

传统的数据库技术需要两个关系的连接操作来支持查询，而应用在两个空间关系上的一个空间性连接操作被称为空间连接（Spatial Join）。有时候，如果两条记录只有一般的特性，那么空间连接就像是这两个记录的常规关系连接一样。传统的连接中，两条记录里必须含有那些满足预定义关系所具有的属性（比如做等值连接的平等性）。但是在空间连接中，关系都是空间性的，即关系的种类是基于空间特性的种类的。举个例子，当"相交"关系用于多边形的时候，"相邻"关系则用于点。

在 GIS 系统应用中，相同的地理区域经常有不同的视图。例如，城市建设人员一定要看得到基础设施在什么地方，包括街道、电力线、电话线和下水道。在另一层面上，他们也会对实际海拔、建设位置以及河流感兴趣。以上各种信息可以保存在单独的 GIS 文件中。融合这些毫无联系的数据，需要一个称为"地图覆盖"（Map Overlay）的操作来实现。

一般地说，一个空间实体经常同时用空间和非空间的属性来描述。事实上，当其空间属性用一些空间数据结构存储起来之后，非空间属性就可以存储在一个关系型数据库里。对空间数据库来说，一些位置类型的属性必须包含在内。位置属性可以与明确的一点联系起来，比如纬度或者经度，也可以用有逻辑性的含义来表示，比如街道地址或者邮政编码。不同的空间实体经常是和不同的位置相关联的，而且在不同的实体之间进行空间性操作的时候，经常需要在属性之间进行一些转换。如果非空间属性存储在关系型数据库中，那么一种可行的存储策略是利用非空间元组的属性存放指向相应空间数据结构的指针。这种关系中的每个元组代表的是一个空间实体。

很多基本空间查询是数据挖掘行为的基础。这些查询包括以下几种：

(1) 区域查询或范围查询：寻找那些与在查询中指定区域相交的实体。

(2) 最临近查询：寻找与指定实体相邻的实体。

(3) 距离扫描：寻找与指定的物体相距一段确定距离的实体。

所有这些查询都可以用来辅助聚类或分类操作。

4. 空间分析

空间分析是基于空间数据的分析技术，它以地学原理为依托，通过分析算法，从空间数据中获取有关地理对象的空间位置、空间分布、空间形态、空间形成、空间演变等信息。建立地理信息系统，不光为了管理空间数据，自动制图，更主要的目的是为了分析空间数据，提供基于空间信息的决策。空间分析是 GIS 区别于其他信息系统的一个主要功能特征，也是各类综合性地学分析模型的基础和构件。按照 Goodchild 提出的空间分析框架，可以将空间分析方法分为以下两种类型：

(1) 产生式分析：数字地面模型分析，空间叠合分析、缓冲区分析、空间网络分析、空间统计分析。

(2) 咨询式分析：空间集合分析、空间数据查询。

空间分析方法利用 GIS 的各种空间分析模型和空间操作对空间数据库中的数据进行深加工，从而产生新的信息和知识。目前常用的空间分析方法有综合属性数据分析、拓扑分析、缓冲区分析、密度分析、距离分析、叠合分析、网络分析、地形分析、趋势面分析、预测分析等，可发现目标在空间上的相连、相邻和共生等关联规则，或发现目标之间的最短路径、最优路径等辅助决策的知识，或对多个主体图层进行叠加分析得到综合图层，研究发现各主题图层间的内在相互作用机制。空间分析方法常作为空间数据预处理和特征提取工具。例如图 8-1、图 8-2、图 8-3 所示为某一区域的三个主体图层(特征图层)，为了研究各个特征图层间作用机制，便可采用空间分析中的叠合分析，得到综合图层和综合属性表，如图 8-5 所示。图 8-5(b) 就是空间数据挖掘的空间数据表。

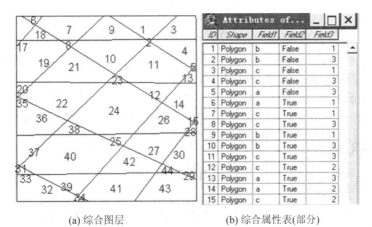

(a) 综合图层　　　　　　　　　　(b) 综合属性表(部分)

图 8-5　综合图层

5. 空间数据的特征

空间数据库与关系数据库或事务数据库之间存在着一些明显的差异，主要表现在以下几方面：

（1）空间数据库存储和管理的对象是矢量空间数据库中点、线、面、体等空间实体，一般具有一维或多维的空间地理坐标，不同于关系数据库中单纯的表格和记录。

（2）空间数据结构复杂，栅格和矢量数据一般都存在多种编码方式。

（3）空间数据包含比关系数据更为具体、复杂而丰富的信息。空间数据带有拓扑、方位和（或）距离信息，一般隐含在空间属性中。空间数据一般通过建立空间索引结构，如R-树、R*-树来组织空间数据，空间数据存取常常需要空间推理、几何计算和空间知识表示等技术。

（4）空间实体之间存在着隐含的空间邻接关系，空间数据相关度高。

（5）缺乏标准的空间查询处理语言，对空间数据的操作还有赖于更多更好的操作原语的实现和完善。

（6）空间数据本身具有良好的可视性，可以为空间数据挖掘提供更好的可视化表示方式。

6. 空间数据的复杂性特征

随着近年来信息技术的飞速发展，空间数据具备了以下几个方面的复杂性特征：

（1）海量的空间数据。海量数据常使一些方法因算法难度或计算量过大而无法得以实施，因而知识发现的任务之一就是要创建新的计算策略、发展新的高效算法以克服由空间海量数据造成的技术困难。

（2）空间属性之间的非线性关系。空间属性之间的非线性关系是空间系统复杂性的重要标志，其中蕴含着系统内部作用的复杂机制，因而被作为空间数据知识发现的主要任务之一。

（3）空间数据的尺度特征。空间数据的尺度特征是指空间数据在不同观察层次上所遵循的规律以及体现出的特征不尽相同。尺度特征是空间数据复杂性的又一表现形式，利用该性质可以探究空间信息概化和细化过程中所反映出的特征渐变规律。

（4）空间信息的模糊性。模糊性几乎存在于各种类型的空间信息中，如空间位置的模糊性、空间相关性的模糊性以及模糊的属性值等。

（5）空间维数的增高。空间数据的属性增加极为迅速，如在遥感领域，由于感知器技术的飞速发展，波段的数目也由几个增加到几十个甚至上百个，如何从几十甚至几百维空间中提取信息、发现知识则成为研究中的又一障碍。

（6）空间数据的缺值。缺值现象源于某种不可抗拒的外力而使数据无法获得或发生丢失。如何对丢失数据进行恢复并估计数据的固有分布参数，成为解决数据复杂性的难点之一。

8.1.2　空间数据挖掘的过程

数据挖掘和知识发现的过程可分为：数据选取、数据预处理、数据转换、数据挖掘、模式解释和知识评估等阶段（Fayyad，1996）。

（1）数据选取即定义感兴趣的对象及其属性数据。

（2）数据预处理一般是滤除噪声、处理缺值或丢失数据等。

（3）数据变换是通过数学变换或降维技术进行特征提取，使变换后的数据更适合数据挖掘任务。

（4）数据挖掘是整个过程的关键步骤，它从变换后的目标数据中发现模式和普遍特征。

（5）模式的解释和知识评估采用人机交互方式进行，尽管挖掘出的规则和模式带有某些置信度、兴趣度等测度，通过演绎推理可以对规则进行验证，但这些模式和规则是否有价值，最终还需由人判断，若结果不满意则返回到前面的步骤。

数据挖掘是一个人引导机器、机器帮助人的交互理解数据的过程。

空间数据挖掘的过程与大多数数据挖掘和知识发现的过程相同，同样可分为数据选取、数据预处理、数据转换、数据挖掘、模式解释和知识评估等阶段，如图 8－6 所示。由于空间数据的存储管理和空间数据本身的特点，在空间数据挖掘过程的数据准备阶段（包括数据选取、数据预处理和数据变换）与一般数据挖掘相比具有如下特点。

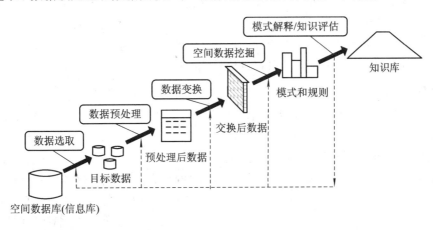

图 8－6　空间数据挖掘的基本过程

1. 空间数据挖掘粒度的确定

在空间数据库中进行数据挖掘，首先要确定把什么作为处理的元组，我们称为空间数据发掘的粒度问题。根据空间数据表示方法、数据模型的特点，可以把空间数据的粒度分为两种：一种是在空间对象粒度上发掘，如图 8－5(a)中的多边形或图 8－5(b)中的一个记录；另一种是直接在像元粒度上发掘，如图 8－4(a)中的一个栅格单元。空间对象可以是图形数据库中的点、线、面对象，也可以是遥感影像中经过处理和分析得到的面特征（如均值区的多边形）和线特征（如边缘线）。像元主要指遥感图像的像元，也指栅格图形的单元。

空间数据发掘粒度的确定取决于数据发掘的目的，即发现的知识做什么用，也取决于空间数据库的结构。以空间对象作为数据挖掘的对象，可以充分利用空间对象的位置、形态特征、空间关联等特征，得到空间分布规律、广义特征规则、分类规则等多种知识，可用于 GIS 的智能化分析和智能决策支持，也可用于遥感图像分类。这样的分类规则用于遥感图像分类时，必须先用其他分类方法形成线特征和面特征，才可以进一步应用规则分类。以像元为粒度，可以充分利用像元的位置、多光谱、高程、坡度等具体而详细的信息，得到的分类规则精确，适合于图像分类，但不便于用于 GIS 智能化分析和决策支持，可以作为它们的中间过程。两种数据挖掘粒度各有优缺点。像元粒度的数据挖掘无法利用形态，很难利用空间关联等信息，空间对象粒度难以利用对象内部更详细的信息，比如：以多边形为粒度就很难利用其内部精确的高程值、坡度值等，而只能利用平均值或其他典型值。两种粒度的数据挖掘要根据情况选用或结合起来使用。

2. 空间数据泛化

空间数据不同粒度可以通过空间泛化过程来实现，以空间数据为例。根据土地的用途，将一些细节的地理点泛化为一些聚类区域，如商业区、居民区、工业区或农业区等。这种泛化需要通过空间操作，如空间并或空间聚类方法，把一组地理区域加以合并。聚集和近似是实现这种泛化的重要技术。在空间合并时，不仅需要合并相同的一般类中的相似类型的区域，而且需要计算总面积、平均密度或其他聚集函数，而忽略那些对于研究不重要的具有不同类型的分散区域。其他空间操作，如空间并、空间重叠和空间交（可能需要把一些分散的小区域合并为大的聚类区域），也可以将空间聚集和近似用作空间泛化操作。

【例 8.1】 空间聚集和近似。假设有几块土地有不同的农业用途，如用于种植蔬菜、谷物和水果。通过空间合并，可以将这些地块合并或聚集为大块农业用地。然而，这样的农业地块可能包含公路、房屋和小店铺。如果土地的主要用途是农业，则用于其他目的的分散区域可以忽略，并且整个区域可以近似看做农业区域。

3. 粒度属性的确定

确定了空间数据挖掘的粒度或元组后，需要确定元组的属性，在一般的关系数据库中学习的属性直接取自字段或经过简单的数学或逻辑运算派生出的学习用的属性。空间数据库中的几何特征和空间关系等一般并不存储在数据库中，而是隐含在多个图层的图层数据中，需要经过 GIS 专有的空间运算、空间分析、空间立方体 OLAP 操作才能得到数据挖掘用的属性。比如，要确定某空间对象所处的高程带，需要应用叠加分析；要确定某空间对象的相邻或相连对象，要用到拓扑分析；要确定空间对象靠近的对象及对象间的距离，需要缓冲区分析和距离分析；确定某一像元的坡度和坡向，需要用 DEM 进行地形分析，等等。这些空间运算和空间分析，有些以矢量格式进行，有些以栅格方式进行。空间对象粒度的数据挖掘更多的用到矢量格式的运算和分析，而像元粒度的数据挖掘更多用到栅格的运算和分析，这实际上是对图形或图像数据的特征提取过程，也是空间数据挖掘区别于一般关系数据库和事务数据库数据挖掘的主要特征。

确定了数据发掘的粒度并提取之和计算出元组的属性后，关系数据库数据挖掘的算法就可以应用了。

8.1.3　空间统计学

统计空间数据分析已经成为分析空间数据和探查地理信息常用的方法。地理统计学（Geostatistics）通常与连续地理空间相关联，而空间统计学（Spatial Statistics）通常与离散空间相关联。在处理非空间数据的统计模型中，通常假定数据的不同部分是统计独立的。然而，与传统的数据集不同，空间上分布的数据不是相互独立的，因为事实上，空间对象通常是相关的，或更确切地说是空间并置的（Co-Located），即两个对象的位置越近，就越可能具有相似的性质。例如，地理位置越近的地区，在自然资源、气候、温度、经济状况方面越相似。人们可以把这看做第一地理学定律："万物都与其他事物相关，但近的事物比远的事物更相关"。这种附近空间的紧密相互依赖性导致了空间自相关（Spatial Autocorrelation）概念。基于这样的概念，空间统计建模方法得以成功发展。空间数据挖掘将进一步发展空间统计分析方法，并扩展到大量空间数据，更强调有效性、可伸缩性、与数据库和数据仓库系统协同操作、改进与用户的交互，以及新的知识类型的发现。

空间统计学(Spatial Statistics)是依靠有序的模型来描述无序事件，根据不确定性和有限的信息来分析、评价和预测空间数据。它主要运用空间自协方差结构、变异函数或与其相关的自协变量或局部变量值的相似程度实现基于不确定性的空间数据挖掘。基于足够多的样本，在统计空间实体的几何特征量的最小值、最大值、均值、方差、众数或直方图的基础上，可以得到空间实体特征的先验概率，进一步根据领域知识发现一些共性的几何知识。空间统计学具有较强的理论基础和大量的成熟算法，能够改善 GIS 对随机过程的处理，估计模拟决策分析的不确定性范围，分析空间模型的误差传播规律，有效地综合处理数值型空间数据，分析空间过程，预测前景，并为分析连续域的空间相关性提供理论依据和量化工具等。所以，空间统计学是基本的数据挖掘技术，特别是多元统计分析(如判别分析、主成分分析、因子分析、相关分析、多元回归分析等)。

统计方法是分析空间数据的最常用的方法。统计方法有较强的理论基础，拥有大量的算法，并包含多种优化技术。它能够有效处理数值型数据，通常会导出空间现象的现实模型。然而，该方法基于统计不相关假设，而实际上在空间数据库中许多空间数据通常是相关的，即空间对象受其邻近对象的影响，难以满足这种假设，这样就会引起问题。采用对依赖变量带有空间保护的 Kriging 或回归模型能在某种程度上缓减这个问题。但是，这样会使整个建模过程过于复杂，只能由具有相当领域知识的统计学专家来完成，终端用户难以采用该技术来分析空间数据。另外，统计方法对非线性规划不能很好地建模，处理字符型数据的能力较差，难以处理不完全或不确定性数据，而且运算的代价较高。同时，当知道非匀质实体的某种属性可能发生，却不知道也难以构建其概率分布模型时，模糊集比空间统计学更利于发现隐藏在这种不确定性中的知识。

8.1.4　空间数据立方体构造和空间 OLAP

空间数据像关系数据一样，可以集成空间数据集，构建有利于空间数据挖掘的数据仓库。空间数据仓库是面向主题的、集成的、时变的和非易失性的空间和非空间数据的集合，用于支持空间数据挖掘和与空间数据相关的决策过程。

【例 8.2】　空间数据立方体和空间 OLAP。在加拿大的不列颠哥伦比亚(BC)省分布着 3000 个气象探测器，每个气象探测器记录指定的小区域的日气温和降水量，并将信号传送到省气象总站。通过支持空间 OLAP 的空间数据仓库，用户可以根据地图按月、地区、温度和降水量的不同组合观察气象模式，可以动态地沿任何维下钻和上卷，发现希望的模式，如"1999 年夏 Fraser 峡谷的湿热地区"。

关于构造和使用空间数据仓库，存在一些挑战性的问题。第一个挑战是集成来自异构数据源和系统的空间数据。空间数据通常存储在行行色色的工业企业和政府机构中，数据格式各异。数据格式不仅与特定的结构有关(例如，基于栅格与基于失量的空间数据，面向对象与关系模型，各式各样的空间存储和索引结构，等等)，而且与特定厂家有关(例如，ERSI，MapInfo，Intergraph 等等)。关于异构空间数据的集成与交换已有很多研究工作，这为空间数据集成和空间数据仓库构造铺平了道路。

第二个挑战是如何在空间数据仓库中实现快速而灵活的联机分析处理。数据仓库中介绍的星形模式是空间数据仓库建模的好选择，因为它提供了简洁而有组织的仓库结构，便于 OLAP 操作。然而，在空间数据仓库中，维和度量都可能包含空间成分。

在空间数据立方体中有三种类型的维：

(1) 非空间维：只包含非空间数据。对于例 8.2 的数据仓库，可构造非空间维 temperature(气温)和 precipitatio(降水量)，因为都只包含非空间数据，其泛化也是非空间的(如气温的"热"，降水量的"湿")。

(2) 空间到非空间维：原始层数据是空间的，但其泛化值，从某个层次开始，变成非空间的。例如，空间维 city 取自美国地图的地理数据。假设此维的空间表示，比如西雅图，泛化为字符串"pacific_northwest(太平洋西北)"。虽然"pacific_northwest"是一个空间概念，但它的表示不是空间的(因为，在此例中，它是一个字符串)，因此，它扮演非空间维角色。

(3) 空间到空间维：原始层和所有高层泛化数据都是空间的。例如，维 equi_temperature_region(等温区域)包含空间数据，对其所有泛化，如 0℃～5℃，5℃～10℃ 等区域，也是由空间数据组成。

空间数据立方体中有两类不同的度量：数值度量和空间度量。

(1) 数值度量仅包含数值数据。例如，空间数据仓库中的一个度量可以为某地区的 monthly_revenue(月收入)，通过上卷可以计算按年、按县等的总收入。数值度量可进一步分类为分布的、代数的和整体的。

(2) 空间度量包含一组指向空间对象的指针。例如，例 8.2 的空间数据立方体中的泛化中(或上卷)，具有相同温度和降水量的地区组合在相同的单元中，所形成的度量包含指向这些地区的指针的集合。

非空间数据立方体仅包含非空间维和数值度量。如果一个空间数据立方体包含空间维但不含空间度量，其 OLAP 操作，如钻取或转轴，可以用类似于非空间数据立方体的方式实现。但是，如果需要在空间数据立方体中使用空间度量，会带来有效实现方面的挑战性问题，如下例所示。

【例 8.3】 数值度量与空间度量。例 8.2 的 BC_weather 数据仓库的星形模式如图 8-7 所示。它包含四维：region，temperature，time 和 precipitation；三个度量：region_map，area 和 count。每维的概念分层可由用户或专家建立，或由数据的聚类分析自动生成成。图8-8 显示了 BC_weather 仓库中每维的概念分层。

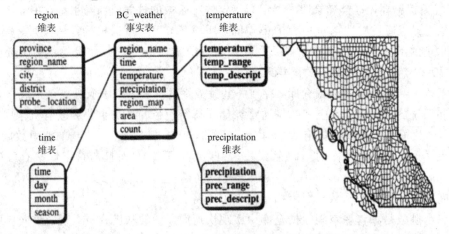

图 8-7　BC_weather 空间数据仓库的星形模式和对

---

*region_name*维
probe_location < district < city < region < province

*temperature*维
(*cold*, *mild*, *hot*) ⊂ *all* (*temperature*)
(*below_−20*, −20...−11, −10...0) ⊂ *cold*
(0...10, 11...15, 16...20) ⊂ *mild*
(20...25, 26...30, 31...35, above_35) ⊂ *hot*

*time*维
hour < day < month < season

*precipitation*维
(*dry*, *fair*, *wet*) ⊂ *all* (*precipitation*)
(0...0.05, 0.06...0.2) ⊂ *dry*
(0.2...0.5, 0.6...1.0, 1.1...1.5) ⊂ *fair*
(1.5...2.0, 2.1...3.0, 3.1...5.0, *above_5.0*) ⊂ *wet*

图 8 - 8　BC_weather 数据仓库中

在三个度量中，area 和 count 是数值度量，可以用类似于非空间数据立方体的方法计算。region_map 是空间度量，表示一组指向对应地区的空间指针。由于不同的空间 OLAP 操作导致 region_map 的不同空间对象集，因此主要的挑战性是如何灵活、动态地计算大量区域的合并。例如，两个不同的 BC 气象地图数据(如图 8 - 7 所示)的上卷操作可能产生两个不同的泛化区域地图；如图 8 - 9 所示，每个都是对图 8 - 7 中大量小的(监测)区域的合并结果。

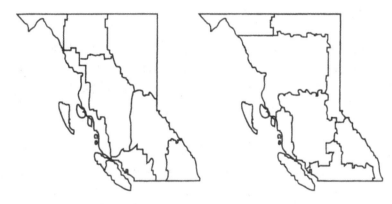

图 8 - 9　不同的上卷操作后的泛化区域图

"可否预先计算出所有可能的空间合并，并存储到空间数据立方体对应的方体单元中?"答案是否定的。与每个聚集值仅需要几个字节的空间的数值度量不同，BC 地区地图的合并可能需要数兆存储空间。这样，面临平衡联机计算代价和存储计算度量的空间开销的两难选择：空间聚集随时计算的巨大计算开销要求预计算，而存储聚集空间结果的巨大存储开销又阻止预计算。

在空间数据立方体的构造中至少有三种可供选择的空间度量的计算方法：

(1) 在空间数据立方体中收集和存储对应的空间对象指针，但不执行空间度量的预计算。可以这样实现：在对应的立方体单元中存储一个指向空间对象指针集合的指针，必要时可以随时调用和执行对应的空间对象的空间合并(或其他计算)。这种方法在如下的情况下不失为好的选择：只需要空间显示(即无需进行真的空间合并)，或者在任一指针集都没有太多要合并的区域，或者联机空间合并计算速度很快(近来，针对快速空间 OLAP 开发了一些高效的空间合并方法)。由于 OLAP 的结果经常用于联机空间分析和挖掘，还是主张将一些空间连接区域预先计算，以便加速此类分析。

(2) 在空间数据立方体中预先计算并存储空间度量的粗略近似结果。假定只需要少量存储空间，对于空间合并结果的粗略浏览或大致估算，该方法不失为一个好的选择。例如，最小边界矩形（Minimum Bounding Rectangle，MBR）用两个点表示，可以作为合并区域的粗略估计。这类预计算的结果较小，并可快速提供给用户。如果特定单元需要更高的精度，应用可以提取高质量的预计算结果（如果有的话），或随时计算它们。

（3）有选择地预先计算空间数据立方体的某些空间度量。这可能是一个聪明的选择。问题是，"应当选择物化立方体的哪些部分？"选择可以在方体级进行，也就是说，对于选定立方体的每个单元，预计算并存储每个可合并的空间区域集，如果该立方体未被选取，不做任何预计算。由于立方体通常由大量空间对象组成，因此它可能涉及大量可合并的空间对象的预计算和存储，其中有些可能很少用到。因此，选择要在较细的粒度上进行检查方体中的每组可合并空间对象，判定这样的合并是否应当预计算。决策需要考虑的因素包括合并区域的效用（如访问频率或访问优先级）、可共享性以及平衡的空间和联机计算总开销。

有了空间数据立方体和空间 OLAP 的有效实现，基于泛化的描述性空间挖掘，如空间特化和区分，可以有效地进行。

8.1.5　空间关联和并置模式

与事务和关系型数据库的关联规则挖掘类似，也可以挖掘空间数据库中的空间关联规则。空间关联规则形如 $A \Rightarrow B[s\%, c\%]$，其中 A 和 B 是空间或非空间谓词的集合，$s\%$ 是规则的支持度，$c\%$ 是规则的置信度。例如，下面是一个空间关联规则：

is_a(X, "school") $\wedge$ close_to(X, "sports_center") $\Rightarrow$ close_to(X, "park")[0.5%, 80%]

该规则表明 80% 靠近体育中心的学校同时也靠近公园，并且有 0.5% 的数据属于这种情况。各种类型的空间谓词都可以构成空间关联规则。例子包括距离信息（如 close_to 和 far_away），拓扑关系（如 intersect，Overlap，disjoin）和空间方位（如 left_of 和 west_of）。

由于空间关联规则的挖掘需要计算大量的空间对象之间的多种空间联系，因此，计算过程可能是相当昂贵的。一种称为逐步求精的挖掘优化方法可用于空间关联的分析。该方法先用一种快速算法粗略地对一个大的数据集进行挖掘，然后在裁减过的数据集用代价较高算法进一步改进挖掘的质量。

为确保稍后阶段使用高质量挖掘算法时，裁减过的数据集涵盖回答的完全集，对前期采用的粗略挖掘算法的主要要求是超集覆盖性质（Superset Coverage Property），即保持所有可能的答案。换句话说，它应当允许假正测试（False Positive Test），即它可以包括一些不属于回答集的某些数据集；但不应当允许假负测试（False Negative Test），即它可能排除一些可能的答案。

为了挖掘涉及空间谓词 close_to 的空间关联，可以通过以下方法首先收集满足最小支持度阈值的候选：

（1）使用一定的粗略空间计算算法，例如，可以用 MBR 结构（它仅记录两个空间点，而不是复杂的多边形集合）；

（2）计算放宽后的空间谓词，如 g_close_to，它是 close_to 的推广，涵盖了较宽的情况，包括 close_to，touch 和 intersect。

如果两个空间对象紧密相邻,那么其 MBR 也一定相邻,满足 g_close_to。但是其逆不一定成立:如果 MBR 紧密相邻,那么两个空间对象可能相邻也可能不相邻。这样,MBR 剪裁对相邻来说是一种假正测试工具,只有通过粗略测试的数据才需要使用计算代价更高的算法进一步考察。通过这种预处理,只有在近似层频繁出现的模式,才需要更精细、更昂贵的空间计算考察。

除了空间关联规则的挖掘之外,可能还希望识别地理空间图中频繁地紧密相邻出现的特殊特征组。这种问题本质上是挖掘空间并置(Spatial Co-Location)问题。发现空间并置可以看做挖掘空间关联的一个特例。然而,根据空间自相关,感兴趣的特征很可能在紧邻的区域同时存在。因此,空间并置才是真正想要考察的。类似于挖掘空间关联规则的做法,利用类似于 Apriori 和逐步求精方法,可以开发有效的空间并置的挖掘方法。

8.1.6　空间聚类方法

空间数据库不仅描述对象的空间属性(也称为几何位置、空间位置或地理位置等),而且还像一般数据库一样描述对象的非空间特征,它是对对象全方位、更全面的描述。在某种意义上,空间数据库涵盖了所有数据库。由于空间数据库要同时管理对象的空间属性和非空间属性,因而具有复杂的数据模型和数据结构。空间数据可以在如下几个方面进行聚类:

(1) 在地理空间上进行聚类,不考虑对象的非空间属性。

(2) 在非空间特征空间上进行聚类,不考虑对象的空间特征。

(3) 将对象的空间特征和非空间特征等同起来考虑,进行聚类。

(4) 以空间特征为聚类的附加条件,如空间邻接、顾及障碍物约束等,在非空间特征上进行聚类。

(1)和(2)与一般的聚类完全相同。

在地理空间上进行聚类,聚类的对象可以是矢量图形中的点、线、面,或者图像中的栅格。这些数据具有形状复杂、数据量庞大、数据处理方法复杂等特点,因而对空间数据聚类算法提出了更高的要求:

(1) 能处理任意形状的聚类。

(2) 适用于点、线和面等多种对象类型。

(3) 算法具有更高的可伸缩性。

(4) 算法需要的参数能自动确定或用户容易确定。

已有的聚类算法多数是为模式识别而设计的,它将对象(或称为样本)用其空间属性特征来刻画,一个对象可表达为多维特征空间的一个点,在抽象特征空间上进行聚类,未必完全适用于空间数据。

1. 基于生长树的遗传聚类算法

1) 基本概念

传统基于目标函数的聚类算法的目标函数是样本到族的几何中心距离平方加权和最小化,而样本划分方法是以样本到族的几何中心的距离为依据,将样本划分到距中心点最近的族中。只有采用这一样本划分方法,才能保证聚类目标函数的最小化。这也正是基于目标函数的聚类算法不能进行复杂形状聚类的症结所在。改变聚类的目标函数和样本划分方法才是必由之路。

定义 8.1　样本最邻近距离：设 $X = \{x_1, x_2, \cdots, x_n\} \subset \mathbf{R}^s$ 为待聚类样本的全体，$x_i = (x_{i1}, x_{i2}, \cdots, x_{is})^{\mathrm{T}} \in \mathbf{R}^s$ 为观测样本 x_i 的特征矢量，对应特征空间中的一个点，x_{ij} 为特征矢量 x_i 的第 j 维特征上的取值，则样本 x_i 最邻近距离为

$$d_{i(\min)} = \min\{d_{ik} \,|\, x_i \in X, x_k \in X, 1 \leqslant i \neq k \leqslant n\} \tag{8.1}$$

式中，d_{ik} 为 x_i、x_k 两点间的欧氏距离。在图 8-10 中，d_{ab} 为 a 点的最邻近距离，d_{bc} 为 b 点的最邻近距离。

定义 8.2　样本最邻近点：在样本点集中，样本点 x_i 依据它的最邻近距离 $d_{i(\min)}$ 找到的点称为样本点 x_i 的最邻近点。图 8-10 中，样本点 b 为 a 点的最邻近点，样本点 c 为 b 点的最邻近点。

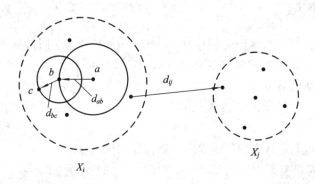

图 8-10　最临近距离概念

定义 8.3　簇间最邻近距离：设 $X = \{x_1, x_2, \cdots, x_n\} \subset \mathbf{R}^s$ 为样本集，按照样本间的亲疏关系把 $x_1, x_2, \cdots, x_n$ 划分成 c 个子集（也称为簇）$X_1, X_2, \cdots, X_c$。则簇 X_i、X_j 间最邻近距离为

$$d_{ij(\min)} = \min\{d_{xy} \,|\, x \in X_i, y \in X_j, 1 \leqslant i \neq j \leqslant c\} \tag{8.2}$$

式中，d_{xy} 为 x、y 两点间的欧氏距离。图 8-10 中 $d_{ij(\min)}$ 为簇 X_i、X_j 间最邻近距离。

聚类是在满足簇内样本的相似性最大，而簇间相似性最小的条件下对样本的最优化分。基于以上定义可得如下结论（孤立点除外）：

（1）每一个样本点一定与离它的最邻近点属于同一个簇。

（2）尽管每一样本点的最邻近距离不同，但是所有样本最邻近距离的最大值一定小于族间最邻近距离的最小值。

定义 8.4　种子点：在待聚类的样本点中，当且仅当可以依据最邻近距离寻找最邻近点的点。种子点可以人工指定或由计算机随机选择。

定义 8.5　种子点的最邻近点：种子点依据它的最邻近距离找到的点，且该点目前还不是种子点。

定义 8.6　在待聚类的样本点集中，随机选择一个样本点作为种子点。从种子点开始依据它的最邻近距离寻找最邻近点，一旦作为种子点的最邻近点，自身也就变成种子点。所有的种子点均有机会寻找最邻近点，但是最邻近距离最小的种子点才被赋予优先权。每一个种子点在满足它的最邻近距离最小条件下，可以重复选择不同的最邻近点。直到所有的待聚

类样本点变为种子点为止。这一过程就像"树"的不断的分叉生长过程一样,故称为生长树。

定义 8.7 在生长树的成长过程中,可以用每一步的最邻近距离的最小值的和来衡量生长树的大小。生长树的大小表示种子点间的密集程度,因而生长树的大小可以衡量聚类结果的质量。

2) 算法基本思想

样本划分方法:如果把聚类的过程看做各个族在生长树初始种子点的引导下,不断生长形成的过程,那么样本划分方法如下:

(1) 随机选择各个子生长树的初始种子点。图 8-11 中被符号"▽"、"○"、"□"圈起来的样本点分别表示三个族的初始种子点。

(2) 各个子生长树初始种子点在公平的环境下,亦最邻近距离最小的初始种子点被赋予优先权去寻找自己的最邻近点,其最邻近点变成该子生长树上新的种子点,它也有机会去寻找自己的最邻近点。

(3) 所有的种子点重新选择自己的最邻近点,最邻近距离最小的种子点被赋予优先权,其最邻近点变成该子生长树上新的种子点。在条件满足的情况下种子点可以重复寻找自己的最邻近点。

(4) 如果所有的聚类样本点变为种子点,则完成样本的划分,每个子生长树对应一个聚类的簇,否则转向(3)。

在这种公平的环境下,由于样本空间分布密度不同,各个子生长树的生长速度是不同的,这也正是该方法能处理任意形状聚类的原因所在。图 8-11、图 8-12 和图 8-13 描述了子生长树的成长过程。

目标函数:目标函数是构造遗传算法中的适应度函数的基础。在生长树的生长过程中,每一步的最邻近距离的最小值的和反映了种子点间的密集程度。假设将不同族的样本点划分到同一个簇中,必然使得最终形成生长树的大小增大。因而可以用生长树的大小来作为聚类的目标函数。图 8-11、图 8-12 和图 8-13 为在合理的初始种子点引导下生长树成长过程,生长树的大小为 7.2326。图 8-14、图 8-15 和图 8-16 为在不合理的种子点引导下生长树的成长过程,生长树的大小为 8.1733。显然前者优于后者。

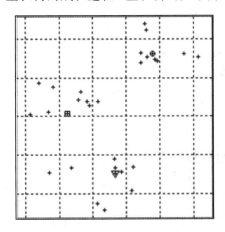

图 8-11 生长树初始种子点

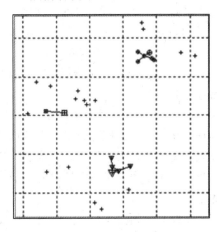

图 8-12 迭代 10 次的生长树

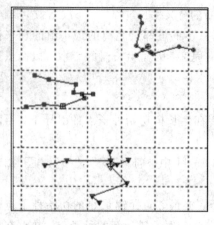

图 8-13　样本划分结果

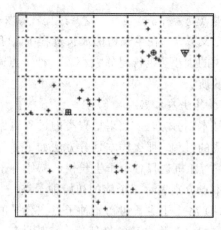

图 8-14　不合理的初始种子

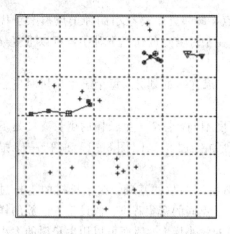

图 8-15　不合理种子迭代 10 次的生长树

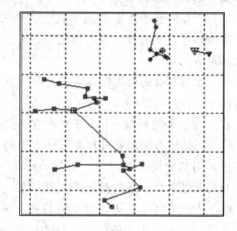

图 8-16　不合理种子样本划分结果

染色体编码：基于遗传算法聚类的关键是如何将聚类问题的解编码到基因串中。根据前面的分析，样本的划分和目标函数与各个聚类族的初始种子点有关。因而，若使用遗传算法来求解这一聚类问题，则可以直接对初始种子点进行编码。

若采用自然编码方案，则染色体编码为

$$b = \{ \mathrm{Num}_{p_1}, \mathrm{Num}_{p_2}, \cdots, \mathrm{Num}_{p_i}, \cdots, \mathrm{Num}_{p_c} \} \tag{8.3}$$

其中，$\mathrm{Num}_{p_i}(1 \leqslant \mathrm{Num}_{p_i} \leqslant n)$ 表示子生长树的初始种子点 $p_i(i=1, 2, \cdots, c)$ 取自样本集中第 Num_{p_i} 个样本。

3）基于生长树的遗传聚类算法

算法 8.1　基于生长树的遗传聚类算法。

输入：聚类数目 K，包含 n 个待聚类样本的数据库。

输出：K 个子集，使得生长树大小最小。

方法：

（1）设置 GA 相关参数，包括最大迭代次数、群体大小、交叉概率、变异概率；

（2）群体初始化，按照染色体编码方案对染色体群体进行初始化；

（3）群体评价，对染色体进行解码，获得初始种子点 p_i，基于生长树的生长过程对样本集进行划分，计算生长树的大小，基于此对染色体群体进行评价；

（4）染色体选择，依据评价结果，选择较优的染色体；

（5）染色体交叉；

（6）染色体变异；

（7）染色体保留；

（8）中止条件检验，如果小于最大迭代次数，则转向（3），否则停止迭代，输出目前样本集划分结果。

4）算法测试

为了测试聚类算法的有效性，使用 MATLAB 语言编制了相应的计算机程序，特选用三个空间图形进行测试。样本集由一些空间点组成，特征变量就是空间点的 x、y 坐标，这些空间点构成不同的空间图形。由于基于生长树的遗传聚类算法对初始种子点的敏感程度远远低于传统基于目标函数的聚类算法对典型矢量的敏感程度，故算法中参数设置为：染色体群体大小为 10；最大迭代次数为 100 次；交叉概率为 0.7；变异概率为 0.05。

样本集 1：包括 275 个二维平面上的点，由 5 个互不重叠、直径大小不一的球形构成，如图 8-17 所示。图 8-18 为样本集 1 基于生长树的遗传聚类算法结果，图 8-19 为样本集 1 的 FCM 聚类结果，图 8-20 为样本 1 遗传—中心点结果。图中不同的符号表示不同的聚类族，图 8-19 和图 8-20 中的"▽"表示各个族的几何中心。由图 8-18、图 8-19、图 8-20 比较可知：对于族间距较小、直径大小不一的球形样本，FCM 聚类算法和样本集 1 遗传—中心点聚类失效，而基于生长树的遗传聚类算法取得正确的聚类结果。

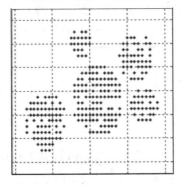

图 8-17　样本集 1

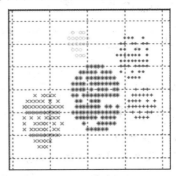

图 8-18　样本集 1 生长树聚类结果

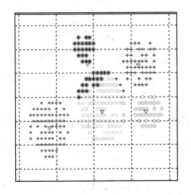

图 8-19　样本集 1 FCM 聚类

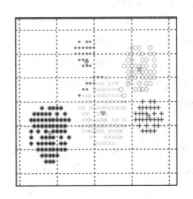

图 8-20　样本集 1 遗传—中心点结果

样本集 2：包括 242 个二维平面上的点，由 4 个互不重叠、大小不一的球状和带状图形组成，如图 8-21 所示。样本 2 基于生长树的遗传聚类算法结果如图 8-22 所示。

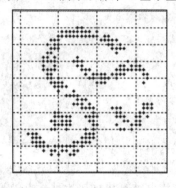 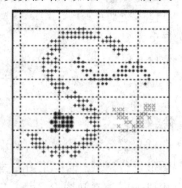

图 8-21　样本集 2　　　　　　　　　　图 8-22　样本集 2 的生长树

样本集 3：包括 227 个二维平面上的点，由 4 个互不重叠、大小不一更为复杂的图形组成，如图 8-23 所示。样本集 3 基于生长树的遗传聚类算法结果如图 8-24 所示。

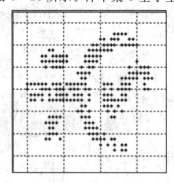 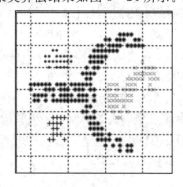

图 8-23　样本集 3　　　　　　　　　　图 8-24　样本集 3 生长树

从图中可以看出：样本集 2 和样本集 3 的传统基于目标函数的聚类算法完全失效。

2. 基于障碍物约束的遗传－中心点聚类算法研究

1）问题提出

目前的聚类方法假设样本间是可以直达的，一般采用样本间的直线距离来衡量样本间或族间的相似性，忽略了障碍物的约束条件。然而现实世界并非如此，假如要在一个城市为给定数目的自动提款机（即 ATM）选址，为了使得整个服务网络最优，可以对城市所有的居民点按照空间位置特征进行聚类，聚类的中心点即可作为动提款机位置，但同时应该考虑城市中的河流、湖泊、高山和围墙等障碍物的约束作用。如图 8-25 所示，一条河流流经某一城市，符号"x"表示各个居民点的位置，若忽略了障碍物的约束条件，则得到图 8-26 的聚类结果，这显然是不符合实际或者是对实际的一种扭曲。有关文献界定了在障碍物约束下的聚类问题（Clustering with Obstructed Distance，COD），并且提出了 COD-CLEARNS 算法。COD-CLEARNS 算法的核心思想：在顾及障碍物约束的条件下计算任意两样本点的最近距离，将采样技术和 PAM 相结合，通过迭代的方法来完成在障碍物约束下的聚类问题。该算法属于划分方法中 k-中心点类型的算法，实质是一种局部速搜算法。因而，该算法存在如下缺陷：① 容易陷入局部极小值。② 聚类结果对初始化敏感。

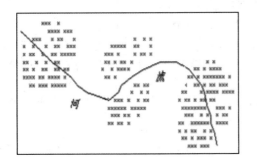

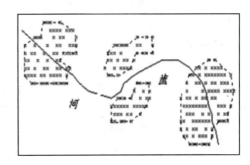

图 8-25 样本分布及约束条件　　　　图 8-26 忽略障碍物约束的聚类

有关文献以基于密度的算法(DBSCAN)为基础,用多边形表示各种形状、大小的障碍物,并对多边形进行了约简,提出了 DBClu0C(Density-Based Clustering with Obstacles Constraints)算法。这一算法属于基于密度的方法类型,需要用户确定参数 ε 和 MinPts。DBC1u0C 算法存在如下缺陷:

① 该算法对参数的设置非常敏感,且依赖经验确定。

② 密度算法是根据样本空间分布密度来发现自然聚类,与服务设施选址这类聚类问题的目标不相符。基于以上分析,面对基于障碍物约束的聚类问题,定义了障碍物描述、直接可达距离、间接可达距离的概念。随机选择 k 个样本作为聚类中心点,以距各中心点的可达距离为样本划分依据,以类内平方误差和(WGSS)为聚类目标函数,引入遗传算法,提出一种基于障碍物约束的遗传-中心点聚类算法。最后,通过实例进行了算法测试,并与 k-中心点算法进行比较。

2) 基本概念

(1) 障碍物描述。障碍物的存在直接影响聚类结果,障碍物有各种不同的形状,如:河流、湖泊、高山和高速公路等,但它们总可以用任意多边形来逼近并描述它。

图 8-27(a)中的山体可以用相应的多边形 1 来表示,图 8-27(b)中的河流以桥头为界,可以使用多边形 2、多边形 3 来表示。为便于计算机来储存和管理,采用矢量空间数据结构[4]来表示每一多边形。设 $Y = \{Y_1, Y_2, \cdots, Y_{n_2}\}$ 为障碍物所对应的多边形集合,多边形 $Y_k = \{y_{k1}, y_{k2}, \cdots, y_{ks}\}(1 \leqslant k \leqslant n_2)$ 由一系列有序空间点组成,空间点对应的坐标为 $y_{km} = (y_{km1}, y_{km2})^{\mathrm{T}} \in R^2 (1 \leqslant m \leqslant s)$。

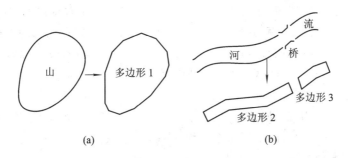

(a) 　　　　　　　　　　(b)

图 8-27 障碍物的描述

(2) 可达距离定义。障碍物的存在必然影响样本点间的空间距离。样本距各个聚类中心点(从样本点中选择的一组点)的距离是样本划分的依据,也是聚类质量评价的基础。

(3) 直接可达矩阵。障碍物的存在使得一些样本点间不能直接通达,引入直接可达矩阵来描述样本间的通达性。

在二维平面空间,设 $X = \{x_1, x_2, \cdots, x_{n_1}\} \subset R^2$ 为待聚类样本的全体(称为论域)。任意两样本点 $x_i, x_j \in X$,其对应的空间坐标为 x_{i1}, x_{i2} 和 x_{j1}, x_{j2},障碍物多边形的一条边所对应的相邻顶点为 $y_{km}, y_{k(m+1)}$ $(1 \leqslant m \leqslant s)$,其对应的坐标为 y_{km1}, y_{km2} 和 $y_{k(m+1)1}, y_{k(m+1)2}$。边 $\langle x_i, x_j \rangle$ 连线的方程为 $a_1 \times x_1 + b_1 \times x_2 + c_1 = 0$;边 $\langle y_{km}, y_{k(m+1)} \rangle$ 连线的方程为 $a_2 \times x_1 + b_2 \times x_2 + c_2 = 0$。边 $\langle x_i, x_j \rangle$ 和边 $\langle y_{km}, y_{k(m+1)} \rangle$ 的空间关系可分为三种情况(如图 8-28 所示):交叉、单点重合、不相交。

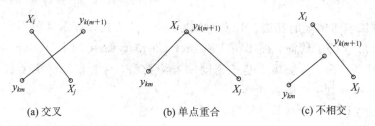

(a) 交叉　　　　　　　　(b) 单点重合　　　　　　　(c) 不相交

图 8-28　两线段的空间关系

按照解析几何的知识,若边 $\langle x_i, x_j \rangle$ 和边 $\langle y_{km}, y_{k(m+1)} \rangle$ 满足如下条件:

$$\begin{cases} (a_1 \times y_{km1} + b_1 y_{km2} + c_1) \times (a_1 \times y_{k(m+1)1} + b_1 y_{k(m+1)2} + c_1) < 0 \\ (a_2 \times x_{i1} + b_2 x_{i2} + c_2) \times (a_2 \times x_{j1} + b_2 x_{j2} + c_2) < 0 \end{cases} \tag{8.4}$$

则交叉。否则为单点重合或不相交。

如果两点间的连线不与所有多边形的边相交,则两点是直接通达的,否则是间接通达的。没有不通达的情况存在。

若空间上有 n 个待聚类的样本点,而障碍物多边形集合由 s 个点组成,则直接可达矩阵 $A_{(n+s) \times (n+s)}$ 为一个 $(n+s)$ 阶方阵,a_{ij} $(1 \leqslant i \leqslant (n+s), 1 \leqslant j \leqslant (n+s))$ 为直接可达矩阵元素,则:

$$a_{ij} = \begin{cases} 1 & \text{if} \quad \text{边} \langle x_i, x_j \rangle \text{ 与} \langle y_{km}, y_{k(m+1)} \rangle \text{不满足}(1) \text{式,且 } i \neq j \\ 1 & \text{if} \quad x_i \text{ 和 } x_j \text{ 为障碍物多边形相邻顶点} \\ 0 & \text{if} \quad i = j \text{ 或其他情况} \end{cases} \tag{8.5}$$

(4) 可达距离定义。根据直接可达矩阵、聚类的样本点和障碍物多边形顶点的空间坐标即可计算样本点间、样本点与障碍物顶点间及其障碍物相邻顶点间的直接可达距离。几何定理已经证明:两点间直线最短。直接可达距离就是两点间的最短距离。由于有障碍物的存在,使得一些样本点不能直接可达,则以直接可达距离为基础,使用一些样本点或障碍物多边形顶点作为传递点,来计算间接可达距离。由于选取不同的传递点(即计算路径不同),则间接可达距离有不同的取值。按照聚类的实际应用,间接可达距离应该是按照最短路径所计算的距离。两点间最短路径的计算可参见有关文献来完成。

3) 基于障碍物约束的遗传聚类基本思想

样本划分方法:在待聚类样本集合中,随机选择与聚类数目相同个数的样本点作为聚类中心点,其余待聚类样本点根据距各个聚类中心点的可达距离,划分给最近的中心点,这样就完成了样本的划分。

目标函数：目标函数对应于遗传算法中的适应度函数。

设 $U=[\mu_{ik}]_{c\times n}$ 为硬划分矩阵，其中 c 为聚类数，n 为样本数。某一次划分的聚类中心点集 $p=\{p_1, p_2, \cdots, p_c\}$。按照样本划分方法，则：

$$u_{ik}=\begin{cases}1 & d_{p_ik}=\min\{d_{p_1k}, d_{p_2k}, \cdots, d_{p_ck}\}\\ 0 & 其他\end{cases}(k=1, 2, \cdots, n);(i=1, 2, \cdots, c)$$

(8.6)

式中，d_{p_ik} 表示第 i 类中样本 x_k 与第 i 类中心点 p_i 之间的可达距离。

若以类内平方误差和(WGSS)为聚类目标函数，则聚类的目标函数为

$$f(U, P)=\sum_{k=1}^{n}\sum_{i=1}^{c}\mu_{ik}(d_{p_ik})^2$$

(8.7)

染色体编码：基于遗传算法聚类的关键是如何将聚类问题的解编码到基因串中。基于以上分析，目标函数与聚类中心点集 P 和样本的划分矩阵 U 有关，而划分矩阵 U 又与聚类中心点集 P 相关。因而，使用遗传算法来求解这一聚类问题可以直接对聚类中心点进行编码。

若采用自然编码方案，则染色体编码为

$$b=\{Num_{p_1}, Num_{p_2}, \cdots, Num_{p_i}, \cdots, Num_{p_c}\}$$

(8.8)

其中，$Num_{p_i}(1\leqslant Num_{p_i}\leqslant n)$ 表示聚类中心点 $p_i(i=1, 2, \cdots, c)$ 取自样本集中第 Num_{p_i} 个样本。

4）基于障碍物约束的遗传—中心点聚类算法

算法 8.2　基于障碍物约束的遗传—中心点聚类算法。

输入：聚类数目 K，包含 n 个待聚类样本的空间数据库和障碍物多边形矢量空间数据库。

输出：K 个子集和聚类中心点集，使类内平方误差和(WGSS)最小。

方法：

(1) 设置 GA 相关参数，包括最大迭代次数、群体大小、交叉概率、变异概率；

(2) 群体初始化，按照染色体编码方案对染色体群体进行初始化；

(3) 群体评价，对染色体进行解码，获得聚类中心点 p_i，基于可达距离对样本集进行划分，采用类内平方误差和(WGSS)对染色体群体进行评价；

(4) 染色体选择，依据评价结果，选择较优的染色体，进行下一步操作；

(5) 染色体交叉；

(6) 染色体变异；

(7) 染色体保留；

(8) 中止条件检验，如果小于最大迭代次数，则转向(3)，否则停止迭代，输出目前样本集划分结果。

5）算法测试

为了测试本文提出的聚类算法的有效性，使用 MATLAB 语言编制了相应的计算机程序。参照文献的试验方法，人工设计两个数据集(如图 8 - 29、图 8 - 30 所示)进行基于障碍物约束的遗传—中心点聚类算法测试，并与忽略障碍物约束的 k-中心点聚类算法的聚类结

果进行比较。遗传算法中参数设置：染色体群体大小为 30；最大迭代次数为 500 次；交叉概率为0.7；变异概率为 0.05。

数据集 1 由 100 个聚类样本点，13 个障碍物多边形组成。其空间分布如图 8-29 所示。在顾及障碍物约束的条件下，当聚类数目为 4，染色体群体在 270 代时达到最优值 6295.7011，聚类结果如图 8-30 所示。在忽略障碍物约束的条件下，聚类数目为 4，k-中心点聚类算法的最优值为 5418.7488，聚类结果如图 8-31 所示。

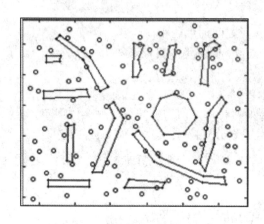 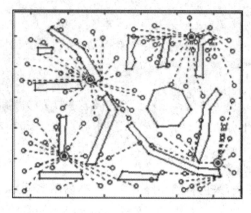

图 8-29　数据集 1 样本及障碍物分布　　　　图 8-30　数据集 1 顾及障碍物的聚类

数据集 2 由 100 个聚类样本点、10 个障碍物多边形组成。其空间分布如图 8-32 所示。在顾及障碍物约束的条件下，聚类数目为 4，染色体群体在 179 代时达到最优值为 7431.9425，聚类结果如图 8-33 所示。忽略障碍物约束的条件下，聚类数目为 4，k-中心点聚类算法的最优值为 5085.0993，聚类结果如图 8-34 所示。

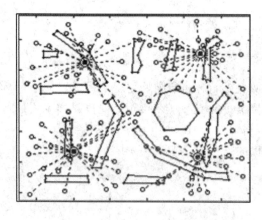

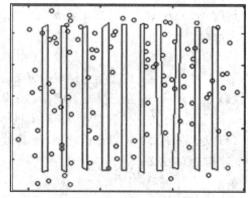

图 8-31　数据集 1 的 k-中心点聚类　　　　图 8-32　数据集 2 的样本及障碍物分布

图 8-30、图 8-34 中样本点与聚类中心点间的最短路径没有跨越障碍物，表明该方法满足障碍物约束条件。顾及障碍物约束聚类的目标函数可以理解为城市居民和企业到服务中心接受所有服务的交通总成本。在相同的条件下，忽略障碍物约束时的聚类目标函数小于顾及障碍物约束时的聚类目标函数，这也正是改善基础设施能提高城市的运行效率、降低整个城市社会总成本的有力证据。

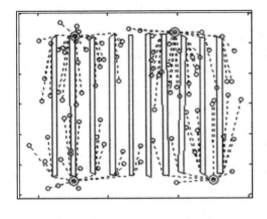

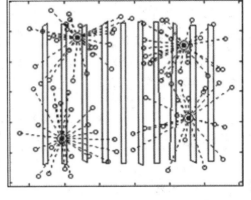

图 8-33　数据集 2 顾及障碍物的聚类　　　　　图 8-34　数据集 2 的 k-中心点聚类

3. 满足邻接条件的聚类算法

1）问题的提出

满足空间邻接条件的聚类是在聚类的同时必须保持样品之间的位置关系不变。例如，在河流污染分段治理工程中，首先等间距采样、化验；然后在按照污染指标进行聚类时，必须将空间上相邻的样本聚为一类，如图 8-35 所示。又如，包含时间序列的样品（如经济发展历史数据）的排列顺序是由时间的前后顺序决定的，对这类样品进行聚类（发展阶段划分）时，必须把时间上相邻的样品聚为一类。这样的条件称为一维邻接条件。按照地域消费指标进行区域消费水平划分时，每个样品对应于一定的地理位置，在聚类时应把地理空间上相邻的样品聚为一类，这样便于制定区域发展政策和产品销售策略，如图 8-36 所示。这种条件称为 2 维邻接条件。满足邻接条件的聚类方法又称为有序聚类方法。

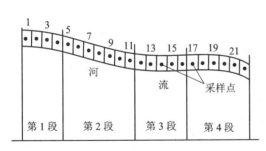

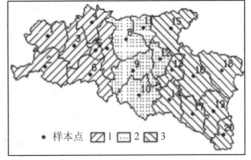

图 8-35　河流污染分段示意图　　　　　图 8-36　满足临界条件的聚类

费歇（Fishen w. D.）于 1958 年提出了一种满足一维邻接条件的聚类方法，称为具有最大同质性的聚类方法，国内文献也称为最优分割法。在满足一维邻接条件的聚类方法中，尽管费歇方法存在不足，但仍被认为是目前最好的，它可以得到全局最优解。方开泰教授于 1982 年定义了满足二维邻接条件下的聚类，并提出了相应的算法。他的算法近似于系统聚类：首先假定 N 个样品各成一类，然后在满足邻接条件下，逐步进行合并这些类，直到不能合并为止。这一方法尽管能够完成满足二维邻接条件的聚类，但是聚类结果仅仅是局部最优解，并非全局最优解，同时计算过程较为复杂。基于以上分析，从聚类概念出发，重新定义了满足二维邻接条件的聚类概念。面对满足空间邻接条件的聚类问题，定义了邻接矩阵的概念。以邻近距离和邻接矩阵为样本划分依据，以类内平方误差和（WGSS）为聚类目标函数，引入遗传算法，提出满足空间邻接条件的遗传聚类算法。最后，通过实例进行了算法测试，并与模糊聚类（FCM）结果进行比较。

2）基本概念

（1）一般聚类定义。

设 $X=\{x_1, x_2, \cdots, x_n\} \subset R^s$ 为待聚类样本的全体（称为论域），$x_k=(x_{k1}, x_{k2}, \cdots, x_{km})^T \in R^m$ 为观测样本 x_k 的特征矢量或模式矢量，对应特征空间中的一个点，x_{kj} 为特征矢量 x_k 的第 j 维特征取值。聚类就是通过分析论域 X 中的 n 个样本所对应模式矢量间的相似性，按照样本间的亲疏关系把 x_1，x_2，$\cdots$，x_n 划分成 c 个子集（也称为族）X_1，X_2，$\cdots$，X_c，并满足如下条件：

$$\begin{cases} X_1 \bigcup X_2 \bigcup \cdots \bigcup X_n = X \\ X_i \bigcap X_j \neq \Phi, 1 \leqslant i \neq j \leqslant c \\ X_i \neq \Phi, X_i \neq X, 1 \leqslant i \leqslant c \end{cases} \tag{8.9}$$

（2）满足空间邻接条件的聚类定义。

① 满足一维邻接条件的聚类：设有 n 个样品 $X=\{x_1, x_2, \cdots, x_n\}$，简单地记作 $\{1, 2, \cdots, n\}$。如果把它们分成若干类，且每类形式如下：

$$\{i, i+1, i+2, \cdots, j\}, \quad 1 \leqslant i \leqslant j \leqslant n \tag{8.10}$$

那么就称这种分类满足一维邻接条件。这时样品的序号不再仅仅是一种记号，而是标志着各个样品之间的某种排列次序，例如：时间上的先后次序、空间上的前后次序或左右次序、地层上的深浅次序等等。每一类中各个样品的序号必须是相邻的。

② 满足 2 维邻接条件的聚类：如图 8-37 所示，设 n 个样品 $X=\{x_1, x_2, \cdots, x_n\} \subset R^{m+2}$，每个样品点具有 $m+2$ 个特征，即

$$x_k = \{y_{k1}, y_{k2}, x_{k1}, x_{k2}, \cdots, x_{km}\} \in R^{m+2}, k = 1, 2, \cdots, n \tag{8.11}$$

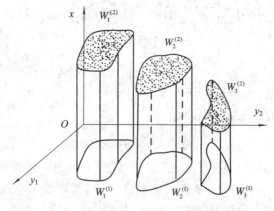

图 8-37　二维邻接条件示意图（原特征数 m 取 1）

前两个特征为在地理空间 oy_1y_2 中的坐标。现在要将它们分为 c 类：X_1，X_2，$\cdots$，X_c，它们在平面坐标系 oy_1y_2 中相应的投影（由前两个特征 y_1、y_2 表示）被分成 c 类：$W_1^{(1)}$，

$W_2^{(1)}$，$\cdots$，$W_c^{(1)}$，它们在原有特征空间的投影（由后 m 个特征表示）也被分成 c 类：$W_1^{(2)}$，$W_2^{(2)}$，$\cdots$，$W_c^{(2)}$。要求：① $W_1^{(1)}$，$W_2^{(1)}$，$\cdots$，$W_c^{(1)}$ 满足二维邻接条件；② $W_1^{(2)}$，$W_2^{(2)}$，$\cdots$，$W_c^{(2)}$ 在某种准则下最优（如：以类内平方误差和（WGSS）最小）。在满足二维邻接条件的聚类中，样品点 $m+2$ 个特征在聚类中的作用是不同的，前两个特征 y_1 和 y_2 仅仅起到邻接约束作用，而后 m 个特征和一般的聚类特征相同。

（3）邻接矩阵。

样本点间的邻接关系，可使用邻接矩阵（Adjacency Matrix）来表示。邻接矩阵定义如下：

设 $X=\{x_1，x_2，\cdots，x_n\}\subset R^s$ 为待聚类样本的全体，邻接矩阵 $A_{n\times n}$ 为 $n\times n$ 的矩阵，$a_{ij}(1\leqslant i\leqslant n，1\leqslant j\leqslant n)$ 为邻接矩阵元素，则：

$$a_{ij}=\begin{cases}1 & \text{if} \quad \text{样本 } x_i \text{ 和 } x_j \text{ 邻接，且 } i\neq j \\ 0 & \text{if} \quad \text{样本 } x_i \text{ 和 } x_j \text{ 不邻接，且 } i\neq j \\ 0 & \text{if} \quad i=j\end{cases} \qquad (8.12)$$

邻接矩阵 $A_{n\times n}$ 是一个对称矩阵，表示样本集 $X=\{x_1，x_2，\cdots，x_n\}$ 中所有样本间的邻接关系，它是在满足二维邻接条件下，进行聚类时样本划分的依据之一。图 8-36 中共有 19 个样本，则其邻接矩阵为 19×19 的矩阵，如表 8-1 所示。

表 8-1　邻 接 矩 阵

样本编号 \ 样本编号	1	2	3	4	5	6	7	8	9	10	11	12	13	14	15	16	17	18	19
1	0	1	1	0	0	0	0	0	0	0	0	0	0	0	0	0	0	0	0
2	1	0	1	0	1	0	0	0	0	0	0	0	0	0	0	0	0	0	0
3	1	1	0	1	1	0	0	0	0	0	0	0	0	0	0	0	0	0	0
4	0	0	1	0	1	1	1	0	0	0	0	0	0	0	0	0	0	0	0
5	0	1	1	1	0	1	0	1	0	0	0	0	0	0	0	0	0	0	0
6	0	0	1	1	1	0	0	0	0	0	0	0	0	0	0	0	0	0	0
7	0	0	0	0	1	0	1	0	1	0	0	1	0	0	0	0	0	0	0
8	0	0	0	0	1	0	0	0	0	0	0	0	0	0	0	0	0	0	0
9	0	0	0	0	1	1	1	0	0	1	1	0	1	1	0	0	0	0	0
10	0	0	0	0	0	0	0	0	1	0	0	1	0	0	0	0	0	0	0
11	0	0	0	0	0	0	0	0	1	0	0	1	0	0	0	0	0	0	0
12	0	0	0	0	0	0	1	0	0	1	1	0	1	0	0	0	0	0	0
13	0	0	0	0	0	0	0	0	1	0	0	1	0	1	1	0	0	0	0
14	0	0	0	0	0	0	0	0	1	0	0	0	1	0	1	0	0	0	0
15	0	0	0	0	0	0	0	0	0	0	0	0	1	1	0	1	1	0	1
16	0	0	0	0	0	0	0	0	0	0	0	0	0	0	1	0	1	0	0
17	0	0	0	0	0	0	0	0	0	0	0	0	0	0	1	1	0	1	1
18	0	0	0	0	0	0	0	0	0	0	0	0	0	0	0	0	1	0	1
19	0	0	0	0	0	0	0	0	0	0	0	0	0	0	1	0	1	1	0

3) 基本思想

样本划分方法：如果把聚类的过程看做各个族在凝结中心点的引导下，不断凝结形成的过程，那么满足二维邻接条件的聚类过程可以这样来描述：

（1）随机为各个聚类族选择凝结中心点。图 8-38 中 3、9、16 被选作三个族的凝结点中心点，用图例中符号 1、符号 2 和符号 3 表示，其余点称为非凝结点，用图例中符号 0 表示。在平面坐标系 oy_1y_2 中，计算各个凝结点与所有非凝结点的距离。每一个凝结中心点在一种公平的环境下，即按照邻接（与凝结中心点邻接）、邻近（与凝结中心点距离最近）原则在非凝结点中寻找待扩展凝结点。在待扩展的非凝结点中，选择一个与其凝结中心点距离最小的点共同形成一个凝结区。

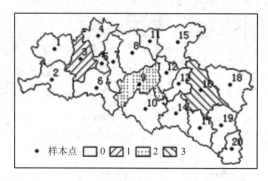

图 8-38　凝结中心点

（2）在平面坐标系 oy_1y_2 中，计算各个凝结区的凝结中心点与其余非凝结点的距离。每一个凝结区的中心点在一种公平的环境下，即按照邻接（与凝结区内任意点邻接即可）、邻近（与凝结区的凝结中心点距离最近）原则在非凝结点中寻找待扩展非凝结点，在待扩展凝结点中，选择一个与其凝结区的凝结中心点距离最小的点共同形成一个新的凝结区。

（3）若存在非凝结点，转向（2）；若全部变为凝结区，则样本划分结束。

以图 8-36 为例，其对应的邻接矩阵如表 8-1 所示，以 3、9、16 点为凝结中心点（如图 8-38 所示），经过 8 次迭代所形成的凝结区如图 8-39 所示，最终样本划分结果如图 8-40 所示。图 8-38、图 8-39 和图 8-40 依次描述了各个簇在凝结中心点的引导下，凝结形成的过程。从图 8-40 可以看出，这一样本划分方法能保证同一聚类族中的样本间相互邻接关系。

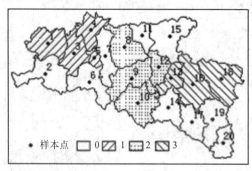

图 8-39　迭代 8 次的凝结区

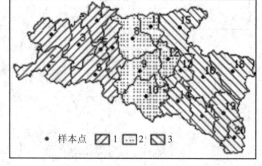

图 8-40　最终样本划分结果

目标函数：目标函数对应于遗传算法中的适应度函数。

假设 $U = [\mu_{ik}]_{c \times n}$ 为硬划分矩阵，其中 c 为聚类数，n 为样本数。凝结中心点集 $P = \{p_1, p_2, \cdots, p_c\} \subset R^{m+2}$，按照样本划分方法，则：

$$u_{ik} = \begin{cases} 1 & d_{p_i k} = \min\{d_{p_1 k}, d_{p_2 k}, \cdots, d_{p_c k}\}, \text{且与 } p_i \text{ 所在的凝结区邻接} \\ 0 & \text{其他} \end{cases} \tag{8.13}$$

式中，$d_{p_i k}$ 表示第 i 类中样本 x_k 与第 i 类的凝结区中心点 p_i 在平面坐标系 $oy_1 y_2$（由前两个特征 y_1、y_2 组成）中的距离。

聚类准则是类内平方误差和最小化，则聚类的目标函数为

$$f(U, P) = \sum_{k=1}^{n} \sum_{i=1}^{c} \mu_{ik}(d_{ik})^2 \tag{8.14}$$

式中，d_{ik} 表示第 i 类中样本 x_k 与第 i 类的凝结区中心点在原有特征空间（由后 m 个特征组成）上的距离。

基于遗传算法聚类的关键是如何将聚类问题的解编码到基因串中。由前面分析可知：目标函数与聚类中心点集 P 和样本的划分矩阵 U 有关，而划分矩阵 U 又与聚类中心点集 P 相关。因而，使用遗传算法来求解这一聚类问题可以直接对凝结点中心点进行编码。

若采用自然编码方案，则染色体编码为

$$b = \{Num_{p_1}, Num_{p_2}, \cdots, Num_{p_i}, \cdots, Num_{p_c}\} \tag{8.15}$$

其中，$Num_{p_i}(1 \leqslant Num_{p_i} \leqslant n)$ 表示凝结中心点 $p_i(i = 1, 2, \cdots, c)$ 取自样本集中第 Num_{p_i} 个样本点。

4）满足空间邻接条件的遗传聚类算法

算法 8.3　满足空间邻接条件的遗传聚类算法。

输入：聚类数目 K，包含 n 个待聚类样本的数据库。

输出：K 个子集，使类内平方误差和最小（由后 m 个特征计算）。

方法：

（1）设置 GA 相关参数，包括最大迭代次数、群体大小、交叉概率、变异概率；

（2）群体初始化，按照染色体编码方案对染色体群体进行初始化；

（3）群体评价，对染色体进行解码，获得凝结中心点 p_i，基于样本划分方法对样本集进行划分，计算类内平方误差和，并对染色体群体进行评价；

（4）染色体选择，依据评价结果，选择较优的染色体；

（5）染色体交叉；

（6）染色体变异；

（7）染色体保留；

（8）中止条件检验，如果小于最大迭代次数，则转向（3），否则停止迭代，输出目前样本集划分结果。

5）算法测试

以陕西省所辖市县为统计单位，选取人均消费品额和人均城乡存款额作为非空间聚类特征。从 1：400 万国家基础地理信息中选取陕西省范围内的基础地理信息。选用地理信息系统 ArcGIS8.3 软件，以 1：400 万陕西省基础地理信息、陕西省各个县市总人口、消费品总额、城乡存款总额数据为基础建立空间信息系统，利用 ArcGIS8.3 软件功能求算各县市中心点坐标。

将各县市的名称、编号、X 坐标、Y 坐标、总人口、消费品总额、城乡存款总额指标、各个县市的中心点坐标及各个县市的邻接多边形编号输出为 ∗.Text 文本文件。

依照本文的算法使用 MATLAB 语言编制相应的计算机程序，读取 ArcGIS8.3 软件输出的 ∗.Text 文本文件。求算各个县市人均消费品总额和城乡存款总额。为了消除不同的非空间特征对聚类结果的贡献不同，对非空间特征按照式(8.16)进行标准化处理。

$$\hat{x}_{kj} = \frac{x_{kj} - \min(x_j)}{\max(x_j) - \min(x_j)} \quad (k = 1, 2, \cdots, n);\ (j = 1, 2, \cdots, m) \qquad (8.16)$$

式中，k 为样本个数；m 为非空间特征数；x_{kj} 为第 k 个样本在第 j 个非空间特征上的取值；$\hat{x}_{kj}$ 为第 k 个样本在第 j 个非空间特征上的标准化取值；$\min(x_j)$、$\max(x_j)$ 分别为第 j 个非空间特征的最小值和最大值。经过标准化处理，使得非空间特征的取值均在[0，1]区间。

数据经过标准化处理后，即可进行满足二维邻接条件聚类。

将聚类结果输出为 ∗.Text 文本文件，使用 ArcGIS8.3 读取该文本文件，并与陕西省各县市属性数据表链接(Join)，使用 ArcGIS8.3 空间表达功能表示满足二维邻接条件的聚类结果。

遗传算法参数设置：染色体群体大小为 30；最大迭代次数为 500 次；交叉概率为 0.7；变异概率为 0.05。在满足二维邻接条件下，聚类数目为 5，染色体群体在 143 代时达到最优值 8.68，聚类结果如图 8-41 所示。在不顾及二维邻接条件下，聚类数目为 5，采用 FCM 聚类方法得到的最优值为 4.54，聚类结果如图 8-42 所示。从图 8-41 中可以看出同一个族的样本是相互邻接的，而图 8-42 中 FCM 算法的聚类结果并不满足这一条件。从聚类的目标函数比较可知，后者的最优目标函数值小于前者，这就是顾及了二维邻接条件，而牺牲了部分目标函数值。

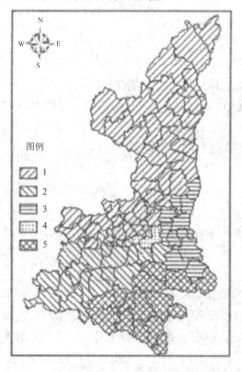

图 8-41　满足二维邻接条件的聚类结果

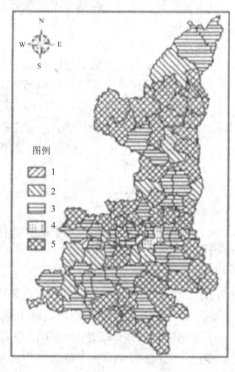

图 8-42　FCM 聚类结果

4. 基于 GIS 的空间聚类算法研究

1) 问题提出

目前的聚类方法隐含两个假设：

(1) 样本间是可以直达的，一般采用样本间的直线距离来衡量样本间的相似性，忽略了障碍物的约束条件。

(2) 所有样本是等权的，即所有样本的重要性、代表性是相同的。

然而空间数据并不具备这样的假设条件。假如要在一个城市为给定数目的自动提款机（即 ATM）选址，可以对城市所有的居民点按照空间位置特征进行聚类，各个簇的中心点即可作为自动提款机位置。在这一聚类过程中，由于城市中的河流、湖泊、高山等障碍物的约束作用，各居民点并非沿着直线，而是沿着一定的道路或网络到达到簇的中心点。各居民点由于总人口不同，居民点在聚类过程中的重要性是不同的。显然对于空间数据按照目前的聚类方法进行聚类不符合实际或者是对实际的一种扭曲。目前的一些算法尽管解决了在障碍物约束下的聚类问题，但存在如下缺陷：

(1) 在为数不多的假定障碍物约束下进行空间聚类。

(2) 没有考虑空间样本的权重。

(3) 相邻空间样本按照直线距离来计算样本间的相似性。

这些缺陷使得空间聚类结果与实际仍然存在较大的差距。在现实生活中，人们总是通过修路、架桥、开凿隧道和开通水运或者航线等手段来克服障碍物约束，而人流、物流、信息流总是沿着一定的路线（道路、航线和线路等）流动。空间数据除具有空间属性外，还具有非空间属性及其空间关系属性，具有复杂的数据结构。地理信息系统（GIS）是空间数据采集、管理、分析、建模和可视化的工具。空间数据管理、空间分析是 GIS 特有的功能。将 GIS 与聚类算法相结合，它能为聚类算法提供必要的空间数据管理和空间分析的技术支持，使得空间聚类更加符合实际情况。基于以上分析，面对目前的聚类方法的局限性和空间聚类的特殊性，从基于目标函数聚类的概念出发，以 GIS 的空间数据管理和空间分析为技术支持，探讨空间样本间直接可达距离、间接可达距离和可达成本的计算方法。随机选择 k 个样本作为聚类中心点，以空间样本距各聚类中心点的可达距离为样本划分依据，以各空间样本到其聚类中心点的可达成本总和为聚类目标函数，引入遗传算法，提出一种基于 GIS 的空间聚类算法。最后，通过实例进行算法测试。

2) 空间数据聚类的基础

(1) 基于目标函数的聚类模型。

设 $X = \{x_1, x_2, \cdots, x_n\} \subset R^s$ 为待聚类样本的全体（称为论域），$x_k = (x_{k1}, x_{k2}, \cdots, x_{ks})^T \in \boldsymbol{R}^s$ 为观测样本 x_k 的特征矢量或模式矢量，对应特征空间中的一个点，x_{kj} 为特征矢量 x_k 的第 j 维特征取值。

设 c 为聚类数，n 为样本数，聚类中心点集 $p = \{p_1, p_2, \cdots, p_c\} \subset R^s$，且 $P \subset X$，$U = [\mu_{ik}]_{c \times n}$ 为硬划分矩阵。若按照最近距离进行样本划分，则样本硬划分矩阵计算如下：

$$u_{ik} = \begin{cases} 1 & d_{p_ik} = \min\{d_{p_1k}, d_{p_2k}, \cdots, d_{p_ck}\} \\ 0 & \text{其他} \end{cases} \quad (k = 1, 2, \cdots, n); (i = 1, 2, \cdots, c)$$

$$(8.17)$$

式中，$d_{p,k}$ 表示样本 x_k 与中心点 p_i 之间的欧氏距离。

若以类内平方误差和（WGSS）最小化为聚类目标函数，则聚类的目标函数表示为

$$f(U, P) = \min\left\{\sum_{k=1}^{n}\sum_{i=1}^{c}\mu_{ik}(d_{p,k})^2\right\} \tag{8.18}$$

聚类就是通过分析论域 X 中的 n 个样本所对应的模式矢量间的相似性，按照样本间的亲疏关系，在满足式（8.18）的前提下，将 x_1，x_2，$\cdots$，x_n 划分成 c 个子集（也称为簇）X_1，X_2，$\cdots$，X_c，并满足如下条件：

$$\begin{cases} X_1 \bigcup X_2 \bigcup \cdots \bigcup X_n = X \\ X_i \bigcap X_j = \Phi, 1 \leqslant i \neq j \leqslant c \\ X_i \neq \Phi, X_i \neq X, 1 \leqslant i \leqslant c \end{cases} \tag{8.19}$$

（2）基于 GIS 的空间聚类样本表达。

空间待聚类样本可以抽象为空间上的点和点间的弧段，如图 8-43（a）所示。空间上的点除了具有空间属性外，还具有非空间属性及其空间关系属性（拓扑关系、距离关系和方位关系）。由于空间上的点并非假想的均质平原上的点，而是实际地理空间上的点，必然受到一些障碍物的约束，并通过特定的网络来连接。地理信息系统作为管理和分析空间数据的工具，它按照主题图方法来描述空间对象。对于待聚类的空间样本，可用点、线两个主体图来描述。例如：使用点主题图层表示空间样本点，它的综合属性表如图 8-43（b）所示，表中第二列表示空间样本点的空间属性（如空间坐标等），其余表示空间样本点的非空间属性（如居民点的人口、地价等）。使用线图层表示空间样本点间的空间关系，它的综合属性表如图 8-43（c）所示，第二列表示弧段的空间属性（如构成弧段的所有点的空间坐标对），其余表示弧线段的非空间属性（如弧段长度、起始端点号等）。

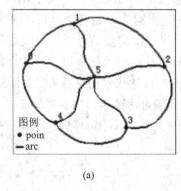

FID	Shape*	人口	土地价格
0	Point	p0	w0
1	Point	p1	w1
2	Point	p2	w2
3	Point	p3	w3
4	Point	p4	w4
5	Point	p5	w5

FID	Shape*	弧线长度	端点号
0	Polyline	81.2179	0-1
1	Polyline	140.473	1-2
2	Polyline	111.447	2-3
3	Polyline	107.461	3-4
4	Polyline	89.9860	4-0
5	Polyline	92.0159	0-5
6	Polyline	70.7023	1-5
7	Polyline	91.9328	5-2
8	Polyline	78.7259	5-3
9	Polyline	79.1929	5-4

图例
• poin
— arc

（a）　　　　　　　　　（b）　　　　　　　　　（c）

图 8-43　GIS 对空间聚类样本的表达

（3）可达距离和可达成本的定义。

障碍物的存在使得空间样本间通过弧段相连接，它们之间的距离并非是两点间的直线距离，而是弧段长度的代数和。样本距各个聚类中心点（从样本点集中选择的一组点）的距离是样本划分的依据，也是聚类质量评价的基础。

在空间样本点中，有一些点是直接可达的，如图 8-43（a）中的 0 和 1、0 和 5、0 和 4 空间样本点之间，另外一些点是借助其他空间点间接可达的，如图 8-43（a）中的 1 和 3、0 和 2、4 和 2 空间样本点之间。

　　直接可达的空间样本点之间所对应的弧段长度称为直接可达距离。空间样本点 0 和 1 之间的直接可达距离可由 $\hat{d}_{01}$ 来表示。为了便于计算，特作如下的约定：

$$\hat{d}_{ij(直)} = \begin{cases} 0 & i = j \\ \hat{d}_{ij} & i \text{ 和 } j \text{ 之间直接通达} \\ \infty & i \text{ 和 } j \text{ 之间间接通达} \end{cases} \tag{8.20}$$

　　GIS 软件一般可以计算直接可达空间样本点间的弧段长度。按照(8.20)式的定义可以构造空间样本点直接可达矩阵，它是一个对称矩阵。图 8-43 中的空间样本点的直接可达矩阵如表 8-2 所示。

　　以其他空间点作为传递点而间接可达的空间样本点间的最短路径长度称为间接可达距离。

表 8-2　直接可达矩阵

点号＼点号	0	1	2	3	4	5
0	0	81.02	∞	∞	88.99	92.02
1	81.02	0	140.47	∞	∞	70.70
2	∞	140.47	0	111.45	∞	91.93
3	∞	∞	111.45	0	107.40	78.73
4	88.99	∞	∞	107.40	0	78.19
5	92.02	70.70	91.93	78.73	78.19	0

表 8-3　可 达 矩 阵

点号＼点号	0	1	2	3	4	5
0	0	81.21	183.94	170.73	88.99	92.02
1	81.21	0	140.47	148.42	148.89	70.70
2	183.94	140.47	0	111.45	171.12	91.93
3	170.73	148.42	111.45	0	107.40	78.73
4	88.99	148.89	171.12	107.40	0	78.19
5	92.02	70.70	91.93	78.73	78.19	0

　　以直接可达距离为基础，使用一些空间样本点或者接点(弧段连接点)作为传递点来计算间接可达距离。选取不同的传递点(即计算路径不同)，则路径长度不同。间接可达距离是按照最短路径所计算的弧段长度和，这是符合空间聚类实际的，因为某一个居民点的人到服务中心接受服务一般会选择最短路径到达。以直接可达矩阵为基础使用 Dijkstra 算法可以计算任意两样本点间的间接可达距离。任何两个空间样本点间总是可以通达的，也就是说不是直接可达，就是间接可达。空间样本点间直接可达距离和间接可达距离，统称为可达距离。由直接可达距离和间接可达距离可以构成任何两个空间样本点间的可达矩阵，它是一个对称矩阵。图 8-43 中的可达距离可以构成如表 8-3 所示的可达矩阵。

某一个居民点的人到服务中心接受服务的总成本不仅与可达距离相关，而且与居民点的总人口有关。空间样本点的权重与到某一特定空间样本点的可达距离的乘积称为该空间样本点到某一特定空间样本点的可达成本，计算公式如下：

$$Cost_{ij} = w_i \times \hat{d}_{ij} \tag{8.21}$$

式中，$Cost_{ij}$ 为空间样本点 i 到空间样本点 j 可达成本；w_i 为样本点 i 的权重；$\hat{d}_{ij}$ 为空间样本点 i 和 j 间可达距离。

3）基于 GIS 的空间聚类算法

（1）基本思想。基于 GIS 空间技术的空间聚类可以归纳为一个基于目标函数的优化问题。遗传算法是由美国 Holland 教授于 1975 年提出的，它是一种基于生物进化论和自然遗传学说的自适应、随机全局优化的并行算法，具有较强的鲁棒性，并具有收敛到全局最优的能力，对目标函数既不要求连续，也不要求可微。因而，使用遗传算法解决空间聚类问题具有明显的优势。

（2）样本划分方法：在待聚类样本集合中，随机选择与聚类数目相同个数的样本点作为聚类中心点，其余待聚类样本点根据距各个聚类中心点的可达距离，划分给最近的中心点，样本划分方法可按下式进行：

$$u_{ik} = \begin{cases} 1 & \hat{d}_{p_ik} = \min\{\hat{d}_{p_1k}, \hat{d}_{p_2k}, \cdots, \hat{d}_{p_ck}\} \\ 0 & \text{其他} \end{cases} \quad (k = 1, 2, \cdots, n); (i = 1, 2, \cdots, c) \tag{8.22}$$

式中，$\hat{d}_{p_ik}$ 表示样本 x_k 与聚类中心点 p_i 之间的可达距离。

（3）目标函数：目标函数对应于遗传算法中的适应度函数。所有空间样本点到其聚类中心点的可达成本总和的最小化可以作为空间聚类的目标函数。这样(8.22)式可改写为：

$$f(\boldsymbol{U}, \boldsymbol{P}) = \min\left\{\sum_{k=1}^{n}\sum_{i=1}^{c} w_k \mu_{ik} (\bar{d}_{p_ik})^2\right\} \tag{8.23}$$

（4）染色体编码：基于遗传算法聚类的关键是如何将聚类问题的解编码到基因串中。由(8.23)式可以看出目标函数与聚类中心点集 P 和样本划分矩阵 $\boldsymbol{U}$ 有关，而划分矩阵 $\boldsymbol{U}$ 又与聚类中心点集 P 相关。因而，使用遗传算法来求解这一聚类问题可以直接对聚类中心点进行编码。

若采用自然编码方案，则染色体编码为

$$b = \{Num_{p_1}, Num_{p_2}, \cdots, Num_{p_i}, \cdots, Num_{p_c}\}$$

其中 $Num_{p_i}(1 \leqslant Num_{p_i} \leqslant n)$ 表示聚类中心点 $p_i(i = 1, 2, \cdots, c)$ 取自样本集中第 Num_{p_i} 个样本。

4）基于 GIS 的空间聚类算法

算法 8.4　基于 GIS 的空间聚类算法。

输入：聚类数目 K，包含 n 个待聚类样本的空间数据库（点和网络图层）。

输出：空间样本划分矩阵 $\boldsymbol{U}$ 和聚类中心点集 P，使空间样本点间的可达成本总和最小。

方法：

（1）设置 GA 相关参数，包括最大迭代次数、群体大小、交叉概率、变异概率；

（2）群体初始化，按照染色体编码方案对染色体群体进行初始化；

（3）群体评价，对染色体进行解码，获得聚类中心点 p_i，基于可达距离对样本集进行划分，采用空间样本点的可达成本总和对染色体群体进行评价；

（4）染色体选择，依据评价结果，选择较优的染色体，进行下一步操作；

（5）染色体交叉；

（6）染色体变异；

（7）染色体保留；

（8）中止条件检验，如果小于最大迭代次数，则转向（3），否则停止迭代，输出空间样本划分矩阵 U 和聚类中心点集 P。

5）算法测试

为了测试本文提出的聚类算法的有效性，使用 MATLAB 语言编制了相应的计算机程序。以陕西省所辖市县为空间聚类样本点，以陕西省境内的道路网络为空间样本点的联接关系，以各县市总人口为空间样本点的权重。使用地理信息系统 ArcGIS8.3 软件建立空间信息系统，并将各县市总人口、县市间的直接可达矩阵输出为 ∗.Text 文本文件。使用 MATLAB 语言编制相应的计算机程序，读取 ∗.Text 文本文件，并计算各县市间的可达矩阵，进行空间聚类分析。最后将聚类结果通过 ArcGIS8.3 软件进行可视化表达。遗传算法中参数设置：染色体群体大小为 30；最大迭代次数为 500 次；交叉概率为 0.7；变异概率为 0.05。当聚类数目为 5 时，染色体群体在 223 代时达到最优值：5.3761×10^9，空间聚类结果如图 8-44 所示。

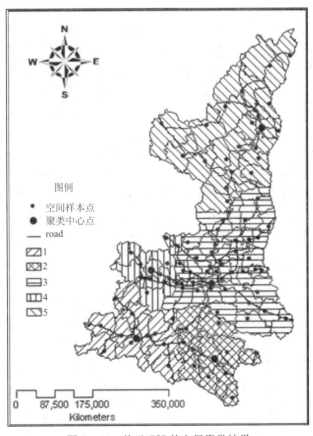

图 8-44　基于 GIS 的空间聚类结果

8.1.7　空间分类和空间趋势分析

空间分类分析空间对象，导出与一定空间性质（如区域、公路或河流的邻域）有关的分类模式。

【例8.3】　空间分类。假设根据平均家庭收入把区域按贫富分类。为此，要找出决定区域分类的重要的空间相关因素。许多特性都与空间对象相关联，如附近是否有大学、中小学等教育资源，交通发达程度，靠近湖泊或海洋，等等。这些特性可用于相关分析，找出有意义的分类模式。这样的分类模式可以用决策树或规则形式表示，如第4章所述。

空间趋势分析处理是另一类问题：如检测某一空间属性沿空间维上的变化和趋势。通常，趋势分析检测随时间而变化，如时间序列数据中时态模式的变化。空间趋势分析用空间替代时间，研究非空间或空间数据随空间的变化趋势。例如，观察当离城市中心越来越远时，经济形势的变化趋势，或随着离海洋的距离增加，气候或植被的变化趋势。对于此类分析，一般要利用空间数据结构和空间访问方法，使用回归和相关分析方法。

还有很多应用，其模式随时间和空间一起变化。例如，公路和城市中的交通流量是空间和时间相关的。气象模式也是与时间和空间紧密相关的。虽然在空间分类和空间趋势分析方面有一些研究，但是时空数据挖掘的研究仍处于初级阶段。空间分类和趋势分析的方法与应用，特别是与时间有关的方法与应用需要进一步探索。

8.2　文本数据挖掘

前面对数据挖掘的大部分研究主要针对结构化数据，如关系的、事务的和数据仓库数据。而事实上，可获取的大部分信息都存储在文本数据库（或文档数据库）中，由来自各种数据源的大量文档组成，如新闻文章、研究论文、书籍、数字图书馆、电子邮件消息和Web页面。由于电子形式的信息量的飞速增长，如电子出版物、各种电子文档、电子邮件和万维网（也可以视为巨大的、互联的、动态的文本数据库）等，文本数据库正在快速增长。现在，政府、工业、商业和其他机构的大部分信息都以文本数据库的形式存储。

存放在大部分文本数据库中的数据是半结构化数据，它们既不是完全非结构化的，也不是完全结构化的。例如，文档中可能包含一些结构化字段，如标题、作者、出版日期、类别等等，但也包含大量的非结构化文本成分，如摘要和内容。在近期数据库研究中，已有大量有关半结构化数据的建模和实现方面的研究。此外，已经开发了用来处理非结构化文档的信息检索技术，如文本索引方法。

传统的信息检索技术已经不适应日益增加的大量文本数据处理的需要。通常，在可以获得的大量文档中，只有很少一部分与给定的个体用户相关。如果不清楚文档中可能有什么，就很难形成有效的查询，从数据中分析和提取有用信息。用户需要使用工具来比较不同的文档，确定文档的重要性和相关，或找出多个文档的模式和趋势。因此，文档挖掘已经成为数据挖掘中一个日益流行而且重要的研究课题。

8.2.1　文本数据分析和信息检索

信息检索（Information Retrieval，IR）是一个与数据库系统并行发展多年的领域。与数据库系统不同，信息检索研究不是关注结构化数据的查询和事务处理，而是关心大量基于文本的文档信息的组织和检索。由于信息检索和数据库系统处理不同类型的数据，因此，数据库中的一些问题并不在信息检索系统中出现，如并发控制、恢复、事务管理和更新。同样，信息检索中的一些常见问题也不在传统的数据库系统中出现，如非结构化文档、基于关键词的近似搜索和相关概念等。

　　由于文本信息丰富，信息检索已经有了许多应用。现已有许多信息检索系统，如联机图书馆目录系统、联机文档管理系统和一些最近开发的 Web 搜索引擎。

　　信息检索的典型问题是根据用户查询，在文档集合中定位相关文档。用户查询通常是一些描述所需信息的关键词，也可能是一个相关文档的实例。在这样的搜索问题中，用户采取主动，从文档集合中"拉"出相关的信息。当用户需要某种特定信息（如短术语）时（如找出购买二手车的信息），这种方法是最合适的。当用户需要长术语信息时（如研究者的兴趣），检索系统将采取主动，"推"给用户一些新的、被判断为与用户信息需求相关的信息项。这样的信息访问过程称为信息过滤，对应的系统称为过滤系统或推荐系统。然而，从技术角度来看，搜索和过滤使用了许多相同的技术。下面简要讨论信息检索的主要技术，重点介绍搜索技术。

1. 文本检索的基本度量

　　"假设文本检索系统根据查询形式提供的输入检索出了一些文档，如何判断该系统的准确性或正确性呢？"令与查询相关的文档集记为{Relevant}，被检索出的文档集记为{Retrieved}，既相关又被检索出的文档集记为{Relevant}∩{Retrieved}，如图 8 – 45 的维恩图（Venn diagram）所示。评估文本检索质量的基本度量有两个：查准率和查全率。

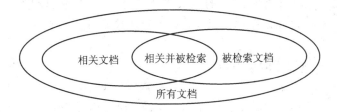

图 8 - 45　相关文档集和被检索文档集之间的关系

　　（1）查准率（precision）：被检索到的文档中实际与查询相关的文档，即"正确的"响应所占的百分比。它形式地定义如下：

$$precision = \frac{|\{Relevant\} \cap \{Retrieved\}|}{|\{Retrieved\}|}$$

　　（2）查全率（recall）：与查询相关的文档中实际被检索到的文档所占的百分比。它形式地定义如下：

$$recall = \frac{|\{Relevant\} \cap \{Retrieved\}|}{|\{Relevant\}|}$$

　　信息检索系统经常要在查准率和查全率之间寻求平衡，常用的平衡方法是 F_score，定义为查准率和查全率的调合均值：

$$F\_score = \frac{recall \times precision}{(recall + precision)/2}$$

这种调合均值防止系统过分地依赖一种度量而牺牲另一种度量。

查准率、查全率和 F_score 是对被检索文档集合的基本度量。这三种度量不能直接用于比较文档的两个有序列表，因为它们对于被检索集合的文档内部的秩评定不敏感。为了度量文档的定秩列表的质量，常在返回的新的相关文档的所有秩上计算平均查准率。常用的方法还有，对不同的查全率水平绘制查准率的曲线图，较高的曲线表示质量较好的信息检索系统。关于这些度量的更多细节，读者可以参考信息检索方面的书籍。

2. 文本检索方法

信息检索一般可根据检索的问题分为文档选择问题和文档秩评定问题。

在文档选择(Document Selection)方法中，查询可以看做是对选择相关文档指定约束条件。一种典型的方法是布尔检索模型，其中文档表示成关键词的集合和用户提供关键词的布尔表达式，如"car and repair shops"，"tea or coffee"，"database systems but not Oracle"等。检索系统处理这样的布尔查询，返回满足布尔表达式的文档。因为很难用布尔表达式准确描述用户的信息需求，所以通常只有当用户非常了解文档集合，并且能够构造好的查询时，布尔检索方法的效果才比较好。

文档秩评定(Document Ranking)方法使用查询，按相关的次序评定所有文档的秩。对普通用户和探索性查询用户，这种方法比文档选择方法更合适。大部分现代信息检索系统提供文档的定秩列表，以响应用户的关键词查询。目前有许多不同的秩评定方法，基于不同的数学基础，包括代数、逻辑、概率和统计学。所有这些方法的共同动机是将查询中的关键词和文档中的关键词进行匹配，根据匹配查询的程度给每个文档打分。其目的是根据一些信息，如关键词在该文档和整个集合中的频率，计算出得分，近似估计文档的相关程度。注意，提供关键词集合之间准确的相关度本质上就是困难的。例如，很难量化 data mining、data analaysis 之间的距离。因此，对于确认检索方法的有效性，全面的经验性评价是必要的。

下面简略讨论一种流行的文本检索方法——向量空间模型。向量空间模型的基本思想：将文档和查询都表示成对应于所有关键词的高维空间中的向量，并使用适当的相似性度量计算查询向量与文档向量之间的相似度；然后，使用相似度的值评定文档的秩。

很多检索系统的第一步是为表示文档而标识关键词，这个预处理步骤称为符号化。为了避免索引无用词，文本检索系统经常将文档集合和停用词表(stop list)相联系。停用词表是看上去"不相关的"词的集合。例如，a，the，of，for，with 等都是停用词，尽管它们可能频繁地出现。每个文档集的停用词表可能不同。例如，数据库系统在报纸上可能是一个重要的关键词，然而，对于数据库系统会议的研究论文的集合，它可能被视为停用词。

一组不同的词可能具有相同的词根。文本检索系统需要识别互为句法变体的一组词，并且只收集每组词的公共词根。例如，一组词 drug，drugged 和 drugs 具有公共词根 drug，可以看做同一个词的不同出现。

"如何对文档建模以便于信息检索？"从 d 个文档的集合和 f 个词的集合开始，可以把每个文档用 t 维空间 R^t 的向量 v 建模，这就是向量空间模型。令词频(term frequency)是词 t 在文档 d 中出现的次数，即 $\text{freq}(d,t)$。加权的词频矩阵 $\boldsymbol{TF}(d,t)$ 度量词 t 与给定文档 d 之间的关联度：通常，如果文档不包含该词，则定义为零；否则定义为非零。对于向量中的非零项，定义词的权重的方法有多种。例如，如果词 f 出现在文档 d 中，则可以简单地

设置 $TF(d,t)=1$；或者使用词频 $\text{freq}(d,t)$ 或相对词频，即词频相对于所有词在文档中出现的总次数。另外还有其他方法用于规范化词频。例如，Cornell SMART 系统用下面的公式计算（规范化）词频：

$$TF(d,t) = \begin{cases} 0 & \text{如果 } \text{freq}(d,t) = 0 \\ 1 + \log(1 + \log(\text{freq}(d,t))) & \text{其他} \end{cases} \tag{8.24}$$

除了词频度量，还有另一种重要的度量，称为逆文档频率(Inverse Document Frequency, IDF)，它表示词 t 的缩放因子或重要性。如果词 t 出现在许多文档中，由于其区分能力减弱，所以它的重要性也降低。例如，如果词"数据库系统"出现在很多的数据库系统会议的研究论文中，那么可能会不太重要。根据 Cornell SMART 系统，IDF(f)由如下公式定义：

$$\text{IDF}(t) = \log \frac{1 + |d|}{|d_i|} \tag{8.25}$$

其中，d 是文档的集合，d_i 是包含词 t 的文档的集合。如果 $|d_i| \ll |d|$，表明词 t 将有很大的 IDF 缩放因子，反之亦然。

在完整的向量空间模型中，将 TF 和 IDF 组合在一起，形成 TF_IDF 度量：

$$\text{TF\_IDF}(d,t) = \text{TF}(d,t) \times \text{IDF}(t) \tag{8.26}$$

下面介绍如何基于词频和逆文档频率的概念，计算文档集合之间的相似性。

【例 8.4】　词频和逆文档频率。表 8-2 给出一个词频矩阵，其中每行表示一个文档向量，每列表示一个词，而每一项记录 $\text{freq}(d_j, t_j)$，表示词 t_j 在文档 d_j 中出现的次数。根据这个表，可以计算在文档中一个词的 TF-IDF 值。例如，对于文档 d_4 中的词 t_6，有

$$\text{TF}(d_4, t_6) = 1 + \log(1 + \log(15)) = 1.3377$$

$$\text{IDF}(t) = \log\left(\frac{1+5}{3}\right) = 0.301$$

所以

$$\text{TF\_IDF}(d_4, t_6) = 1.3377 \times 0.301 = 0.403$$

表 8-2　显示每个文档词频的词频矩阵

文当/词	t_1	t_2	t_3	t_4	t_5	t_6	t_7
d_1	0	4	10	8	0	5	0
d_2	5	19	7	16	0	0	32
d_3	15	0	0	4	9	0	17
d_4	22	3	12	0	5	15	0
d_5	0	7	0	9	2	4	12

由于相似文档可望具有相似的相关词频，因此，可以基于频率表中的相似相关词频，计算文档集之间的相似度，或文档与查询（通常定义为关键词集合）之间的相似度。已经提出了一些基于相关词的出现或文档向量计算文档相似性的度量。一种具有代表性的度量是余弦度量(cosine measure)，定义如下。设 v_1 和 v_2 为两个文档向量，它们的余弦相似度定义为

$$\text{sim}(v_1, v_2) = \frac{v_1 \cdot v_2}{|v_1||v_2|} \tag{8}$$

其中内积 $v_1 \cdot v_2$ 为标准向量点积，定义为 $\sum_{i=1}^{t} v_{1i} v_{2i}$，分母中的范数 $|v_1|$ 定义为 $\sqrt{v_1 \cdot v_1}$。

3. 文本索引技术

有几种较为流行的文本检索索引技术，包括倒排索引和特征文件。

（1）倒排索引是一种索引结构，它建立两个散列索引表或 B＋树索引表：document_table（文档表）和 term_table（词表），其中：

document_table 由文档记录的集合组成，每个包含两个字段：doc_id 和 posting_list，其中 posting_list 是出现在文档中的词（或指向词的指针）的列表，按某种相关度量排序。

term_table 由词记录的集合组成，每个包含两个字段：term_id 和 posting_list，其中 posting_list 是出现该词的文档标识符的列表。

使用这种组织方式，可以很容易查询"与给定的词集相关联的所有文档"或"与给定的文档集相关联的所有的词"。例如，为了找出与一个词集相关的所有文档，可以首先找出每个词在 term_table 中的文档标识列表，然后取其交集，得到相关文档的集合。业界广泛使用倒排索引。posting_list 可能非常长，使得存储开销很大。这种组织方式对同义词（两个不同的词有相同的含义）和多义词（单个词有多个含义）的处理并不令人满意。

（2）特征文件（Signature File）是一个存储在数据库中每个文档的特征记录的文件。每个特征有固定的 b 位长度，用于表示词汇。下面是一种简单的编码方案。文档特征的每一位初始为 0。若某一位对应的词出现在该文档中，则该位置为 1；若特征 S_1 与 S_2 的特征位一一对应，则 S_1 与 S_2 匹配。由于词的数量通常大于可用的位数，所以可以把多个词映射到相同的位。这种多对一映射会增加搜索开销，因为匹配查询特征的文档，不必包含查询的关键词的集合。文档要经过检索、分析、词根处理和检查。可以通过一些方法加以改进，如首先经过词频分析、词根处理和停用词的过滤，然后使用散列索引技术和重叠编码技术将词表编码为位串表示。然而，多对一映射的问题仍然存在，这也是该方法的主要缺点。

关于更多的索引技术，包括对索引的压缩的更详细讨论，读者可以参阅有关文献。

4. 查询处理技术

一旦为文档集合创建了倒排索引，通过查找包含查询关键词的文档，检索系统就可以迅速回答关键词查询。特殊地，为每个文档维护一个得分累计器（Score Accumulator），并且在检查每个查询词时更新这些累计器。对于每个查询词，取出与该词匹配的所有文档，并对它们的得分增值。关于更加复杂的查询处理技术的讨论，请参阅有关文献。

在获得相关文档的实例后，系统可以从实例学习提高检索的性能。这称为相关反馈（'evance Feedback），并且业已证明这种方法可以有效地提高检索性能。当没有这些相□□时，系统可以假设在初始的检索结果中的前几个检索的文档是相关的，并且提取更多□□词来扩展查询。这样的反馈称为伪反馈（Pseudo-Feedback）或盲目反馈（Blind□□是从检索到的前几个检索的文档中挖掘有用关键词的必然过程。伪反馈同□□能。

□□个主要局限性在于它们基于关键词的精确匹配。然而，由于自然语□□的检索面临两个主要困难：

□□：具有相同或相近含义的两个词有很不相同的外在形式。例如，用户的查询使用词"automobile"，而相关文档用的不是"automobile"，而是"vehicle"。

（2）多义词问题：相同的关键词，如"mining"或"Java"在不同的上下文中可能意味不同的事物。

下面讨论一些有助于解决这些问题并能减少索引规模的高级技术。

8.2.2　文本的维度归约

使用 8.2.1 节介绍的相似性度量，可以对文本文档构造基于相似性的索引，然后，基于文本的查询可以表示为向量，用来在文档集中搜索它们的最近邻。然而，对任何一个非平凡的文档数据库，词的数目 T 和文档数目 D 通常都很大。如此高的维度将会导致低效的计算，因为结果频度表大小为 $T \times D$。此外，高维度还会导致非常稀疏的向量，增加检测和探查词之间联系的难度（如同义词）。为克服这些问题，可以使用维度归约技术，如潜在语义标引（Latenc Semantic Indexing，LSI）、概率潜在语义分析（Probabilistic Latent Semantic Analysis，PLSA）和保持局部性标引（Loccality Preserving Indexing，LPI）。

现在，简要地介绍这些方法。为了解释潜在语义标引和保持局部性标引的基本思想，需要使用一些矩阵和向量符号。下面，用 $x_1, x_2, \cdots, x_n \in \boldsymbol{R}^m$ 表示具有 m 个特征（词）的 n 个文档。它们也可以用词-文档矩阵 $\boldsymbol{X} = [x_1, x_2, \cdots, x_n]$ 表示。

1. 潜在语义标引

潜在语义标引（LSI）是目前最为流行的一种文档归约算法。本质上，它基于 SVD（奇异值分解）。假设词-文档矩阵 $\boldsymbol{X}$ 的秩是 r，则 LSI 使用 SVD 分解如下：

$$\boldsymbol{X} = \boldsymbol{U} \sum \boldsymbol{V}^{\mathrm{T}} \tag{8.28}$$

其中，$\sum = \mathrm{diag}(\sigma_1, \sigma_2, \cdots, \sigma_r)$ 并且 $\sigma_1 \geqslant \sigma_2 \geqslant \cdots \geqslant \sigma_r$ 是 $\boldsymbol{X}$ 的奇异值，$\boldsymbol{U} = [a_1, a_2, \cdots, a_r]$ 并且 a_i 称做左奇异向量，$\boldsymbol{V} = [v_1, v_2, \cdots, v_r]$ 并且 v_i 称做右奇异向量。LSI 使用 $\boldsymbol{U}$ 的前 $k(k<r)$ 个列向量作为变换矩阵，把初始文档嵌入到 k 维子空间中。容易验证，$\boldsymbol{U}$ 的列向量是 $\boldsymbol{XX}^{\mathrm{T}}$ 的本征向量。LSI 的基本思想是提取最具代表性的特征，同时最小化重构错误。令 a 为变换向量，LSI 的目标函数可以表示为

$$a_{\mathrm{opt}} = \underset{a}{\mathrm{argmin}} \| \boldsymbol{X} - a^{\mathrm{T}} a \boldsymbol{X} \|^2 = \underset{a}{\mathrm{argmax}} a^{\mathrm{T}} \boldsymbol{XX}^{\mathrm{T}} a \tag{8.29}$$

约束为：

$$a^{\mathrm{T}} a = 1 \tag{8.30}$$

因为 $\boldsymbol{XX}^{\mathrm{T}}$ 是对称的，所以 LSI 的基本函数是正交的。

2. 保持局部性标引

与 LSI 旨在提取最有代表性的特征不同，局部保留标引（LPI）的目标是提取最有判别力的特征。LPI 的基本思想是保留局部信息，即如果两个文档在原文档空间中彼此邻近，则 LPI 试图保持这两个文档在维度归约后空间中仍彼此邻近。因为相邻的文档（高维空间中的数据点）很可能涉及相同的主题，LPI 的映射能够使涉及相同语义的文档尽可能彼此靠近。

给定文档集 $x_1, x_2, \cdots, x_n \in \boldsymbol{R}^m$，LPI 构造一个相似度矩阵 $\boldsymbol{S} \in \boldsymbol{R}^m \times n$。通过解决如下最小化问题，可以获得 LPI 的变换向量：

$$a_{\text{opt}} = \underset{a}{\text{argmin}} \sum_{i,j} (a^{\mathrm{T}} x_i - a^{\mathrm{T}} x_j)^2 S_{ij} = \underset{a}{\text{argmin}} \, a^{\mathrm{T}} XLX^{\mathrm{T}} a \tag{8.31}$$

约束为：

$$aTXDXTa = 1 \tag{8.32}$$

其中，$L = D - S$ 是图拉普拉斯算子，$D_{ii} = \sum_j S_{ij}$，D_{ij} 度量 x_i 周围的局部密度。LPI 构造相似度矩阵 $\boldsymbol{S}$：

$$S_{ij} = \begin{cases} \dfrac{x_i^{\mathrm{T}} x_j}{\| x_i^{\mathrm{T}} x_j \|}, & \text{如果 } x_i \text{ 在 } x_j \text{ 的 } p \text{ 个近邻域中或 } x_j \text{ 在 } x_i \text{ 的 } p \text{ 个近邻域中} \\ 0, & \text{其他} \end{cases}$$

$$\tag{8.33}$$

这样，如果邻近点 x_i 和 x_j 映射得相距太远，LPI 中的目标函数就会招致重罚。因此，最小化它是试图确保如果 x_i 和 x_j 是"接近的"，则 $y_i (= a^{\mathrm{T}} x_i)$ 和 $y_j (= a^{\mathrm{T}} x_j)$ 也是接近的。最后，LPI 的基函数是与如下广义本征问题的最小本征值有关的本征向量：

$$XLX^{\mathrm{T}} a = \lambda XDX^{\mathrm{T}} a \tag{8.34}$$

LSI 的目标是在最小化全局重构误差的意义下，找到原文档空间的最佳子空间近似。换句话说，LSI 寻求发现最具代表性的特征。LPI 的目标是发现文档空间的局部几何结构。因为邻近文档（高维空间的数据点）很可能涉及相同的主题，所以 LPI 的判别能力比 LSI 强。LPI 的理论分析表明 LPI 是一种监督线性判别分析（LDA）的无监督近似。因此，对于文档聚类和文档分类，LPI 期望比 LSI 具有更好的性能。这一点已经被经验所证实。

3. 概率潜在语义标引

概率潜在语义标引（PLSA）方法类似于 LSI，但是它通过混合概率模型实现维度归约。特殊地，假定在文档集合中有 k 个潜在的公共主题，每个主题由一个多项式词分布刻画。文档看做由这些主题模型组成的混合模型的样本。用这样的混合模型来拟合所有的文档，得到 k 个分多项式模型可以看做定义 k 个新的语义维。可以使用文档的混合权重作为文档在低潜在语义维的新代表。

令 $C = \{d_1, d_2, \cdots, d_n\}$ 为 n 个文档集合，$\{\theta_1, \theta_2, \cdots, \theta_k\}$ 是 k 个主题多项式分布。文档 d_i 中的词 w 看做如下混合模型的一个实例

$$p_{d_i}(w) = \sum_{j=1}^{k} \left[\pi_{d_i, j} p(w | \theta_j) \right] \tag{8.35}$$

其中 $\pi_{d_i, j}$ 是第 j 个主题的特定文档的混合权重，并且 $\sum_{j=1}^{k} \pi_{d_i, j} = 1$。

集合 C 的对数似然为

$$\log p(C | \Lambda) = \sum_{i=1}^{n} \sum_{w \in V} \left[c(w, d_i) \log \left(\sum_{j=1}^{k} (\pi_{d_i, j} p(w | \theta_j)) \right) \right] \tag{8.36}$$

其中，V 是所有词的集合（即词汇表），$c(w, d_i)$ 是词 w 在文档 d_i 中的计数，而 $\Lambda = (\{\theta_j, \{\pi_{d_i, j}\}_{i=1}^{n}\}_{j=1}^{k})$ 是所有主题模型参数的集合。

可以用期望-最大化（EM）算法估计模型，它计算如下最大似然估计：

$$\overset{\wedge}{\Lambda} = \underset{\Lambda}{\text{argmax}} \log p(C | \Lambda) \tag{8.37}$$

一旦估计出模型，θ_1，θ_2，$\cdots$，θ_k 就定义 k 个新的语义维，而 $\pi_{d_i,j}$ 给出了 d_i 在这个低维空间中的表示。

8.2.3　文本挖掘方法

有很多文本挖掘方法可以根据文本挖掘系统的输入和要执行的数据挖掘任务，从不同角度进行分类。一般地，基于输入数据的主要方法有：

(1) 基于关键词的方法，其中输入是文档中关键词或词的集合。

(2) 标记方法，其中输入是标记的集合。

(3) 信息提取方法，它输入语义信息，如事件、事实或信息，提取发现的实体。

简单的基于关键词的方法可能仅仅发现相对表层的联系，如重新发现复合名词(例如，"数据库"和"系统")，或者不太重要的相伴事件模式(例如，"恐怖分子"和"爆炸")，不能更进一步加深对文本的理解。标记方法可能依赖于手工标记(代价很高，而且对于大量文本是不可行的)，或者依赖于自动分类算法(可能处理一个相对较小的标记集，而且也要求预先定义类别)。信息提取方法效果相对较好，并且能发现某些更加深入的知识，但是此方法需要通过自然语言理解和机器学习的方法进行文本的语义分析。这是一项具有挑战性的知识发现任务。

各种文本挖掘任务可以对提取的关键词、标记或者语义信息进行。这包括文本聚类、分类、信息提取、关联分析和趋势分析。

1. 基于关键词的关联分析

基于关键词的关联分析收集频繁地一起出现的关键词或词汇，然后找出其关联或相互联系。

与文本数据库中大多数分析一样，关联分析首先要对文本数据进行分析、词根处理、去除停用词等预处理，然后调用关联挖掘算法。在文档数据库中，每个文档视为一个事务，文档中关键词的集合可视为事务中的项集。即数据库可表示为

$$\{document\_id, a\_set\_of\_keywords\}$$

文档数据库中关键词关联挖掘的问题映射到事务数据库中项的关联挖掘。第 4 章中已经介绍了许多关于数据库中项的关联挖掘的方法。

频繁地连续出现或非常邻近的关键词可形成术语或短语。关联挖掘过程有助于找出复合关联(Compound Associate)，即领域相关的术语或短语，如[斯坦福，大学]或[美国，总统，乔治，布什]，或非复合关联，如[美元，股票，交易，总额，委托，投资，证券]。基于这些关联的挖掘称为"术语级关联挖掘"(与个体词的挖掘相对)。在文本分析中，术语识别和术语级关联挖掘有两个优点：

(1) 术语和短语自动标记，无需人工标记文档。

(2) 挖掘算法的执行时间和无意义的结果数量极大减少。

利用这种术语和短语识别，术语级挖掘可以用于找出术语和关键词间的关联。一些用户可能希望从给定的关键词或术语的集合中找出关键词或术语对之间的关联，而其他用户可能希望找出一起出现的最大术语集。因此，根据用户的挖掘需要，可以使用标准的关联挖掘或极大模式挖掘算法。

2. 文档分类分析

文档自动分类是文本挖掘的重要任务。由于存在大量的联机文档，自动对这些文档分类组织以便于文档检索和分析，是至关重要的。文档分类已经用在自动主题标记（即对文档赋予标号）、主题目录构建、文档写作风格识别（可能有助于缩小匿名文档的可能作者的范围），以及对与文档集合相关联的超链接分类。

文档自动分类过程如下：首先，取一个预分类的文档集作为训练集；然后，分析训练集，以导出分类模式。通常，需要用一个检验过程对该分类模式求精。所导出的分类模式可以用于其他联机文档分类。

这一过程似乎与关系数据的分类相似，但是两者之间存在着本质的区别。关系数据是结构化的，每个元组被属性-值对的集合定义。例如，在元组〈晴朗，温暖，干燥，无风，打网球〉中，值"晴朗"对应属性 weather_outlook，"温暖"对应属性 temperature，等等。分类分析判断哪个属性-值对在决定一个人是否要打网球具有最大的区别能力。另一方面，文档数据库并未根据属性-值对结构化。也就是说，与文档集相关联的关键词集并不能组织成固定的属性或维的集合。如果把文档中每个不同的关键词、术语或特征都看做维，则一个文档集中可能有数千维。因此，通常使用的面向关系数据的分类方法，如决策树分析，可能对文档数据库的分类并不有效。

基于第 4 章对分类方法的广泛研究，下面介绍几种已经成功应用于文本分类的典型的分类方法。这些方法包括最邻近分类、特征选择方法、贝叶斯分类、支持向量机和基于关联的分类。

如果两个文档具有相似的文档向量，根据向量空间模型，判定两个文档是相似的。这个模型构建了 k 最邻近分类器，它基于这样一种直觉，相似的文档可望赋予相同的类标号。可以简单地索引全部训练文档，每个文档都关联到对应的类标号。当提交一个检验文档时，可以把它当做一个查询提交给 IR 系统，并从训练集中检索出与查询最相似的 k 个文档，其中 k 是可调常数。检验文档的类标号可以根据它的 k 个最近邻的类标号的分布决定。这种类标号分布也可以改进，如用加权计数代替一般计数，或者为确认保留部分被标记的文档。通过调整 k 值并结合改进建议，这类分类器可以获得与最佳分类器相媲美的准确率。然而，由于该方法需要非平凡的空间（可能是冗余的）存储训练信息，并且需要额外的时间查找倒排索引，因此，与其他类型的分类器相比，它需要额外的时间和空间。

向量空间模型可能会将大权重赋予稀有词，而不管它的类分布特征如何。这些稀有词可能导致无效的分类。考察一个 TF-IDF 度量计算的例子。假设两个词 t_1 和 t_2 在类 C_1 和 C_2 中，每个类都有 100 个训练文档。词 t_1 出现在每个类的 5 个文档中（即全部文档的 5%），但是 t_2 仅在类 C_1 的 20 个文档中出现（即全部文档的 10%）。词 t_1 因为稀有而具有较高的 TF-IDF 值，但是在这种情况下，t_2 显然具有更强的区分能力。可以使用特征选择过程删除训练文档中与类标号统计不相关的词。这将减少用于分类的词，提高分类的效率和准确率。

特征选择删除非特征词后，产生的"纯净"训练文档可以用于有效的分类。贝叶斯分类是可以用于文档有效分类的几种流行技术之一。因为文档分类可以看做计算文档在特定类中的统计分布，贝叶斯分类器首先通过对每个类 c 计算文档 d 的生成的文档分布 $p(d \mid c)$ 来训练模型，然后测试哪个类最可能产生检验文档。由于这两种方法都可以处理高维的数据集，所以，它们可以用于有效的文档分类。其他分类方法也已经用于文档分类。例如，如果使用数来表示类，并且构建一个从词空间到类变量的直接映射函数，则可以使用支持向量机实现有效的分类，因为支持向量机在高维空间中运行良好。最小二乘线性回归方法也是一种颇有区分能力的分类方法。

基于关联的分类是基于关联的、频繁出现的文本模式集对文档分类。注意，非常频繁的词可能区分能力很差。因此，在文档分类时，只使用那些不非常频繁，但是具有很好的区分能力的词。这种基于关联的分类方法处理过程如下：首先，可以通过信息检索和简单的关联分析技术提取关键词和术语；其次，使用已有的术语类（如 WordNet），或基于专家知识，或使用某种关键词分类系统，可以得到关键词或术语的概念分层，训练集中的文档也可以归属到类分层中；然后，可以使用词关联挖掘方法发现相关联的词集，它们可以用来最大化地区别文档类。这样就导出了与每个文档类相关联的关联规则的集合。根据这些规则的区分能力和出现频率将这些分类规则排序，并使用他们对新文档分类。业已证明，这种基于关联的文档分类器是有效的。

3. 文档聚类分析

文档聚类是无监督方式的组织文档的最关键技术之一。当文档用术语向量表示时，可以使用第 5 章介绍的聚类方法。然而，文档空间的维度总是很高，从数百维到数千维。由于维灾难，首先将文档投影到低维子空间中是有意义的，因为在低维子空间中文档的语义结构将变得更清晰。在低维语义空间中，可以应用传统的聚类算法。迄今为止，光谱聚类、混合模型聚类、使用潜在语义标引聚类和使用保持局部性标引聚类都是最著名的聚类技术。下面将一一讨论这些技术。

光谱聚类方法首先对原始数据进行光谱嵌入（维度归约），然后对维度归约后的文档空间运用传统的聚类算法（如 k -均值）。最近，对光谱聚类的工作表明了它处理高度非线性数据（数据空间在每个局部区域都有比较高的曲率）的能力。它与微分几何学的紧密联系使它能够发现文档空间中的流形（manifold）结构。这些光谱聚类算法的一个主要缺点是使用非线性嵌入（维度归约），这个概念仅定义在"训练"数据。光谱聚类方法不得不使用所有的数据点来学习这种嵌入。当数据集很大时，学习这种嵌入的计算是昂贵的，这限制了光谱聚类在大型数据集的应用。

混合模型聚类方法用混合模型对文本数据建模。聚类步骤：

（1）基于文本数据和附加的先验知识估计模型参数。

（2）基于估计的模型参数推断聚类。

混合模型能够同时聚类词和文档。概率潜在语义分析（PLSA）和潜在狄利克雷分配（Latent Dirichlet Allocation，LDA）是这种技术的两个例子。这种聚类方法的一种潜在优势是，可以对簇进行设计，更有利于文档的比较分析。

前面介绍的潜在语义标引（LSI）和保持局部性标引（LPI）方法都是线性维度归约方法，可以获得 LSI 和 LPI 中的变换向量（嵌入函数）。这样的嵌入函数处处有定义，因而，可以使用部分数据学习嵌入函数，并把所有数据嵌入低维空间中。通过这种技巧，使用 LSI 和 LPI 的聚类方法能够处理大型文档数据集。

如前一节所讨论的，LSI 目标是在最小化全局重构误差的意义下，找到原文档空间的最优近似子空间。换言之，LSI 为文档表示寻找最有代表性的特征，而不是最有区分能力的特征。因此，LSI 在区分具有不同语义的文档方面可能不是最优的，而这正是聚类的最终目的。LPI 旨在发现局部几何结构并且可能有更强的区分能力。实验表明，对于聚类，LPI 作为维度归约方法比 LSI 更合适。与 LSI 和 LPI 相比较，PLSI 方法以更可解释的方式揭示了潜在语义维，并且结合关于聚类的先验知识或偏好，容易扩展。

8.3　多媒体数据挖掘

多媒体数据库系统存储和管理大量多媒体数据集合，如音频、视频、图像、图形、声音、文本、文档和超文本数据。超文本数据包含文本、文本标记和链接。由于音频视频设备、数码像机、CD-ROM 和因特网的流行和普及，多媒体数据库系统变得日益普通。典型的多媒体数据库系统包括 NASA 的 EOS(Earth Observation System，地球观测系统)、各种图像和音频视频数据库、人类基因数据库和因特网数据库。

本节多媒体数据挖掘研究主要考虑图像数据的挖掘，介绍一些多媒体数据挖掘的方法，包括多媒体数据的相似搜索、多维分析、分类和预测分析，以及多媒体数据的关联挖掘。

8.3.1　多媒体数据的相似性搜索

在搜索多媒体数据的相似性时，可以基于数据描述或数据内容搜索。对于多媒体数据相似性搜索，主要考虑两种多媒体索引和检索系统：

(1) 基于描述的检索系统，它基于图像描述(如关键词、标题、尺寸和创建时间等)建立索引和进行对象检索。

(2) 基于内容的检索系统，它支持基于图像内容的检索，如颜色直方图、纹理、模式、图像拓扑、对象的形状和它们在图像中的布局和位置。

基于描述的检索若人工完成是很费力的；若自动完成，检索结果质量通常较差。例如，关键词到图像的赋值可能是棘手的任务。最近开发的基于 Web 的图像聚类和分类方法提高了基于描述的 Web 图像检索的质量，因为环绕图像的文本信息和 Web 链接信息可以用于提取合适的描述，并将描述相似主题的图像聚合在一起。基于内容的检索使用视觉特征索引图像，并促进基于特征相似性的对象检索，这在很多应用中都是非常期望的。在基于内容的检索系统中，通常有两类查询：基于图像样本查询和图像特征说明查询。基于图像样本查询找出所有与给定图像样本相似的图像，把从样本中提取的特征向量与图像数据库中已经提取和索引的图像特征向量相比较，基于比较结果，返回与样本图像相似的图像。图像特征说明查询说明或勾画如颜色、纹理或形状等图像特征，将其转换为特征向量，与数据库中的图像特征向量匹配。基于内容的检索有广泛的应用，包括医疗诊断、天气预报、TV 制作、针对图像的 Web 搜索引擎和电子商务。一些系统如 QBIC(Query By Image Content，按图像内容查询)，同时支持基于样本和图像特征说明的查询，还有些系统同时支持基于内容和基于描述的检索。对于图像数据库中基于相似性检索，已经提出和研究了几种基于图像特征的方法：

(1) 基于颜色直方图的特征。在这种方法中，图像的特征包括基于图像颜色构成的颜色直方图，忽略图像的尺度或方位。这种方法并不包含任何有关形状、图像拓扑结构或纹理信息。因此，具有相似颜色构成但是包含极为不同的形状或纹理的两幅图像认为是相似的，尽管语义上它们可能是完全不相关的。

(2) 多特征构成的特征。在这种方法中，图像的特征由多个特征组成：颜色直方图、形状、图像拓扑结构和纹理。提取的图像特征作为元数据存储，并且基于这些元数据对图像进行索引。通常，对每个特征分别定义距离函数，然后将其组合，导出总的结果。基于内容的多维搜索通常使用一个或几个探测特征，搜索包含这种（相似）特征的图像。因此，它可用于搜索相似图像，是实践中最流行的方法。

(3) 基于小波的特征。这种方法使用图像的主小波系数作为特征。小波在一个统一的框架内捕获形状、纹理和图像拓扑结构信息。这将改进效率并减少对提供多个搜索图元的需要（与上面第(2)种方法不同）。然而，由于这种方法只计算整个图像的单个特征，它可能无法识别包含相似对象但对象位置或尺寸不同的图像。

(4) 带有区域粒度基于小波的特征。在这种方法中，特征的计算和比较是在区域粒度，而不是在整个图像上进行。这是基于如下观察：相似的图像可能包含相似的区域，但一幅图像中的区域可以是另一幅图像中匹配区域的平移或缩放结果。因此，查询图像 Q 和目标图像 T 之间的相似度量可以用 Q 和 T 相匹配的区域所覆盖的两幅图像的面积所占的比例定义。这种基于区域的相似性搜索可以找出包含相似对象的图像，其中这些对象可能被平移或缩放。

8.3.2　多媒体数据的多维分析

为便于大型多媒体数据库的多维分析，可以用类似于从关系数据构造传统数据立方体的方法设计和构造多媒体数据立方体。多媒体数据立方体可包含针对多媒体信息的维和度量，如颜色、纹理和形状。

考察称做 MultiMediaMiner 的多媒体数据挖掘系统原型，它在 DBMiner 系统的基础上扩展了处理多媒体数据的功能。MultiMediaMiner 系统测试用的实例数据库构成如下。每个图像包含两个描述子：特征描述子和布局描述子。原始图像并不直接存储在数据库中，只存储它的描述子。描述信息包括若干字段，如图像文件名、图像 URL、图像类型（如 gif，tiff，jpeg，mpeg，bmp，avi 等）、引用该图像的所有已知 Web 页面的列表（即父 URL）、关键词列表、图像和视频浏览用户界面使用的略图。对于每个可视特征，特征描述子是一个向量的集合。主要的向量是颜色向量，包含多达 512 色（R×G×B 为 8×8×8）的颜色直方图，MFC（Most Frequent Color，最频繁颜色）向量和 MFO（Most Frequent Orientation，最频繁方位）向量。MFC 和 MFO 分别包含五种最频繁颜色和五个最频繁方位的五个颜色形心和五个边方位形心。边方位为 $0°$、$22.5°$、$45°$、$67.5°$、$90°$等等。布局描述子包含颜色布局向量和边布局向量。无论原来尺寸大小，所有图像均赋予一个 8×8 的栅格。对于 64 个单元中的每一个，使用最频繁的颜色存储在颜色布局向量中，每个单元的每一方位的边数存储在边布局向量中。其他尺寸的栅格，如 4×4，2×2 和 1×1，可以很容易地导出。

MultiMediaMiner 的组件 Image Excavator（图像挖掘器）利用图像的上下文信息，如 Web 页面中的 HTML 标记，推导出关键词。通过遍历联机目录结构，如 Yahoo! 目录，可以建立映射到发现图像的目录结构的关键词层次。这些图可以用作多媒体数据立方体中

keyword 维的概念分层。

　　多媒体数据立方体可以有很多维。下面是一些例子：图像的尺寸或视频的字节，帧（或画面）的宽度和高度组成两个维，图像或视频的建立（或最后修改）日期，图像或视频的格式类型，帧序列持续时间（秒），图像或视频的因特网域，引用图像或视频的页的因特网域（父 URL），关键词，颜色维，边方位维，等等。很多数值维的概念分层可以自动定义。对其他维，如因特网域或颜色，可以使用预定义的层次。

　　多媒体数据立方体的建立有助于基于视觉内容的多媒体数据的多维分析和多种知识的挖掘。

　　多媒体数据立方体是一种对多媒体数据进行多维分析的有趣模型。然而应当注意，给定大量的维，有效地实现数据立方体是困难的。这种维灾难对多媒体数据立方体而言尤其严重。例如希望将颜色、方位、纹理、关键词等作为多媒体数据立方体中的多个维建模，然而，这些属性中很多都是面向集合值而不是单值。例如，一幅图像可能对应于一个关键词集合；它可能包含一组对象，每一对象都对应一组颜色。在设计数据立方体时若以每个关键词作为一维，或以每种颜色作为一维，将导致维数过多。另一方面，若不如此，则会导致图像的建模尺度过于粗糙、受限和不精确。如何设计能够平衡处理效率和表达能力的多媒体数据立方体，还需要更多的研究。

8.3.3　多媒体数据的分类和预测分析

　　分类和预测建模已经用于挖掘多媒体数据，尤其在科学研究中，如天文学、地震学和地理科学的研究。一般而言，第 4 章讨论的所有分类方法都可以用于图像分析和模式识别。对于识别微妙特征和构建高质量的模型，深入的统计模式分析方法更受欢迎。

　　【例 8.5】　天文数据的分类和预测分析。以天文学家认真分类过的天空图像为训练集，根据诸如大小、面积、密度、图像矩和方位等性质，构造识别星系、星体以及其他天体对象的模型。基于这一模型可以对由天文望远镜和太空探测器收集的大量天空图像进行检测，以识别新的天体。类似的研究已经成功地用于识别金星上的火山。

　　数据预处理在图像数据挖掘中是相当重要的，它包括数据清理、数据变换和特征提取。除了在模式识别中使用的诸如边缘检测和霍夫（Hough）变换等标准方法外，还可以探索新的技术，如把图像分解为特征向量，或采用概率模型处理不确定性。由于图像数据量是很大的，需要很强的处理能力，因此，需要使用并行和分布处理技术。图像数据挖掘分类、聚类与图像分析、科学数据挖掘有紧密的联系，因此，许多图像分析技术和科学数据分析方法都可以用于图像数据挖掘。

　　由于万维网的广泛使用，Web 成为了多媒体数据的丰富而巨大的仓库。Web 不仅以在线多媒体库的形式收集大量的照片、图片、照相簿和视频图像，而且几乎在每个 Web 页面都有很多照片、图片、动画或其他多媒体形式。这种图片和照片被文本描述环绕，在 Web 页面的不同版块，或嵌入在新闻或文本文章中，可以用于不同目的，如可以形成内容不可分割的一个部分，可以作为一个广告，也可以提示可选择的主题。此外，这些 Web 页面可以以一种复杂的方式链接到其他 Web 页面。这种文本、图像定位和 Web 链接信息，如果使用得当，可能有助于理解文本的内容，或有助于 Web 的图像分类和聚类。利用页面中图像、文本和版块之间的相对位置和链接信息，以及 Web 的页面链接进行数据挖掘成为

Web 数据分析的重要方向。这部分已在第 7 章讨论 Web 挖掘时详细探讨。

8.3.4　基于分类规则挖掘的遥感影像分类

1. 问题的提出

遥感影像分类可分为基于密度分布函数的统计分类、人工神经网络分类、基于符号知识的逻辑推理分类方法等。基于密度分布函数的统计分类利用各类型先验性分布知识及其概率，在各类光谱数据满足正态分布假设的条件下，理论上能获得最小的分类误差。统计分类具有坚实的理论基础，但是如果图像数据在特征空间中分布比较复杂，离散或采集的训练样本不够充分、不具代表性，通过直接手段来估计最大似然函数的参数，就有可能与实际分布产生较大偏差，导致分类结果的精度下降。由于对属性数据的正态分布要求，因而难以将光谱数据直接与其他空间数据结合进行遥感影像分类。神经网络具有良好的容错能力和自适应性，对模式先验概率分布没有要求，可融合多种类型数据进行遥感影像分类。学者们将多层感知机(MLP)、反向传播(BP)算法、基于径向基函数(RBF)等神经网络应用于遥感分类并取得良好的分类结果，但难以克服神经网络本身的缺陷：

(1) 难以对结果作解释。

(2) 不能完全解决局部最小问题。

(3) 中间隐含层数和隐含节点数无法科学地确定。

基于符号知识的逻辑推理分类方法是在传统地学分异规律的基础上，通过对地学知识进行符号化表达和形式化逻辑推理的过程来实现信息的判别，一定程度上能真实地反映地学分布规律。它基于遥感影像数据及其他空间数据，通过专家经验总结、简单的数学统计和归纳方法等，获得分类规则对遥感图像进行分类。它对样本的分布函数、算法的设计没有特殊要求，但是目前落后的知识获取手段限制了该方法的应用。一些学者将地学知识(规则)与神经网络等分类方法相结合，采用 D-S 证据理论进行遥感图像分类，或者将归纳学习与统计方法相结合确定模式的最后类别，提高了遥感影像的分类精度，但是增加了推理的复杂程度。数据挖掘和知识发现为基于符号知识的逻辑推理分类方法的扩展和应用提供了新的契机。目前数据挖掘和知识发现算法(如决策树、遗传算法、粗糙集等)大都适用于离散化数据，而遥感数据尽管也是离散的，但属性取值个数(0~255)远远大于地物类型个数，特性更接近连续属性。另外，海量空间数据、复杂的空间数据结构给数据挖掘算法的有效性和可伸缩性提出了更高的要求。基于以上分析，本文将分类规则挖掘方法引入遥感影像分类中，扩展了基于符号知识的逻辑推理分类方法中知识获取的渠道。以 GIS 为平台，建立一个面向分类规则挖掘的遥感影像分类框架。针对遥感光谱数据及其他空间数据特点，界定了连续属性样本分类、样本分割点评价指标，提出了连续样本分类规则挖掘算法。选择一个试验区，采用该算法分别对遥感光谱数据、遥感光谱和 DEM 数据相结合的数据进行分类规则挖掘、遥感影像分类和分类精度比较。

2. 面向分类规则挖掘的遥感影像分类框架

遥感影像中每一个像元的亮度代表该像元中地物平均辐射值，它是地物的类型、纹理、状态、表面特征及特定电磁波综合作用的结果。在遥感影像中的"异物同谱"、"同物异谱"现象表明光谱信息的不完备性，将光谱信息与其他空间信息相结合是克服这一现象的方法之一。例如：对某区域的有关植被的遥感图像进行分类，不同植被的光谱信息是不同的。除此之外，植被生长还与地理环境因子相关，如土壤类型、年均温度、年降水量、海拔高度等。因此，进行植被遥感影像分类时，不同波段的遥感光谱数据、土壤类型、年均温度、年降水量、海拔高度可作为植被遥感影像分类特征。

GIS 是空间数据采集、管理、分析、建模和可视化的工具，空间数据管理、空间分析是 GIS 区别于其他信息系统的特有功能。因此，面向遥感影像分类，GIS 作为一个空间数据管理和分析的平台担当如下角色：

（1）将与分类相关的空间数据作为一个"波段"与遥感光谱数据进行配准、叠加、集成并构建一个多源空间数据库。

（2）为分类规则挖掘提供数据预处理和数据准备。

（3）显示分类结果和进行分类精度评价。

面向分类规则挖掘的遥感影像分类框架：空间数据库的建立、数据采样、分类规则的挖掘与测试、遥感影像分类，如图 8-46 所示。

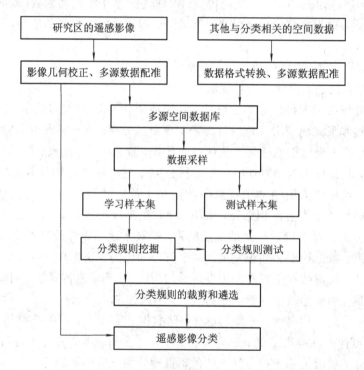

图 8-46　面向分类规则挖掘的遥感影像分类

多源空间数据库的建立：遥感影像经几何校正、特征提取、多源数据配准等处理后，输入地理空间数据库；其他空间数据经数字化输入、矢量数据预处理（编辑、校正等）、数据格式转换（矢量数据转换成栅格数据）输入地理空间数据库。

数据采样：使用遥感影像处理软件或 GIS 软件在空间数据库中采集分类学习样本。数据采样方法有两种：

计算机随机选点、人工判读影像类别方法；人工选点并判读影像类别方法。

分类规则挖掘、测试和选择：基于学习样本集采用分类规则挖掘算法挖掘影像分类规则，然后基于测试样本集对分类规则进行评价、选择。遥感影像分类：使用满足要求的分类规则进行遥感影像分类。

3. 连续属性样本分类的基本问题

1) 连续样本分类定义

信息系统 $S=<U,R,V,f>$，$R=C\bigcup\{d\}$ 是属性集合，子集 $C=\{a_1,a_2,\cdots,a_k\}$ 和 $\{d\}$ 分别称为条件属性集和分类属性集，$U=\{x_1,x_2,\cdots,x_n\}$ 是有限的对象集合即论域。属性 a_i 的值域 V_{a_i} 上的一个分割点记为 (a_i,c^{a_i})，则在值域 $V_{a_i}=[l_{a_i},r_{a_i}]$ 上的任意一个分割点集合 $\{(a_i,c_0^{a_i}),(a_i,c_1^{a_i}),\cdots,(a_i,c_{j_{a_i}+1}^{a_i})\}$ 定义了 V_{a_i} 上的一个分类 p_{a_i}。

$$\begin{cases} p_{a_i}=\{[c_0^{a_i},c_1^{a_i}),[c_1^{a_i},c_2^{a_i}),\cdots,[c_{j_{a_i}}^{a_i},c_{j_{a_i}+1}^{a_i}]\} \\ l_{a_i}=c_0^{a_i}<c_1^{a_i}<c_2^{a_i}\cdots<c_{j_{a_i}}^{a_i}<c_{j_{a_i}+1}^{a_i}=r_{a_i} \\ V_{a_i}=[c_0^{a_i},c_1^{a_i})\bigcup[c_1^{a_i},c_2^{a_i})\bigcup\cdots\bigcup[c_{j_{a_i}}^{a_i},c_{j_{a_i}+1}^{a_i}] \end{cases} \tag{8.38}$$

2) 候选分割点集定义

在信息表 $S=<U,R,V,f>$，$R=C\bigcup\{d\}$ 中，候选分割点集生成过程如下：

由小到大排列属性值 $a_i(x)$ 得到集合 $V=\{v_1^{a_i},v_2^{a_i},\cdots,v_{n_{a_i}+1}^{a_i}\}$，其中 $x\in U$，$n_{a_i}+1$ 为属性 a_i 不同取值个数，式中 $v_j^{a_i}<v_{j+1}^{a_i}$，$j=1,2,\cdots,n_{a_i}$。

设 $v_j^{a_i}$，$v_{j+1}^{a_i}$ 为属性值 $a_i(x)$ 序列中的两相邻值，则分割点 $c_j^{a_i}=(v_j^{a_i}+v_{j+1}^{a_i})/2$，属性 a_i 相应的分割点子集 $p_{a_i}=\{c_1^{a_i},c_2^{a_i},\cdots,c_{n_{a_i}}^{a_i}\}$，式中 $c_j^{a_i}<c_{j+1}^{a_i}$，$j=1,2,\cdots,n_{a_i}$。

信息表中所有属性形成的分割点集为

$p=\{p_{a_1},p_{a_2},\cdots,p_{a_k}\}$，$a_i\in C(i=1,2,\cdots,k)$，$k$ 为条件属性个数。

3) 样本分割点评价

由于不同条件属性和同一条件属性的不同分割点的分类能力不同，而且它们的分类能力具有互补性和相关性。在条件属性空间上对样本分割的目的就是把类别一致的样本划分成一类，每一类正好对应一个分类规则，而分割点数的多少和优劣决定了算法的效率、规则的简单性和个数。故把分割点对样本的分辨能力作为分割点选择的依据。本文选取文献[7]中的方法来评价样本分割点集。

将能够被分割点 $c_m^{a_i}$ 区分开的实例对的个数定义为 $W^X(c_m^{a_i})$。其中 $c_m^{a_i}$ 为属性 a_i 上第 m 个分割点。$1\leqslant m\leqslant n_{a_i}$，$n_{a_i}$ 为属性 a_i 的分割点总数，$X\subseteq U$ 是由分割点 $c_m^{a_i}$ 可以分开的实例集合，U 为实例全集。

分类属性值为 $j(j=1,\cdots,r,r$ 为分类数)的实例中，属于集合 X 且属性 a_i 的取值小于分割点 $c_m^{a_i}$ 的实例个数为

$$l_j^X(c_m^{a_i})=|\{x|x\in X\wedge[a_i(x)<c_m^{a_i}]\wedge[d(x)=j]\}| \tag{8.39}$$

分类属性值为 $j(j=1,\cdots,r,r$ 为分类数)的实例中，属于集合 X 且属性 a_i 的取值大于分割点 $c_m^{a_i}$ 的实例个数为

$$r_j^X(c_m^{a_i})=|\{x|x\in X\wedge[a_i(x)>c_m^{a_i}]\wedge[d(x)=j]\}| \tag{8.40}$$

所以有

$$l^X(c_m^{a_i})=\sum_{j=1}^r l_j^X=|\{x|x\in X\wedge[a_i(x)<c_m^{a_i}]\}| \tag{8.41}$$

$$r^X(c_m^{a_i})=\sum_{j=1}^r r_j^X=|\{x|x\in X\wedge[a_i(x)>c_m^{a_i}]\}| \tag{8.42}$$

从而可以得到:

$$W^X(c_m^{a_i}) = l^X(c_m^{a_i}) \times r^X(c_m^{a_i}) - \sum_{j=1}^{r} l_j^X(c_m^{a_i}) \times r_j^X(c_m^{a_i}) \tag{8.43}$$

$W^X(c_m^{a_i})$ 值越大，则说明分割点 $c_m^{a_i}$ 对样本的分类能力越强。

4. 连续属性分类规则挖掘

1）基本思想

设连续属性样本为 X^0，候选分割点集为 H^0，最优分割点集为 P^0（此时为空集）。在样本 X^0 的属性空间对候选分割点集 H^0 中分割点的分类能力进行评价，选取 $W^X(c^0)$ 值最大分割点 c^0 将样本分为两个等价类 X_1^1、X_2^1，X_1^1 子集为 $a_i(x)$ 大于 c^0 的样本集，X_2^1 子集为 $a_i(x)$ 小于 c^0 的样本集。向 P^0 集合分别增添 $+c^0$ 和 $-c^0$ 两个分割点，形成与 X_1^1、X_2^1 相对应的最优分割点集 P_1^1、P_2^1（"$+c^0$"表示相应的样本集属性取值 $a_i(x)$ 大于所选分割点值 c^0，"$-c^0$"表示相应的样本集属性取值 $a_i(x)$ 小于所选分割点值 c^0）。在候选分割点集 H^0 中删除分割点 c^0，形成与 X_1^1、X_2^1 相对应的候选分割点集 H_1^1、H_2^1。P_1^1、P_2^1 记录划分该等价类每一步已选的最优分割点集合，H_1^1、H_2^1 记录下一步分类时可供选择的分割点集合。第二次划分在第一次划分的基础上，重新对每一等价类相应的候选分割点的分类能力进行评价，计算相应的最优分割点集 P_{11}^2、P_{12}^2、P_{21}^2、P_{22}^2，候选分割点集 H_{11}^2、H_{12}^2、H_{21}^2、H_{22}^2 和等价类子集 X_{11}^2、X_{12}^2、X_{21}^2、X_{22}^2。依此类推，当某一层的某一个等价类子集的类属性一致时，相应的最优分割点集经过整理便形成相应的分类规则，并将该子集删除。当某一层的等价类子集的集合为空或子集中的样本为不相容样本，则停止。这一过程如图 8-47 所示。

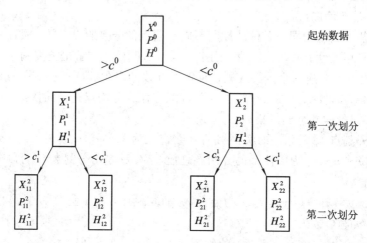

图 8-47　样本划分思路

2）连续属性分类规则挖掘算法

算法：由连续属性样本直接挖掘分类规则。

输入：样本属性值。

输出：分类规则。

方法：

（1）随机将样本分为训练样本 X^0 和测试样本 Y^0；

（2）由训练样本 X^0 计算候选分割点集 H^0，并对其分类能力进行评价；

（3）选择最优分割点 c^0，将训练样本 X^0 划分为两个等价类，计算相应的最优分割点集和候选分割点集；

（4）判断该层每一个等价类子集的分类属性是否一致。若一致，由相应的最优分割点集产生分类规则，并将该等价类子集删除。否则，重新评价该等价类子集相应候选分割点集；

（5）为每一等价类子集选择相应的最优分割点，进行等价类划分，并生成相应的候选分割点集和最优分割点集；

（6）判断该层等价类子集集合是否为空或不相容样本。若是转向下一步，否则转向(4)；

（7）使用测试样本 Y^0 对所有挖掘的分类规则进行测试。当某一测试样本 $x(x \in Y^0)$ 的分类预测错误时，将 x 增加到训练样本集 X^0 中，并从 Y^0 中删除，转向(2)。当测试样本集中不存在分类预测错误时结束。

5. 遥感影像分类试验

试验选取宁夏青铜峡地区 $500 * 500$ 像元、6 波段 TM 遥感图像，1:25 万比例尺的 DEM 数据。采样得到 6 类样本：C1——河流、C2——居民地、C3——农田、C4——沙滩、C5——山地、C6——水田，共 2815 像元。选取样本的 1/2(1408 像元)作为训练样本，其余 1/2(1407 像元)作为测试样本。依据本文提出的连续样本分类规则挖掘算法，使用 MATLAB 语言编制相应的程序，进行分类规则挖掘、规则测试、遥感影像分类和分类精度评价。

方案一：基于遥感光谱数据，程序经过 9 个循环，挖掘出 45 个分类规则，使用有效分类规则对测试样本集进行分类得到分类误差矩阵如表 8-4 所示。

表 8 - 4　基于遥感光谱数据的分类误差矩阵表

实际　＼　分类	C1	C2	C3	C4	C5	C6	$\sum$
C1	169	0	0	1	0	0	170
C2	1	317	1	1	17	1	338
C3	1	2	218	0	0	1	222
C4	2	0	1	237	0	0	240
C5	0	16	0	0	208	0	224
C6	0	0	0	0	0	210	210
$\sum$	173	335	220	239	225	212	1404

注：分对率＝85.9%；Kappa＝0.84。

方案二：基于遥感光谱和 DEM 数据，程序经过 6 个循环，挖掘出 18 个分类规则。选择灵敏性、特效性、精度作为分类规则的评价指标。

灵敏性(sensitivity$>2\%$). and. 精度(precision$>75\%$)的有效分类规则如下：

Rule11：$[14 \leqslant a_6(x) < 73.5] \wedge [36 \leqslant a_4(x) < 107] \wedge [94.5 < a_2(x) \leqslant 151]$
　　　　$\Rightarrow$河流(94.3%,100%,100%)

Rule12：$[14 \leqslant a_6(x) < 73.5] \wedge [107 < a_4(x) \leqslant 181] \wedge [85.5 < a_3(x) \leqslant 191]$
　　　　$\wedge [18 \leqslant a_5(x) < 92.5] \Rightarrow$河流(2.3%,99.9%,80.0%)

Rule21：$[91 < a_6(x) \leqslant 178] \wedge [81 \leqslant a_7(x) < 84.5]$
　　　　$\Rightarrow$居民地$(93.7\%, 99.9\%, 99.7\%)$

Rule22：$[73.5 < a_6(x) \leqslant 178] \wedge [84.5 < a_7(x) < 86.5] \wedge [60 \leqslant a_2(x) < 117.5]$
　　　　$\wedge [105.5 < a_1(x) \leqslant 143] \Rightarrow$居民地$(4.5\%, 100\%, 100\%)$

Rule31：$[14 \leqslant a_6(x) < 73.5] \wedge [107 < a_4(x) \leqslant 181] \wedge [49 \leqslant a_3(x) < 85.5]$
　　　　$\wedge [60 \leqslant a_2(x) < 76.5] \Rightarrow$农田$(95.0\%, 100\%, 100\%)$

Rule32：$[14 \leqslant a_6(x) < 73.5] \wedge [107 < a_4(x) \leqslant 181] \wedge [49 \leqslant a_3(x) < 85.5]$
　　　　$\wedge [76.5 < a_2(x) \leqslant 151] \wedge [86.5 < a_1(x) \leqslant 143] \Rightarrow$农田$(3.6\%, 100\%, 100\%)$

Rule41：$[14 \leqslant a_6(x) < 73.5] \wedge [107 < a_4(x) \leqslant 181]$
　　　　$\wedge [85.5 < a_3(x) \leqslant 181] \wedge [92.5 < a_5(x) \leqslant 203] \Rightarrow$沙滩$(15.0\%, 99.8\%, 94.7\%)$

Rule42：$[73.5 < a_6(x) < 91.0] \wedge [81 \leqslant a_7(x) < 84.5] \wedge [98.5 < a_2(x) \leqslant 151]$
　　　　$\Rightarrow$沙滩$(83.8\%, 99.9\%, 99.5\%)$

Rule51：$[73.5 < a_6(x) \leqslant 178] \wedge [84.5 < a_7(x) < 86.5] \wedge [117.5 < a_2(x) \leqslant 151]$
　　　　$\Rightarrow$山区$(72.0\%, 100\%, 100\%)$

Rule52：$[73.5 < a_6(x) \leqslant 178] \wedge [84.5 < a_7(x) < 86.5] \wedge [60 \leqslant a_2(x) < 117.5]$
　　　　$\Rightarrow$山区$(6.2\%, 100\%, 100\%)$

Rule53：$[73.5 < a_6(x) < 152.5] \wedge [84.5 < a_7(x) < 86.5] \wedge [117.5 < a_2(x) \leqslant 151]$
　　　　$\Rightarrow$山区$(20.9\%, 100\%, 100\%)$

分类规则括号内依次为规则的灵敏性、特效性、精度值。$a_1(x)$、$a_2(x)$、$a_3(x)$、$a_4(x)$、$a_5(x)$、$a_6(x)$分别是x像元在6个波段的取值，$a_7(x)$是x像元的DEM属性值。使用有效分类规则对测试样本集进行分类得到分类误差矩阵如表8-5所示。

表8-5　基于遥感光谱数据和DEM数据的分类误差矩阵

实际 ＼ 分类	C1	C2	C3	C4	C5	C6	Σ
C1	169	0	0	1	0	0	170
C2	2	331	1	1	1	2	338
C3	0	1	218	0	0	0	219
C4	2	0	1	237	0	0	240
C5	0	3	0	0	224	0	227
C6	0	0	0	0	0	210	210
Σ	174	335	220	239	225	212	1404

注：分对率＝93.6%；Kappa＝0.93。

比较表8-4和表8-5可知：方案二加入DEM数据后，测试样本的分类正确率提高7.7%。在表8-4中，居民地和山地光谱属性数据存在交叉，具有较大的错分率。但是居民地和山地的DEM数据有较大的差异，因此加入DEM数据后，表8-5中居民地和山地分类精度明显提高。

图8-48所示为试验区的假彩色合成影像，图8-49(a)所示为基于遥感光谱数据按照精度(precision)＞75%的分类规则进行遥感影像分类的结果，经统计漏分率为11.0%。图

8-49(b)所示为基于遥感光谱数据和 DEM 数据按照精度(precision)>75%的分类规则进行遥感影像分类的结果,经统计漏分率为 5.2%,漏分率降低 5.8%。

图 8-48 TM543假彩色合成影像

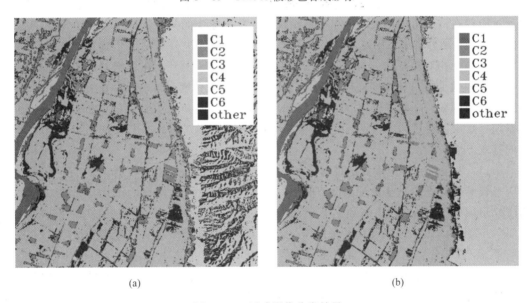

(a)   (b)

图 8-49 遥感影像分类结果

在图像和视频数据库中,可以挖掘涉及多媒体对象的关联规则。至少包含以下三类:

(1) 图像内容和非图像内容特征间的关联:如规则"如果一幅图片的上面至少 50% 是蓝色,则它很可能代表天空"属于此类,因为它把图像的内容和关键词天空关联在一起。

(2) 与空间联系无关的图像内容间的关联:如规则"如果一幅图片包含两个蓝色正方形,则它很可能也包含一个红色圆形"属于此类,因为关联考虑的都是图像内容。

(3) 与空间联系有关的图像内容间的关联:如规则"如果一个红色三角形在两个黄色正方形之间,则很可能下面存在一个大的椭圆形对象"属于此类,因为它把图像中对象与空间联系关联在一起。

为了挖掘多媒体对象间的关联，可以把每个图像看做一个事务，找出在不同图像中频繁有效的模式。

8.3.5　挖掘多媒体数据中的关联

在图像和视频数据库中，可以挖掘涉及多媒体印象的关联规则，至少包含以下三类：

（1）图像内容和非图像内容特征间的关联：如规则"如果一幅图片的上面至少 50% 是蓝色，则它很可能代表天空"属于此类，因为它把图像的内容和关键词"天空"关联在一起。

（2）与空间联系无关的图像内容间的关联：如规则"如果一幅图片包含两个蓝色正方形，则它很可能也包含一个红色圆形"属于此类，因为关联考虑的都是图像内容。

（3）与空间联系有关的图像内容间的关联：如规则"如果一个红色三角形在两个黄色正方形之间，则很可能下面存在一个大的椭圆形对象"属于此类，因为它把图像中对与空间联系在一起。

为了挖掘多媒体对象间的关联，可以把每个图像看做一个事务，找出在不同图像中频繁出现的模式。

多媒体数据库中的关联规则挖掘与事务数据库中有一些微妙差别。首先，一个图像可以包含多个对象，每一个对象可以有许多特征，如颜色、形状、纹理、关键词和空间位置，因此可能存在许多可能的关联。在很多情况下，两个图像的某个特征在某种分辨率下是相同的，但在更高分辨率下则是不同的。因此，需要一种推进分辨率逐步求精的方法，即可以首先在一个相对较粗的分辨率下挖掘频繁出现的模式；然后，在更细的分辨率下挖掘时仅关注那些满足最小支持度阈值的图像。这是因为在粗分辨率下，不频繁的模式不可能在细分辨率下频繁。这种多分辨率挖掘策略显著地降低了总体数据挖掘的代价，而又不损害数据挖掘结果的质量和完全性。由此产生一种在大规模多媒体数据库中挖掘频繁项集和关联的有效方法。

第二，由于包含多个重复出现对象的图片是图像分析的一个重要特征，在关联分析中不应忽视同一对象的重复出现问题。例如，一幅包含两个金色圆形的图片与只有一个圆形的图片是截然不同。这与事务数据库中，一个人买一加仑牛奶和买两加仑通常都视为"买牛奶"，因此，多媒体关联及其度量的定义需要做相应的调整，如支持度和置信度。

第三，在多媒体对象间通常存在着重要的空间联系，如之上、之下、之间、附近、左边等。这些特征对于探查对相关联和相关非常有用。空间联系与其他基于内容的多媒体特征，如颜色、形状、纹理和关键词等一起，可以形成有趣的关联。这样空间数据挖掘方法和拓扑空间联系特性对多媒体挖掘显得十分重要。

8.3.6　音频和视频数据挖掘

除了静态图像，在数字文档、万维网、广播数字流、个人或专业数据库中，还能获得数字形式的大量音频和视频信息。这类信息量增长迅速，迫切需要针对音频和视频数据的、有效的、基于内容的检索和挖掘方法。典型的例子包括：在 TV 工作室搜索和用多媒体编辑特定的视频片断，从监视录像中检测可疑的人或场景，在个人多媒体库（如 MyLifeBits）中检索特定的事件，从气象雷达记录中发现模式或离群点，从 MP3 音频簿中找到特定的主旋律或曲调。

为了便于从多媒体数据中记录、搜索、分析音频和视频信息，行业和标准化委员会已经在制定多媒体信息描述和压缩的一系列标准方面取得重大进展。例如，MPEG-k（由MPEG(Moving Picture Experts Group)开发）和 JPEG 是典型的压缩方案。最近发布的MPEG-7 正式命名为"多媒体内容描述接口"，是描述多媒体数据的标准。在一定程度上，它支持可以被设备或计算机传递或访问的信息的解释。MPEG-7 的目标不是支持某种特殊的应用，而是支持尽可能广泛的应用。MPEG-7 中的视听数据描述包括：静态图片、视频、图形、音频、声音、三维模型以及关于这些数据元素如何在多媒体表示中组合的信息。

MPEG 委员会标准化了 MPEG-7 中的如下元素：

（1）描述符的集合，每个描述符定义一个特征的语法和语义，如颜色、形状、纹理、图像拓扑结构、运动或标题。

（2）描述模式的集合，每个描述模式说明其成分（描述符或描述模式）之间联系的结构和语义。

（3）描述符的编码方案的集合。

（4）说明模式和描述符的描述定义语言（DDL）。这样的标准化在很大程度上方便了基于内容的视频检索和视频数据挖掘。

将视频片断当做单个静态图片的长序列并分析每一个图片是不现实的，因为这些图片太多，而且大部分相邻图像十分相似。为了捕捉视频中的故事或事件结构，最好将视频片断当做该时段中动作和事件的集合，并且临时将它们分割成视频镜头。一个镜头（shot）是一组帧或图片，其中视频内容从一帧到相邻帧没有突然变化。此外，视频镜头中最有代表性的帧称为镜头的关键帧。可以使用图像特征提取和分析方法（前面基于内容的图像检索中介绍过）分析每个关键帧。关键帧序列可以用于定义视频片断中发生的事件序列。因此，从视频片断中检测镜头和提取关键帧成为视频处理和挖掘的基本任务。

视频数据挖掘仍处于起步阶段，在广泛应用之前，仍有大量研究问题亟待解决。在这个领域中重要的数据挖掘工作有：基于相似性的预处理、压缩、索引和检索、信息提取、冗余删除、频繁模式发现、分类、聚类、趋势分析和离群点检测。

8.4　小　　结

大量数据以各种复杂形式存储，如结构化或非结构化的，超文本和多媒体。因此，复杂数据类型的挖掘包括对象数据、空间数据、多媒体数据、文本数据和 Web 数据，已经成为数据挖掘中日益重要的研究内容。

多维分析和数据挖掘可以在对象-关系和面向对象数据库中进行，方法包括：

（1）复杂对象基于类的泛化，包括集合值、列表值和其他复杂的数据类型，类/子类层次和类复合层次。

（2）构造对象数据立方体。

（3）进行基于泛化的挖掘。

空间数据挖掘指从大型地理空间数据库中发现有意义的模式，可以构造包含空间维和度量的空间数据立方体，可以实现空间 OLAP 以便于多维空间数据分析。空间数据挖掘包括挖掘空间关联和并直模式、聚类、分类、空间趋势和离群点分析。

　　大量可利用的信息存储在文本或文档数据库中。文档数据库包含大量文档，如新闻文章、技术论文、书籍、数字图书馆、电子邮件消息和 Web 页面。因此，文本信息检索和数据挖掘日益重要。查全率、查准率和 F-score 是信息检索(IR)度量。已经开发了各种各样的文本检索方法。这些方法或者关注文档选择(其中，查询看作提供约束)，或者关注文档的秩评定(其中，查询用于按相关对文档定秩)。后者常使用空间向量模型。潜在语义标引(LSI)、保持局部性标引(LPI)、率潜在语义标引(PLSI)可用于文本维度归约。文本挖掘超越了基于关键词和基于相似的信息检索，利用基于关键词的关联分析、文档分类和文档聚类方法，从半结构化的文本数据中发现知识。

　　多媒体数据挖掘是指从多媒体数据库中发现有意义的模式。多媒体数据库存储和管理大量多媒体对象，包括音频数据、图像数据、视频数据、序列数据，以及包含文本、文本标记和链接的超文本数据。多媒体数据挖掘的问题包括基于内容的检索和相似性搜索，泛化和多维分析。多媒体数据立方体包括关于多媒体信息的附加维和度量。多媒体挖掘的其他课题包括分类和预测分析、挖掘关联、以及音频和视频数据挖掘。

习　　题

　　1. 假设为了规划公路建设，城市的交通部门希望根据每天不同时段收集到的交通数据，进行公路交通数据分析。

　　(a) 设计一个存储公路交通信息的空间数据仓库，使人们可以方便地按公路、按每天的时段和按周日查看平时和高峰时段的交通流量，以及发生重大交通事故时查看交通状况。

　　(b) 可以从这种空间数据仓库中挖掘什么样的信息用于支持城市规划人员？

　　(c) 该数据仓库包含了空间和时态数据。设计一种挖掘技术，可以有效地从这种时空数据仓库挖掘有意义的模式。

　　2. 空间关联挖掘至少可以用两种方法实现：(1) 根据挖掘查询，动态地计算不同空间对象之间的空间关联联系；(2) 预先计算空间对象间的空间距离，关联挖掘基于这些预计算结果。讨论：

　　(1) 如何有效地实现上述方法；

　　(2) 各方法的适用条件。

　　3. 多媒体中的相似性搜索已经成为开发多媒体数据检索系统的主题，然而，许多多媒体数据挖掘方法都是基于分析孤立的、简单的多媒体特征，如颜色、形状、描述、关键词等。

　　(a) 请指出基于相似性的搜索与数据挖掘的集成可以为多媒体数据挖掘带来重要的进步。可以任意数据挖掘任务(如多维分析、分类、关联或聚类)为例。

　　(b) 概述一种实现技术，它应用基于相似性搜索方法提高多媒体数据聚类的质量。

　　4. 实时或在很短时间框架内从视频数据中发现不寻常事件是具有挑战性但很重要的任务。例如，探测公共汽车站旁爆炸，或者在公路连接处的汽车相撞。概述一种能用于以上目的的视频数据挖掘方法。

　　5. 查准率和查全率是信息检索系统的两种基本质量度量。

（a）解释为什么通常用一种度量换取另一种。解释为什么 F-score 是一种好度量。

（b）举例说明可以有效提高信息检索系统中 F-score 的方法。

6．在文档分类中，TF-IDF 已经用作有效的度量。

（a）给出一个例子表明 TF-IDF 在文档分类中并非总是一种好度量。

（b）定义另一种可以克服这个困难的度量。

参 考 文 献

[1] Jiawei Han, Micheling Kamber. 数据挖掘概念与技术[M]. 3版. 范明, 孟小峰, 译. 北京: 机械工业出版社, 2008.

[2] Pang Ning Tan, Michael Steinbach, Vipin Kumber. 数据挖掘导论[M]. 范明, 范宏建, 等, 译. 北京: 人民邮电出版社, 2011.

[3] 毛国君, 段立娟, 王实, 等. 数据挖掘原理与算法[M]. 2版. 北京: 清华大学出版社, 2007.

[4] 周明全, 耿国华, 韦娜. 基于内容的图像检索技术[M]. 北京: 清华大学出版社, 2007.

[5] 沈兰荪, 张箐, 张晓光. 图像检索与压缩域处理技术的研究[M]. 北京: 人民邮电出版社, 2008.

[6] 孙君项, 赵珊. 图像低层特征提取与检索技术[M]. 北京: 电子工业出版社, 2009.

[7] Christopher D. Manning, Prabhakar Raghavan, Hinrich Schutz. 信息检索导论[M]. 王斌, 译. 北京: 人民邮电出版社, 2010.

[8] David A. Grossman, Ophir Frieder. 信息检索算法与启发式方法[M]. 2版. 张华平, 李垣训, 刘治华, 译. 北京: 人民邮电出版社, 2010.

[9] 程显毅, 朱倩. 文本数据挖掘[M]. 北京: 科学出版社, 2011.

[10] 李雄飞, 董元方, 李军. 数据挖掘与知识发现[M]. 2版. 北京: 高等教育出版社, 2010.

[11] 张学工. 模式识别[M]. 3版. 北京: 清华大学出版社, 2010.

[12] Agrawal, R, Imielinski, T, Swam I, A. Mining association rules between sets of items in large databases[C]. In: Proceedings of the 1993 ACM SIGMOD International Conference on Management of Data. Washington, DC, 1993. 207 - 216.

[13] Agrawal, R, Srilcant, R. Fast algorithm form mining association rules[C]. In: Proceedings of the 1994 International Conference on Very Large Data Bases. Santiago, Chile, 1994. 487 - 499.

[14] Brin, S, Motwany R, Ullm an, J, etal. Dynamic item set counting and implication rules for market basket data[C]. In: Proceedings of the International Conference on Management of Data. 1997. 255 - 264.

[15] Brin S, Motwani R, Silverstein C. Beyond market baskets: generalizing association rules to correlations[C]. In: Proceedings of the ACM SIGMOD International Conference on Management of Data. 1997. 265 - 276.

[16] C H Cai, W C Fu Ada, C H Cheng etal. Mining association rules with weighted items[C]. IEEE Int'1 Database Engineering and Applications Symposium, Cardiff, 1998.

[17] Bing Liu, Hsu W., Ma Y. Mining association rules with multiple minimum supports[C]. In: Proceedings of the KDD'99. San Diego, CA, 1999.

[18] 欧阳为民，郑诚，蔡庆生.数据库中加权关联规则的发现[J].软件学报，2001(12)：612-619.

[19] Aggarwal，C，Yu，P. S. A new framework for item set generation[P]. IBM Research Report，RC-21064.

[20] 马超飞，刘建强.遥感图像多维量化关联规则挖掘[J].遥感技术与应用，2003(4)：243-247.

[21] 马超飞.基于关联规则的遥感数据挖掘与应用[D].中国科学院遥感应用研究所博士论文，2002.

[22] 厍向阳，许五弟，薛惠锋.矢量空间数据库中关联规则的挖掘算法研究[J].计算机应用，2004(8)：47-49.

[23] 厍向阳.空间数据挖掘中若干算法研究[D].西北工业大学博士论文，2005.

[24] 李爱国，覃征.在线分割时间序列数据[J].软件学报，2004，15(11)：1671-1679.

[25] 李爱国，赵华. 基于PPR的煤矿瓦斯监测数据相似搜索方法[J]. 计算机应用，2008，28(10)：2721-2724.

[26] 李爱国，覃征.自适应局部线性化法预测混沌时间序列[J].系统工程理论与实践，2004，24(6)：67-71.

[27] 李爱国，邱大山，李战怀.基于自适应局部线性化的软件失效间隔时间预测[J].武汉大学学报(理学版)，2006，52(S1)：37-40.

[28] Li Aiguo，Cai Zhao，Li zhanhuai. Trend Prediction of Chaotic Time Series[J]. Academic Journal of Xi'an Jiaotong University. 2007，19(1)：38-41.

[29] 王世卫，李爱国. 检测时间序列数据中的例外模式[J]. 广西师范大学学报，2006，24(4)：18-21.

[30] 厍向阳，薛惠锋，雷学武，等. 基于分类规则挖掘的遥感图像分类研究[J]. 遥感学报，2006，10(3)：332-338.

[31] 厍向阳，彭文祥，等，李继军. 基于GIS的空间聚类算法研究[J]. 计算机工程与应用，2005，41(28)：24-26.

[32] 厍向阳，彭文祥，薛惠锋，等. 满足空间邻接条件的聚类算法研究[J]. 计算机应用，2005，25(10)：2395-2397.

[33] 厍向阳，薛惠锋，许五弟. 基于遗传算法的多维快速聚类方法研究[J]. 计算机应用研究，2005，22(6)：58-60.

[34] 厍向阳，薛惠锋. 基于连续属性分类规则挖掘新算法研究[J]. 计算机工程，2005，31(18)：28-30.

[35] 厍向阳，薛惠锋，高新波. 基于障碍物约束的遗传-中心点聚类算法研究[J]. 系统工程与电子技术，2005，27(10)：1803-1806.

[36] 厍向阳，薛惠锋，高新波. 基于生长树的遗传聚类算法研究[J]. 计算机应用研究，2006，23(7)：62-64.